“1+X”职业技能等级证书配套教材
教育部首批国家级职业教育教师教学创新团队项目支持（编号：GG2020N00001）

粮农食品安全评价职业技能等级证书

培训考评手册

（高级）

主编　罗红霞　邓毛程
主审　陈树兴　陈历俊

中国轻工业出版社

图书在版编目（CIP）数据

粮农食品安全评价职业技能等级证书培训考评手册：高级 / 罗红霞，邓毛程主编. — 北京：中国轻工业出版社，2021.10

ISBN 978-7-5184-3578-4

Ⅰ. ①粮… Ⅱ. ①罗… ②邓… Ⅲ. ①食品安全－职业技能－鉴定－教材 Ⅳ. ①TS201.6

中国版本图书馆CIP数据核字（2021）第128086号

责任编辑：张　靓　王庆霖　　策划编辑：张　靓　　责任终审：张乃柬
整体设计：锋尚设计　　责任校对：朱燕春　　责任监印：张　可

出版发行：中国轻工业出版社（北京东长安街6号，邮编：100740）
印　　刷：三河市万龙印装有限公司
经　　销：各地新华书店
版　　次：2021年10月第1版第1次印刷
开　　本：787×1092　1/16　印张：19
字　　数：430千字
书　　号：ISBN 978-7-5184-3578-4　定价：60.00元
邮购电话：010-65241695
发行电话：010-85119835　　传真：85113293
网　　址：http：//www.chlip.com.cn
Email：club@chlip.com.cn
如发现图书残缺请与我社邮购联系调换
210408J4X101ZBW

《粮农食品安全评价职业技能等级证书培训考评手册》
编审专家委员会

张　雪　逯家富　刘　冬　解彦平　罗红霞

邓毛程　丁原春　叶素丹　解振强　张海臣

句荣辉　黄昆仑　陈历水　蔡智军　祝占斌

朱维军　王玉军　吴天祥　苏新国　孙新堂

王孟宇　覃海元　余奇飞　张　爽　李苹苹

张铁涛　薛丽芝　裴朝东　陈　力　张苏勤

陈树兴　王　辉　刘旭明　陈文胜

本书编审人员

主　编　罗红霞（北京农业职业学院）

　　　　邓毛程（广东轻工职业技术学院）

主　审　陈树兴（河南科技大学）

　　　　陈历俊（北京三元食品股份有限公司）

副主编　叶素丹（浙江经贸职业技术学院）

　　　　陈文胜（佛山科学技术学院）

　　　　刘莉萍（深圳职业技术学院）

　　　　覃海元（广西农业职业技术大学）

　　　　张铁涛（海南热带海洋学院）

参　编　蔡智军（辽宁农业职业技术学院）

　　　　陈月英（河南农业职业学院）

　　　　裴朝东（广西工商职业技术学院）

　　　　李苹苹（山东商务职业学院）

　　　　丁原春（黑龙江职业学院）

　　　　余奇飞（漳州职业技术学院）

　　　　孙新堂（山东畜牧兽医职业学院）

　　　　杜淑霞（广东轻工职业技术学院）

　　　　朱晓彦（江苏农林职业技术学院）

　　　　朱建军（锡林郭勒职业学院）

　　　　刘　伟（杨凌职业技术学院）

　　　　张　爽（芜湖职业技术学院）

　　　　李　意（广东环境保护工程职业学院）

　　　　张露娟（上海食品科技学校）

王　丽（北京农业职业学院）
王玉军（黑龙江交通职业技术学院）
张莉杰（漯河食品职业学院）
郝慧敏（鹤壁职业技术学院）
唐　婷（广西农业职业技术学院）
蔡真珍（厦门海洋职业技术学院）
王　辉（德州职业技术学院）
鲁　曾（日照职业技术学院）
张小华（江苏农林职业技术学院）
胥忠生（湖北三峡职业技术学院）
解彦平（“1+X”粮农食品安全评价职业教育培训评价组织）
黄昆仑（农业农村部农产品质量监督检验测试中心，北京）
林　莉（北京三元食品股份有限公司）
逯　刚［内蒙古蒙牛乳业（集团）股份有限公司］
史智佳（新希望集团食品研究院）
刘旭明（德青源国家蛋品工程技术研究中心）
刘拉平（农业农村部农产品质量监督检验测试中心，杨凌）
李俊超（河南华测检测技术有限公司）
张　婷（深圳市中鼎检测技术有限公司）
国　伟（中国检验检疫科学研究院）
杨小蓉（四川省疾病预防控制中心微生物所）
王其传（淮安柴米河农业科技股份有限公司）
徐春峰（黑龙江省粮食质量安全监测中心）
荣群利（广西壮族自治区南宁粮食储备库有限公司）
陈会民（洛阳市农产品安全检测中心）
吉日文（广西壮族自治区产品质量检验研究院）
王　琳（太原海关技术中心）
张文海（福建安井食品股份有限公司）
蓝梦哲（广东广电计量检测股份有限公司）
蔡忠深（深圳市中恒国科信息技术有限公司）
张克月（深圳市中恒国科信息技术有限公司）
麻晓莉（南宁海关技术中心）

模块一

粮农食品生产环境安全评价

通过对粮农作物生产安全评价、投入品（除种子外其他）调查与评价、产地环境监管与评价三个项目的知识资料单的学习和任务单的操作实践，了解和掌握灌溉水中汞含量的测定、土壤中镉含量的测定、土壤中汞、砷的测定、土壤中总氮的测定、土壤中有机农药的调查与评价和农田土壤环境监测方案与评价报告编制等知识和技能点对粮农食品安全评价的重要性，提高学生技术技能水平、分析和解决方案的创新能力、精益求精的科学态度和工匠精神，培养高度的社会责任感和爱国情怀。

考核项目一
粮农作物生产安全评价

技能操作一　灌溉水中汞的测定

资料单

一、原理

在加热条件下，用高锰酸钾和过硫酸钾在硫酸-硝酸介质中消解样品；或用溴酸钾-溴化钾混合剂在硫酸介质中消解样品；或在硝酸-盐酸介质中用微波消解仪消解样品。

消解后的样品中所含汞全部转化为二价汞，用盐酸羟胺将过剩的氧化剂还原，再用氯化亚锡将二价汞还原成金属汞。在室温下通入空气或氮气，将金属汞汽化，载入冷原子吸收汞分析仪，于253.7nm波长处测定响应值，汞的含量与响应值成正比。

本操作参考HJ 597—2011《水质　总汞的测定　冷原子吸收分光光度法》。

二、试剂和材料

除非另有说明，本方法所用试剂均为分析纯，实验用水均为二次处理的无汞水。

（1）无汞水：一般使用二次重蒸水或去离子水，也可使用加盐酸酸化至pH为3，然后通过巯基棉纤维管除汞后的普通蒸馏水。

（2）重铬酸钾（$K_2Cr_2O_7$）：优级纯。

（3）浓硫酸（H_2SO_4，1.84g/mL）：优级纯。

（4）浓盐酸（HCl，1.19g/mL）：优级纯。

（5）浓硝酸（HNO_3，1.42g/mL）：优级纯。

（6）硝酸溶液（1+1）：量取100mL浓硝酸缓慢倒入100mL水中。

（7）高锰酸钾溶液（$KMnO_4$，50g/L）：称取50g高锰酸钾（优级纯，必要时重结晶精制）溶于少量水中，然后用水定容至1000mL。

（8）过硫酸钾溶液（$K_2S_2O_8$，50g/L）：称取50g过硫酸钾溶于少量水中，然后用水定容至1000mL。

（9）溴酸钾-溴化钾溶液（简称溴化剂，$KBrO_3$，0.1mol/L；KBr，10g/L）：称取2.784g溴酸钾（优级纯）溶于少量水中，加入10g溴化钾。溶解后用水定容至1000mL，置于棕色试剂瓶中保存。若见溴释出，应重新配制。

（10）巯基棉纤维：于棕色磨口广口瓶中，依次加入100mL硫代乙醇酸（$CH_2SHCOOH$）、60mL乙酸酐［（CH_3CO）$_2O$］、40mL 36%乙酸（CH_3COOH）、0.3mL浓硫酸，充分混匀，冷却至室温后，加入30g 长纤维脱脂棉，铺平，使之浸泡完全，用水冷却，待反应产生的热散去后，加盖，放入（40±2）℃烘箱中2~4d后取出。用耐酸过滤器抽滤，用水充分洗涤至中性后，摊开，于30~35℃下烘干。成品置于棕色磨口广口瓶中，避光低温保存。

（11）盐酸羟胺溶液（$NH_2OH \cdot HCl$，200g/L）：称取200g盐酸羟胺溶于适量水中，然后用水定容至1000mL。该溶液常含有汞，应提纯。当汞含量较低时，采用巯基棉纤维管除汞法；当汞含量较高时，先按萃取除汞法除掉大量汞，再按巯基棉纤维管除汞法除尽汞。

（12）氯化亚锡溶液（$SnCl_2$，200g/L）：称取20g氯化亚锡于干燥的烧杯中，加入20mL浓盐酸，微微加热。待完全溶解后，冷却，再用水稀释至100mL。若含有汞，可通入氮气或空气去除。

（13）重铬酸钾溶液（$K_2Cr_2O_7$，0.5g/L）：称取0.5g重铬酸钾溶于950mL水中，再加入50mL浓硝酸。

（14）汞标准储备液（Hg，100mg/L）：称取置于硅胶干燥器中充分干燥的0.1354g氯化汞（$HgCl_2$），溶于重铬酸钾溶液后，转移至1000mL容量瓶中，再用重铬酸钾溶液稀释至标线，混匀。也可购买有证标准溶液。

（15）汞标准中间液（Hg，10mg/L）：量取10.00mL汞标准储备液至100mL容量瓶中。用重铬酸钾溶液稀释至标线，混匀。

（16）汞标准使用液Ⅰ（Hg，0.1mg/L）：量取10.00mL汞标准中间液至1000mL容量瓶中。用重铬酸钾溶液稀释至标线，混匀。室温阴凉处放置，可稳定100d左右。

（17）汞标准使用液Ⅱ（Hg，10μg/L）：量取10.00mL汞标准使用液Ⅰ至100mL容量瓶中。用重铬酸钾溶液稀释至标线，混匀。现配现用。

（18）稀释液：称取0.2g重铬酸钾溶于900mL水中，再加入27.8mL浓硫酸，用水稀释至1000mL。

三、仪器和设备

（1）冷原子吸收汞分析仪：具空心阴极灯或无极放电灯。

（2）反应装置：总容积为250，500mL，具有磨口，带莲蓬形多孔吹气头的玻璃翻泡瓶，或与仪器相匹配的反应装置。

（3）可调温电热板或高温电炉。

（4）恒温水浴锅：温控范围为室温~100℃。

（5）样品瓶：500，1000mL高密度聚乙烯材质。

（6）一般实验室常用仪器和设备。

四、分析步骤

1. 样品的采集与保存

（1）按照相关规定进行水样的采集和保存。采集水样的体积不得少于1000mL。

（2）采集水样时，样品应尽量充满样品瓶，以减少器壁吸附。采样后应立即以每升水样中加入10mL浓盐酸的比例对水样进行固定，固定后水样的pH应小于1，否则应适当增加浓盐酸的加入量，然后加入0.5g重铬酸钾，若橙色消失，应适当补加重铬酸钾，使水样呈持久的淡橙色，密塞，摇匀。在室温阴凉处放置，可保存1个月。当天可以测定的水样可不加酸保存，直接测定。

2. 样品消解处理

（1）样品瓶中样品摇匀后，量取100.0mL样品移入250mL锥形瓶中。若样品中汞含量较高，可减少取样量并定量稀释至100mL。

（2）依次加入2.5mL浓硫酸、2.5mL硝酸溶液和4mL高锰酸钾溶液，摇匀。若15min内不能保持紫色，则需补加适量高锰酸钾溶液，以使颜色保持紫色，但高锰酸钾溶液总量不超过30mL。然后，加入4mL过硫酸钾溶液。

（3）插入漏斗，置于沸水浴中在近沸状态保温1h，取下冷却。

（4）测定前，边摇边滴加盐酸羟胺溶液，直至刚好使过剩的高锰酸钾及器壁上的二氧化锰全部褪色为止，待测。

3. 空白试样的处理

用水代替样品，按照步骤2制备空白试样，并把采样时加的试剂量考虑在内。

4. 校准曲线的绘制

分别量取0.00，0.50，1.00，2.00，3.00，4.00，5.00mL汞标准使用液Ⅱ于200mL容量瓶中，用稀释液定容至标线，总汞质量浓度分别为0.000，0.025，0.050，0.100，0.150，0.200，0.250μg/L。将上述标准系列依次移至500mL反应装置中，加入5mL氯化亚锡溶液，迅速插入吹气头，由低浓度到高浓度测定响应值。以零浓度校正响应值为纵坐标，对应的总汞质量浓度（μg/L）为横坐标，绘制校准曲线。

仪器应提前预热20min，并进行调试完成。

5. 样品测定

将待测试样转移至500mL反应装置中，按照步骤4的测定。同时测定空白样品。

五、结果分析

样品中总汞的质量浓度（μg/L），按照下式进行计算：

$$\rho = \frac{(\rho_1 - \rho_0) \times V_0}{V} \times \frac{V_1 + V_2}{V_1}$$

式中　ρ——样品中总汞的质量浓度，μg/L；

ρ_1——根据校准曲线计算出试样中总汞的质量浓度，μg/L；

ρ_0——根据校准曲线计算出空白试样中总汞的质量浓度，μg/L；

V_0——标准系列的定容体积，mL；

V_1——采样体积，mL；

V_2——采样时向水样中加入浓盐酸体积，mL；

V——制备试样时分取样品体积，mL。

当测定结果小于10μg/L时，保留到小数点后两位；大于等于10μg/L时，保留三位有效数字。

六、精密度

（1）每批样品均应绘制校准曲线，相关系数应大于等于0.999。

（2）每批样品应至少测定10%的平行样品，样品数不足10个时，应至少测定一个平行样品。当样品总汞含量≤1μg/L时，测定结果的最大允许相对偏差为30%；当样品总汞含量在1~5μg/L时，测定结果的最大允许相对偏差为20%；当样品总汞含量＞5μg/L时，测定结果的最大允许相对偏差为15%。

任务单

一、任务要求

采用冷原子吸收分光光度法完成水中汞含量的测定，掌握水样布点采集、预处理消解方法，学会进行标准溶液配制，能规范熟练操作冷原子分光光度仪，能利用冷原子分光光度仪对样品及标准溶液中的汞进行检测，能准确计算水样中汞的含量。

二、任务实施

（一）分组讨论，制定工作方案、确定人员分工

填写方案设计表（附表1）。

（二）试剂配制、仪器设备的准备

1. 试剂配制

填写试剂配制表（附表2）。

2. 仪器设备

填写所需仪器设备统计表（附表3）。

（三）实验操作

按照资料单中的分析步骤进行操作。

（四）填写原始数据

水中汞含量的检测原始数据记录单

<table>
<tr><td>样品名称</td><td colspan="3"></td><td colspan="3">样品编号</td><td colspan="2"></td><td colspan="2">采样量（mL）</td><td></td></tr>
<tr><td>检测地点</td><td colspan="3"></td><td colspan="3">检测项目</td><td colspan="2"></td><td colspan="2">检测依据</td><td></td></tr>
<tr><td>仪器名称</td><td colspan="3"></td><td colspan="3">室温(℃)</td><td colspan="2"></td><td colspan="2">相对湿度RH（%）</td><td></td></tr>
<tr><td rowspan="5">分析数据</td><td colspan="8">标准曲线绘制</td><td colspan="3">样品测定</td></tr>
<tr><td>序号</td><td>1</td><td>2</td><td>3</td><td>4</td><td>5</td><td>6</td><td>7</td><td>样1</td><td>样2</td><td>空白</td></tr>
<tr><td>体积（mL）</td><td></td><td></td><td></td><td></td><td></td><td></td><td></td><td></td><td></td><td></td></tr>
<tr><td>质量（μg）</td><td></td><td></td><td></td><td></td><td></td><td></td><td></td><td></td><td></td><td></td></tr>
<tr><td>吸光度</td><td></td><td></td><td></td><td></td><td></td><td></td><td></td><td></td><td></td><td></td></tr>
<tr><td>计算公式</td><td colspan="11"></td></tr>
<tr><td>灌溉水中汞的含量（μg/L）</td><td colspan="11">注意：结果保留2位有效数字</td></tr>
<tr><td>安全评价结果</td><td colspan="11"></td></tr>
</table>

检验人： 校核人：

（3）氩气钢瓶。

（4）手动进样器。

（5）仪器参数：不同型号仪器的最佳测试条件不同，可根据仪器说明书自行选择。通常采用的测量条件如表1所示。

表1　原子吸收分光光度计测镉时的仪器参数

参数	数值	参数	数值
测定波长（nm）	228.8	原子化（℃/s）	1500/5
干燥（℃/s）	80~100/20	清除（℃/s）	2600/3
灰化（℃/s）	500/20	进样量（μL）	10

（6）一般实验室常用仪器和设备。

四、分析步骤

1. 样品的采集与保存

按照相关规定进行农田土壤样品的采集和保存。新鲜的土样（一般不少于500g）采集后混匀用四分法缩分至约100g。缩分后的土样经风干（自然风干或冷冻干燥）后，除去土样中石子和动植物残体等异物，用木棒（或玛瑙棒）研压，通过2mm尼龙筛（除去2mm以上的砂砾），混匀。用玛瑙研钵将通过2mm尼龙筛的土样研磨至全部通过100目（孔径0.149mm）尼龙筛，混匀后备用。

2. 样品消解处理

准确称取0.1~0.3g（精确至0.0002g）试样于50mL聚四氟乙烯坩埚中，用水润湿后加入5mL盐酸，于通风橱内的电热板上低温加热，使样品初步分解，当蒸发至2~3mL时，取下稍冷，然后加入5mL硝酸、4mL氢氟酸、2mL高氯酸，加盖后于电热板上中温加热1h左右，然后开盖，继续加热除硅，为了达到良好的飞硅效果，应经常摇动坩埚。当加热至冒浓厚高氯酸白烟时，加盖，使黑色有机碳化物充分分解。待坩埚上的黑色有机物消失后，开盖驱赶白烟并蒸至内容物呈黏稠状。视消解情况，可再加入2mL硝酸、2mL氢氟酸、1mL高氯酸，重复上述消解过程。当白烟再次基本冒尽且内容物呈黏稠状时，取下稍冷，用水冲洗坩埚盖和内壁，并加入1mL硝酸溶液温热溶解残渣。然后将溶液转移至25mL容量瓶中，加入3mL磷酸氢二铵溶液冷却后定容，摇匀备测。

3. 空白试样的处理

用水代替样品，按照步骤2同时制备空白试样。

4. 校准曲线的绘制

分别量取0.00，0.50，1.00，2.00，3.00，5.00mL镉标准使用液于25mL容量瓶中，

加入3mL磷酸氢二铵溶液，用硝酸溶液定容至标线，总镉质量浓度分别为0.0，1.0，2.0，4.0，6.0，10.0μg/L。将上述标准系列依次移至石墨炉原子吸收分光光度仪中进行检测。

仪器应提前预热20min，并进行调试完成。

5. 样品测定

将待测试样转移至石墨炉原子吸收分光光度仪中进行检测，按照4步骤的测定。同时测定空白样品。

五、结果分析

土壤中总镉的含量（mg/kg），按下式进行计算：

$$W = \frac{cV}{m(1-f)}$$

式中 W——土壤中总镉的含量，mg/kg；

c——试液的吸光度减去空白试验的吸光度，然后在校准曲线上查得镉的含量，μg/L；

V——试样消解后定容的体积，mL；

m——测试称取土壤的质量，g；

f——土壤试样中水分的含量，%。

保留三位有效数字。

六、精密度

（1）每批样品均应绘制校准曲线，相关系数应大于等于0.999。

（2）每批样品应至少测定10%的平行样品，样品数不足10个时，应至少测定一个平行样品。

任务单

一、任务要求

采用石墨炉原子吸收分光光度法完成土壤中金属镉含量的测定，掌握土壤样品采集、预处理消解的方法，学会进行镉标准溶液配制，能规范熟练操作原子吸收分光光度计，能利用原子吸收分光光度计对样品及标准溶液中的镉进行检测，能准确计算土样中金属元素镉的含量。

二、任务实施

（一）分组讨论，制定工作方案、确定人员分工

填写方案设计表（附表1）。

（二）试剂配制、仪器设备的准备

1. 试剂配制

填写试剂配制表（附表2）。

2. 仪器设备

填写所需仪器设备统计表（附表3）。

（三）实验操作

按照资料单中的分析步骤进行操作。

（四）填写原始数据

土样中金属镉含量的检测原始数据记录单

<table>
<tr><td>样品名称</td><td colspan="3"></td><td colspan="2">样品编号</td><td colspan="5"></td></tr>
<tr><td>检测地点</td><td colspan="3"></td><td colspan="2">检测项目</td><td colspan="2"></td><td colspan="2">检测依据</td><td></td></tr>
<tr><td>仪器名称</td><td colspan="3"></td><td colspan="2">室温（℃）</td><td colspan="2"></td><td colspan="2">相对湿度RH（%）</td><td></td></tr>
<tr><td>土样质量</td><td colspan="2">土样1（g）</td><td colspan="2"></td><td colspan="3">土样2（g）</td><td colspan="3"></td></tr>
<tr><td rowspan="5">分析数据</td><td colspan="7">标准曲线绘制</td><td colspan="3">样品测定</td></tr>
<tr><td>序号</td><td>1</td><td>2</td><td>3</td><td>4</td><td>5</td><td>6</td><td>样1</td><td>样2</td><td>空白</td></tr>
<tr><td>体积（mL）</td><td></td><td></td><td></td><td></td><td></td><td></td><td></td><td></td><td></td></tr>
<tr><td>浓度（μg/L）</td><td></td><td></td><td></td><td></td><td></td><td></td><td></td><td></td><td></td></tr>
<tr><td>吸光度</td><td></td><td></td><td></td><td></td><td></td><td></td><td></td><td></td><td></td></tr>
<tr><td>计算公式</td><td colspan="10"></td></tr>
<tr><td>所采集土样中镉的含量（mg/kg）</td><td colspan="10">注意：结果保留3位有效数字</td></tr>
<tr><td>安全评价结果</td><td colspan="10"></td></tr>
<tr><td colspan="5">检验人：</td><td colspan="6">校核人：</td></tr>
</table>

三、考核评价

土壤中镉的测定考核评分标准

技能操作三　土壤中汞、砷的测定

资料单

一、原理

基态汞原子在波长为235.7nm的紫外光激发而产生共振荧光，在一定的测量条件下和较低浓度范围内，荧光浓度与汞浓度成正比。样品用硝酸-盐酸混合试剂在沸水浴中加热消解，使所含汞全部以二价汞的形式进入到溶液中，再用硼氢化钾将二价汞还原成单质汞，形成汞蒸气，在氩气作载气带动下导入仪器的荧光池中，测定荧光峰值，求得样品中汞的含量。

砷的酸性溶液在氢化物发生器中，与还原剂硼氢化钾发生氢化反应，生成砷化氢气体。用氩气作载气将砷化氢气体导入石英炉中进行原子化，受热的砷化氢解离成砷的气态原子。砷原子受到光源特征辐射线的照射而被激发产生原子荧光，荧光信号到达检测器变为电信号，经电子放大器放大后由读数装置读出结果。产生的荧光强度与试样中被测元素含量成正比，可以从校准曲线查得被测元素的含量。

本操作参考NY/T 1121.10—2006《土壤检测　第10部分：土壤总汞的测定》、NY/T 1121.11—2006《土壤检测　第11部分：土壤总砷的测定》。

二、试剂和材料

除非另有说明，本方法所用试剂均为分析纯；实验用水均为二次处理的去离子水。

（1）（1+1）王水溶液：优级纯，现用现配。取3份浓盐酸（优级纯）与1份浓硝酸（优级纯）混合均匀，然后用水稀释一倍。

（2）氢氧化钾溶液（KOH，1g/L）：称取0.1g氢氧化钾溶于100mL水中。

（3）硼氢化钾-氢氧化钾溶液（还原剂）：称取1.5g 硼氢化钾溶于100mL氢氧化钾溶液中。用时现配。

（4）汞的保存液：重铬酸钾溶液（$K_2Cr_2O_7$，0.5g/L），称取0.5g重铬酸钾溶于950mL水中，再加入50mL浓硝酸。

（5）汞的稀释液：称取0.2g重铬酸钾溶于900mL水中，再加入27.8mL浓硫酸，用水稀释至1000mL。

（6）汞标准储备液（Hg，100mg/L）：称取置于硅胶干燥器中充分干燥的0.1354g氯化汞（$HgCl_2$），溶于用汞的稀释液后，转移至1000mL容量瓶中，再用汞的稀释液稀释至标线，混匀。也可购买有证标准溶液。

（7）汞标准使用液（Hg，20μg/L）：量取10.00mL汞标准储备液至100mL容量瓶中，用汞的稀释液稀释至标线，混匀，制成汞标准中间液Ⅰ。

量取10.00mL汞标准中间液Ⅰ至1000mL容量瓶中，用汞的稀释液稀释至标线，混匀，制成汞标准中间液Ⅱ。室温阴凉处放置，可稳定100d左右。

量取20.00mL汞标准使用液Ⅱ至100mL容量瓶中。用汞的稀释液稀释至标线，混匀，制成汞标准使用液。现配现用。

（8）硫脲-抗坏血酸溶液：称取5g硫脲（优级纯，H_2NCSNH_2）、5g抗坏血酸（$C_6H_8O_6$）溶于水中，稀释至100mL。用时现配。

（9）氢氧化钠溶液（NaOH，100g/L）：称取10g氢氧化钠溶于100mL水中。

（10）砷标准储备溶液（As，1.00g/L）：称取0.6600g预先在110℃烘干2h的三氧化二砷（As_2O_3，优级纯）于小烧杯中，加入10mL氢氧化钠溶液，加热溶解，无损移入500mL容量瓶中，用水稀释到刻度，摇匀。

（11）砷标准工作溶液（As，1.00mg/L）：量取10.00mL砷标准储备液至1000mL容量瓶中，用（1+9）盐酸溶液稀释至标线，混匀，制成砷标准中间液（10mg/L）。

量取10.00mL砷标准中间液至100mL容量瓶中，用（1+9）盐酸溶液稀释至标线，混匀，制成砷标准工作溶液。

三、仪器和设备

（1）原子荧光光度计，具砷和汞空心阴极灯或无极放电灯。

（2）可调温电热板或高温电炉。

（3）样品瓶：500mL高密度聚乙烯材质。

（4）一般实验室常用仪器和设备。

四、分析步骤

1. 样品的采集与保存

按照相关规定进行农田土壤样品的采集和保存。新鲜的土样（一般不少于500g）采集后混匀用四分法缩分至约100g。缩分后的土样经风干（自然风干或冷冻干燥）后，除去土样中石子和动植物残体等异物，用木棒（或玛瑙棒）研压，通过2mm尼龙筛（除去2mm以上的砂砾），混匀。用玛瑙研钵将通过2mm尼龙筛的土样研磨至全部通过100目（孔径0.149mm）尼龙筛，混匀后备用。

2. 样品消解处理

称取试样0.5g（精确至0.0001g）置于50mL具塞比色管中，加数滴水湿润样品，加10mL（1+1）王水溶液，加塞后小心摇匀，在室温下放置过夜。于沸水浴中加热消解2h，其间摇动一次，取出冷却，加水定容。汞和砷的样品分开来做平行试样，同时做空白试验。

3. 校准曲线的绘制

（1）汞校准曲线的绘制　分别准确吸取含汞（Hg）20.00μg/L的标准溶液0.00，0.50，1.00，2.00，3.00，4.00，5.00mL于7个50mL具塞比色管中，加10mL汞的保存液，用汞的稀释液稀释至标线，摇匀，即为含汞（Hg）0.00，0.20，0.40，0.80，1.20，1.60，2.00μg/mL的标准系列溶液。在原子荧光光度计上，以硝酸溶液为载流，以硼氢化钾-氢氧化钾溶液为还原剂，将标准系列溶液各浓度吸入原子化器中进行原子化，分别测量、记录荧光强度，绘制校准曲线。

（2）砷校准曲线的绘制　分别吸取含砷（As）的标准工作溶液0.00，0.50，1.50，2.50，5.00，7.50mL于50mL比色管中，加10mL（1+1）盐酸溶液，摇匀，加12.5mL硫脲-抗坏血酸溶液，加水至刻度，充分摇匀，即为含砷（As）0.00，0.01，0.03，0.05，0.10，0.15mg/L的标准系列溶液。放置15min，以（1+9）盐酸溶液为载流、以硼氢化钾-氢氧化钾溶液为还原剂，用氩气作载气，将样品吸入氢化物发生器中，将产生的砷化氢气体导入电热石英炉中进行原子化，将测得的荧光强度减去试剂空白的荧光强度后，从校准曲线上求出试液中砷的含量。

仪器应提前预热20min，并进行调试完成。

4. 样品测定

（1）汞测定　按仪器说明书的要求同标准曲线的标样测试相同，以硝酸溶液为载流，以硼氢化钾-氢氧化钾溶液为还原剂，测量试液的荧光强度。

（2）砷测定　吸取5.00mL清亮试液于10mL 比色管中，加2.5mL硫脲-抗坏血酸溶液，充分摇匀，加2mL（1 +1）盐酸溶液，加水至刻度，摇匀，放置15min。按仪器说明书的要求同标准曲线的标样测试相同，以盐酸溶液为载流，以硼氢化钾-氢氧化钾溶液为还原剂，测量试液的荧光强度。

五、结果分析

土壤中总汞或砷的含量（mg/kg），按照下式进行计算：

$$W = \frac{\rho V}{1000m}$$

式中　W——土壤中总汞或砷的含量，mg/kg；
ρ——样品中总汞或总砷的质量浓度，μg/L；
V——试样消解后定容的体积，mL；
m——测试称取土壤的质量，g。

六、精密度

（1）每批样品均应绘制校准曲线，相关系数应大于等于0.999。

（2）每批样品应至少测定10%的平行样品，样品数不足10个时，应至少测定一个平行样品。

任务单

一、任务要求

采用原子荧光光度计测定土壤中汞、砷的含量，掌握土壤样品采集、预处理、消解的方法，会进行标准溶液配制，能规范熟练操作原子荧光光度计，能利用原子荧光光度计对样品及标准溶液中的汞、砷元素进行检测，能准确计算土样中汞、砷的含量。

二、任务实施

（一）分组讨论，制定工作方案、确定人员分工

填写方案设计表（附表1）。

（二）试剂配制、仪器设备的准备

1. 试剂配制

填写试剂配制表（附表2）。

2. 仪器设备

填写所需仪器设备统计表（附表3）。

（三）实验操作

按照资料单中的分析步骤进行操作。

（四）填写原始数据

土样中汞含量的检测原始数据记录单

样品名称				样品编号						
检测地点				检测项目			检测依据			
仪器名称				室温（℃）			相对湿度RH（%）			
土样质量	土样1（g）				土样2（g）					
分析数据	标准曲线绘制							样品测定		
	序号	1	2	3	4	5	6	样1	样2	空白
	体积（mL）									
	浓度（μg/L）									
	吸光度									
计算公式										
所采集土样中总汞的含量（mg/kg）	注意：结果保留3位有效数字									
安全评价结果										
检验人：				校核人：						

土样中砷含量的检测原始数据记录单

样品名称				样品编号						
检测地点				检测项目			检测依据			
仪器名称				室温（℃）			相对湿度RH（%）			
土样质量	土样1（g）				土样2（g）					
分析数据	标准曲线绘制							样品测定		
	序号	1	2	3	4	5	6	样1	样2	空白
	体积（mL）									
	浓度（μg/L）									
	吸光度									
计算公式										
所采集土样中总砷的含量（mg/kg）	注意：结果保留3位有效数字									
安全评价结果										
检验人：				校核人：						

三、考核标准

土壤中汞、砷的测定考核评分标准

粮农作物生产安全评价知识在线测试

液－质联用检测水中氟化物仿真

原子吸收检测重金属仿真

考核项目二
投入品（除种子外其他）调查与评价

技能操作一　土壤中总氮的测定

资料单

一、原理

用高锰酸钾将样品中的亚硝态氮氧化为硝态氮后，再用还原铁粉使全部硝态氮还原，在加速剂的参与下，用浓硫酸消煮，经过高温分解反应，将各种含氮化合物转化为铵态氮，碱化后蒸馏出来的氨用硼酸溶液吸收，用硫酸（或盐酸）标准溶液滴定，求出土壤全氮含量。

自动定氮仪将蒸馏、滴定、结果显示或计算等功能合为一体自动完成。

本操作参考NY/T 1121.24—2006《土壤检测　第24部分：土壤全氮的测定　自动定氮法》。

二、试剂和材料

除非另有说明，本方法所用试剂均为分析纯；实验用水均为去离子水、蒸馏水或同等纯度的水。

（1）硫酸（1.84g/mL）。

（2）辛醇。

（3）硫酸溶液（1+1）。

（4）氢氧化钠溶液Ⅰ（10mol/L）。

（5）氢氧化钠溶液Ⅱ（0.1mol/L）。

（6）甲基红-溴甲酚绿混合指示剂：将0.5g溴甲酚绿和0.1g甲基红置于玛瑙研钵中，加少量乙醇（体积分数为95%）研磨至指示剂全部溶解后，用乙醇（体积分数为95%）定容至100mL。

（7）硫酸标准滴定溶液［c（$1/2H_2SO_4$）=0.02mol/L］。

（8）硼酸吸收溶液（H_3BO_3，10g/L）：10g硼酸溶于950mL约60℃的水中，冷却至室温后，每升硼酸溶液中加入甲基红-溴甲酚绿混合指示剂5mL，并用氢氧化钠溶液Ⅱ调节至红紫色（pH约4.5），定容至1L。此液放置时间不宜过长，如使用过程中pH有变化，需随时用稀酸或稀碱调节。

（9）高锰酸钾溶液（50g/L）：称取25g高锰酸钾溶于500mL去离子水，储于棕色瓶中。

（10）还原铁粉（磨细通过孔径0.15mm筛）。

（11）加速剂：100g硫酸钾，10g五水合硫酸铜，1g硒粉置于研钵中研细，充分混合均匀。

三、仪器和设备

（1）电子天平（感量0.0001g）。

（2）自动定氮仪。

（3）消煮炉（温度大于400℃）。

（4）与自动定氮仪配套的玻璃弯颈小漏斗。

（5）与自动定氮仪配套的消煮管。

（6）一般实验室常用仪器和设备。

四、分析步骤

1. 样品的采集与保存

按照相关规定进行农田土壤样品的采集和保存。新鲜的土样采集后应及时风干处理，后磨碎过筛备用。

2. 土壤样品准备

称取通过0.25mm 筛孔风干土壤样品1g左右（精确到0.0001g，含氮约1 mg），将试样送入干燥的消煮管底部（勿将样品黏附在瓶壁上）。

3. 消解处理

将称过样的消化管内加1mL高锰酸钾溶液，摇动消煮管，缓缓加入2mL硫酸溶液，不断转动消煮管，然后放置5min，再加入1滴辛醇。通过长颈漏斗将0.5g（±0.01g）还原铁粉送入消煮管底部，在管口加回流装置或放置一弯颈玻璃小漏斗，转动消煮管，使铁粉与酸接触，待剧烈反应停止时（约5min），将消煮管置于消煮炉上缓缓加热45min（瓶内土液应保持微沸以不引起大量水分丢失为宜）。然后停止加热，待消煮管冷却后，通过长颈漏斗加入2g加速剂和5mL浓硫酸，摇匀。再低温加热，待管内反应缓和时（10~15min），再将炉温升至360~380℃（炉温以将温度计放置于消煮炉内实际测量的温度为准），并以H_2SO_4蒸气在瓶颈上部1/3处冷凝回流为宜。待消煮液和土粒全部变为灰白稍带绿色后，再继续消煮1h。消煮完毕，冷却，备用。

4. 蒸馏处理

参照仪器使用说明书，使用硫酸标准滴定溶液，设定加入水10~30mL、氢氧化钠溶液25mL和硼酸吸收溶液20~30mL，将消煮管置于自动定氮仪上进行蒸馏、滴定。

5. 空白试验

采用水代替试样，其他步骤同试样溶液的测定。

五、结果分析

土壤样品中全氮（N）含量，以质量分数w计，数值以百分数（%）表示，按下式计算：

$$w = \frac{(V - V_0) \times C_H \times 0.014}{m(1 - f)} \times 100$$

式中 C_H——酸标准滴定溶液浓度，mol/L；

V——滴定试样溶液所消耗的酸标准滴定液体积，mL；

V_0——滴定空白试样溶液所消耗的酸标准滴定液体积，mL；

0.014——N的摩尔质量，kg/mol；

m——风干试样质量，g；

f——试样的水分含量，%。

六、精密度

平均测定结果以平均值来表示，平行测定结果允许绝对相差≤0.004%。

任务单

一、任务要求

通过重复性测试和实验室内部人员对比来检测土壤中总氮含量，判断本实验室的检测方法是否合格。掌握总氮测定操作技能及应注意的事项；学会结果数据处理与评价的方法。能准确地测定土壤总氮。

二、任务实施

（一）分组讨论，制定工作方案、确定人员分工

填写方案设计表（附表1）。

（二）试剂配制、仪器设备的准备

1. 试剂配制

填写试剂配制表（附表2）。

2. 仪器设备

填写所需仪器设备统计表（附表3）。

（三）实验操作

按照资料单中的分析步骤进行操作。

（四）填写原始数据

土壤中总氮含量的测定原始数据记录单

<table>
<tr><td colspan="2">样品名称</td><td colspan="2"></td><td>样品编号</td><td colspan="3"></td></tr>
<tr><td colspan="2">检测地点</td><td colspan="2"></td><td>检测项目</td><td></td><td>室温（℃）</td><td></td></tr>
<tr><td colspan="2">检测依据</td><td colspan="2"></td><td>判定依据</td><td></td><td>相对湿度RH（%）</td><td></td></tr>
<tr><td colspan="2">硫酸标准液浓度</td><td colspan="2"></td><td>土样1质量（g）</td><td></td><td>土样2质量（g）</td><td></td></tr>
<tr><td colspan="2" rowspan="5">硫酸标准液标定</td><td rowspan="2">序号</td><td colspan="3">消耗氢氧化钠标准液的量V_{NaOH}（mL）</td><td rowspan="2">标准液浓度</td><td rowspan="2">标准液平均浓度</td></tr>
<tr><td>滴定前读数</td><td>滴定后读数</td><td>滴定消耗</td></tr>
<tr><td></td><td></td><td></td><td></td><td></td><td></td></tr>
<tr><td></td><td></td><td></td><td></td><td></td><td></td></tr>
<tr><td></td><td></td><td></td><td></td><td></td><td></td></tr>
<tr><td rowspan="5">分析数据</td><td rowspan="2">测定</td><td rowspan="2">序号</td><td colspan="3">消耗硫酸标准液的量$V_{H_2SO_4}$（mL）</td><td rowspan="2">氮含量（%）</td><td rowspan="2">平均氮含量（%）</td></tr>
<tr><td>滴定前读数</td><td>滴定后读数</td><td>滴定消耗</td></tr>
<tr><td>空白测定</td><td></td><td></td><td></td><td></td><td></td><td></td></tr>
<tr><td rowspan="2">样品测定</td><td></td><td></td><td></td><td></td><td></td><td></td></tr>
<tr><td></td><td></td><td></td><td></td><td></td><td></td></tr>
<tr><td colspan="2">计算公式</td><td colspan="6"></td></tr>
<tr><td colspan="2">样品中总氮含量（%）</td><td colspan="6"></td></tr>
<tr><td colspan="2">安全评价结果</td><td colspan="6"></td></tr>
</table>

检验人：　　　　　　　　　　校核人：

三、考核评价

土壤中总氮的测定
考核评分标准

技能操作二 土壤中有机农药的调查与评价

资料单

一、原理

目前粮食生产过程中主要施用及后期污染的有机农药主要是有机磷农药。土样品中有机磷农药残留量采用有机溶剂提取，再经液-液分配和凝结净化步骤除去干扰物，用气相色谱氮磷检测器（NPD）或火焰光度检测器（FPD）检测，根据色谱峰的保留时间定性，外标法定量。

本操作参考GB/T 14552—2003《水、土中有机磷农药测定的气相色谱法》。

二、试剂和材料

除非另有说明，本方法所用试剂均为分析纯，水为蒸馏水。

（1）载气：氮气，纯度≥99.99%。

（2）燃气：氢气。

（3）助燃气：空气。

（4）农药标准品：速灭磷等有机磷农药，纯度为95.0%~99.0%。

（5）农药标准溶液的制备：准确称取一定量的农药标准样品（准确到0.0001g），以丙酮为溶剂，分别配制浓度为0.5mg/mL的速灭磷、甲拌磷、二嗪磷、水胺硫磷、甲基对硫磷、稻丰散；浓度为0.7mg/mL杀螟硫磷、异稻瘟净、溴硫磷、杀扑磷储备液，在冰箱中存放（实验中可根据粮食生产中实际应用选择测定的对象，农药品种为一个或几个）。

（6）农药标准中间溶液的配制：用移液管准确量取一定量的上述10种储备液于50mL容量瓶中，用丙酮定容至刻度，则配制成浓度为50μg/mL的速灭磷、甲拌磷、二嗪磷、水胺硫磷、甲基对硫磷、稻丰散和100μg/mL的杀螟硫磷、异稻瘟净、溴硫磷、杀扑磷的标准中间溶液，在冰箱中存放。

（7）农药标准工作液的配制：分别用移液管吸取上述中间溶液每种10mL于100mL容量瓶中，用丙酮定容至刻度得混合标准工作溶液。标准工作溶液在冰箱中存放。

（8）丙酮（CH_3COCH）：重蒸。

（9）石油醚：60~90℃沸腾，重蒸。

（10）二氯甲烷（CH_2Cl_2）：重蒸。

（11）乙酸乙酯（$CH_3COOC_2H_5$）。

（12）氯化钠（NaCl）。

（13）无水硫酸钠（Na_2SO_4） 300℃烘4h后放入干燥器备用。

（14）助滤剂：Celite545。

（15）85%磷酸（H_3PO_4）。

（16）氯化铵（NH_4Cl）。

（17）凝结液：20g 氯化铵和85%磷酸40mL，溶于400mL蒸馏水中，用蒸馏水定容至2000mL。

三、仪器和设备

（1）振荡器。

（2）旋转蒸发器。

（3）真空泵。

（4）水浴锅。

（5）微量进样器。

（6）气相色谱仪：带氮磷检测器或火焰光度检测器，备有填充柱或毛细管柱。

（7）一般实验室常用仪器和设备。

四、分析步骤

1. 样品的采集与保存

按照相关规定进行农田土壤样品的采集和保存。新鲜的土样采集后应及时风干处理，后磨碎过筛后取500g备用，另取20g测定含水量。

2. 样品提取净化

准确称取已测定含水量的土样20.0g，置于300mL具塞锥形瓶中，加水，使加入的水量与20.0g样品中水分含量之和为20mL，摇匀后静置10min，加100mL丙酮水的混合液［丙酮/水=1/5（体积比）］，浸泡6~8h后振荡1h，将提取液倒入铺有两层滤纸及一层助滤剂的布氏漏斗减压抽滤，取80mL滤液（相当于2/3样品），按以上步骤凝结2~3次，再移入另一500mL分液漏斗中，加入10~15mL凝结液（用0.5mol/L的氢氧化钾溶液调至pH为4.5~5.0）和1g助滤剂，振摇20次，静置3min，过滤入另一500mL分液漏斗中，加3g氯化钠，用50，50，30mL二氯甲烷萃取三次，合并有机相，经一装有1g无水硫酸钠和1g助滤剂的筒形漏斗过滤，收集于250mL平底烧瓶中，加入0.5mL乙酸乙酯，先用旋转蒸发器浓缩至3mL，在室温下用氮气或空气吹浓缩至近干，用丙酮定容5mL供气相色谱测定。

3. 气相色谱测定条件

（1）色谱柱

玻璃柱1：1.0m×2mm（i.d），填充涂有5%OV-17的Chrom Q，80~100目的担体。

玻璃柱2：1.0m×2mm（i.d），填充涂有5%OV-101的Chromsortb W-HP，100~120目的担体。

（2）温度　柱箱200℃，汽化室230℃，检测器250℃。

（3）气体流速　氮气（N_2）36~40mL/min；氢气（H_2）4.5~6mL/min；空气60~80mL/min。

（4）检测器　氮磷检测器（NPD）。

（5）气相色谱中使用标准样品的条件　标准样品的进样体积与试样进样体积相同，标准样品的响应值接近试样的响应值。当一个标准样品连续注射两次，其峰高或峰面积相对偏差不大于7%，即认为仪器处于稳定状态。在实际测定时标准样品与试样应交叉进样分析。

4. 进样测定

（1）进样方式　注射器进样。

（2）进样量　1~4μL。

（3）仪器测定　吸取1μL混合标准溶液注入气相色谱仪，记录色谱峰的保留时间和峰高（或峰面积）。再吸取1μL试样，注入气相色谱仪，记录色谱峰的保留时间和峰高（或峰面积），根据色谱峰的保留时间和峰高（或峰面积）采用外标法定量。

五、结果分析

1. 色谱图

样品色谱图见图1。

2. 计算与分析

$$X=\frac{c_{is}\times V_{is}\times H_i(S_i)\times V}{V_i\times H_{is}(S_{is})\times m}$$

式中　X——样本中农药残留量，mg/kg（mg/L）；

c_{is}——标准溶液中i组分农药浓度，μg/mL；

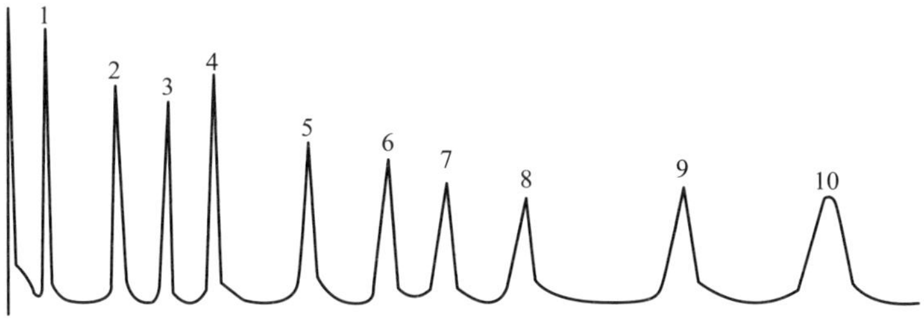

图 1　有机磷气相色谱图

1—速灭磷　2—甲拌磷　3—二嗪磷　4—异稻瘟净　5—甲基对硫磷
6—杀螟硫磷　7—水胺硫磷　8—溴硫磷　9—稻丰散　10—杀扑磷

V_{is}——标准溶液进样体积，μL；

V——样本溶液最终定容体积，mL；

V_i——样本溶液进样体积，μL；

H_{is}（S_{is}）——标准溶液中i组分农药的峰高，mm（或峰面积，mm^2）；

H_i（S_i）——样本溶液中i组分农药的峰高，mm（或峰面积，mm^2）；

m——称样质量，g（这里只用提取液的2/3，应乘2/3）。

根据计算出的各组分的含量，结果以 mg/kg表示。

六、精密度

平均测定结果以平均值来表示，平行测定结果允许变异系数为2.71%~11.29%。

任务单

一、任务要求

采用气相色谱法完成土壤中有机磷农药含量的测定，掌握土壤样品采集、预处理消解的方法，会进行标准溶液配制，能规范熟练操作气相色谱仪，能利用气相色谱仪对样品及标准溶液中的有机磷农药进行检测，能对结果进行数据处理与评价分析。

二、任务实施

（一）分组讨论，制定工作方案、确定人员分工

填写方案设计表（附表1）。

（二）试剂配制、仪器设备的准备

1. 试剂配制

填写试剂配制表（附表2）。

2. 仪器设备

填写所需仪器设备统计表（附表3）。

（三）实验操作

按照资料单中的分析步骤进行操作。

（四）填写原始数据

土样中有机磷农药残留量的检测原始数据记录单

<table>
<tr><td>样品名称</td><td colspan="2"></td><td colspan="2">样品编号</td><td colspan="2"></td><td colspan="3">样品质量（g）</td><td colspan="2"></td><td colspan="2"></td></tr>
<tr><td>检测地点</td><td colspan="2"></td><td colspan="2">检测项目</td><td colspan="2"></td><td colspan="3">检测依据</td><td colspan="2"></td><td colspan="2"></td></tr>
<tr><td>仪器名称</td><td colspan="2"></td><td colspan="2">室温（℃）</td><td colspan="2"></td><td colspan="3">相对湿度RH（%）</td><td colspan="4"></td></tr>
<tr><td rowspan="4">分析数据</td><td>标准样品</td><td>1</td><td>2</td><td>3</td><td>4</td><td>5</td><td>6</td><td>7</td><td>8</td><td>9</td><td>10</td><td>样1</td><td>样2</td></tr>
<tr><td>体积（mL）</td><td></td><td></td><td></td><td></td><td></td><td></td><td></td><td></td><td></td><td></td><td></td><td></td></tr>
<tr><td>质量（μg）</td><td></td><td></td><td></td><td></td><td></td><td></td><td></td><td></td><td></td><td></td><td></td><td></td></tr>
<tr><td>峰面积</td><td></td><td></td><td></td><td></td><td></td><td></td><td></td><td></td><td></td><td></td><td></td><td></td></tr>
<tr><td>计算公式</td><td colspan="13"></td></tr>
<tr><td>所采集土样中各种有机磷农药的含量（mg/kg）</td><td colspan="13">注意：结果保留2位有效数字，在下方空白处依次填写名称与含量</td></tr>
<tr><td>安全评价结果</td><td colspan="13"></td></tr>
</table>

检验人：　　　　　　　　　　　　校核人：

三、考核评价

土壤中有机农药的调查与评价考核评分标准

投入品（除种子外其他）调查与评价知识点在线测试

气相色谱检测废水中的苯仿真

考核项目三 产地环境监管与评价

技能操作 农田土壤环境监管与评价

资料单

一、原则

农产品特别是粮食产品必须符合食品生态环境质量标准，粮食生产的产地环境包括大气、水、土壤环境，本实验主要针对土壤环境进行评价说明。

依据各土壤环境监测标准进行农田土壤环境进行采样监测分析，依据农田土壤环境质量标准要求，评价土壤环境的质量现状。

二、评价步骤

1. 监测分析

（1）采样　依据农用土壤环境质量监测采样技术规范要求，根据布点要求随机采取所地农田区域的环境土壤耕作表层采集的样品为实验土样，放于密闭塑料袋中保存后备用。此新鲜样品及时进行风干、磨碎，过40目筛装于广口瓶中暗处保存。

（2）分析测定　土壤环境监测指标的各项分析方法如表 1 所示。

表 1　食用农产品土壤环境质量评价标准选配分析方法

项目	方法	标准
总镉	石墨炉原子吸收分光光度法	GB/T 17141—1997
总汞	冷原子吸收分光光度法	GB/T 17136—1997
总砷	二乙基二硫代氨基甲酸银光度法	GB/T 17134—1997
总铅	石墨炉原子吸收分光光度法	GB/T 17141—1997
总铬	火焰原子吸收分光光度法	HJ 491—2009
六六六	气相色谱法	GB/T 14550—2003
滴滴涕	气相色谱法	GB/T 14550—2003
总铜	火焰原子吸收分光光度法	GB/T 17138—1997

续表

项目	方法	标准
总锌	火焰原子吸收分光光度法	GB/T 17138—1997
总镍	火焰原子吸收分光光度法	GB/T 17139—1997
氧化稀土总量	对马尿酸偶氮氯膦分光光度法	NY/T 30—1986
全盐量	重量法	HJ/T 51—1999
pH	电位法	LY/T 1239—1999
阳离子交换量	氯化铵-乙酸铵法	LY/T 1234—1999

根据区域内土壤环境污染特点，选择主要监测指标和评价指标进行测定分析。

2.评价指标选取

评价指标分为严格控制指标和一般控制指标。根据污染调查确定主要的评价的指标。如表2所示。

表 2 农产品产地土壤环境质量评价指标分类

项目	严格控制指标	一般控制指标
土壤	镉、汞、砷、铅、铬、铜、六六六、滴滴涕	锌、镍、稀土总量、全盐量

3. 评价方法

（1）各类参数计算方法

单项质量指数=单项实测值/单项标准值

单项积累指数=单项实测值/当地单项背景值上限值

某单项分担率（%）=（某单项质量指数/各项质量指数之和）×100%

某单项超标倍数=（单项实测值–单项标准值）/单项标准值

超标面积率（%）=（超标样本面积之和/监测总面积）×100%

$$各环境要素综合质量指数=\sqrt{\frac{(平均单项质量指数)^2+(最大单项质量指数)^2}{2}}$$

（2）土壤环境质量评价 食用农产品产地土壤环境质量的评价，严格控制项目依据各单项质量指数进行评定，一般控制项目参与环境综合质量指数评定。

食用农产品产地土壤环境质量等级划定见表3，对土壤环境的评价如达到超标等级，应做进一步调研，若确对其所影响的植物（生长发育、可食部分超标或用作饲料部分超标）、周围环境（地下水、地表水、大气等）和（或）人体健康有危害，方能确定为土壤已污染。

表3 农产品产地土壤环境质量分级划定

质量等级	质量指数	等级名称
1	≤0.7	清洁
2	0.7~1.0	尚清洁
3	>1.0	超标

三、结果分析

1. 土壤环境质量指数

（1）土壤环境严格控制项目各个项目单项质量指数（按数值由高至低排列）。

（2）土壤环境一般控制项目各个项目单项质量指数（按数值由高至低排列）。

（3）土壤环境的综合质量指数。

2. 超标情况

（1）超标项目的超标率、超标面积数和超标面积率。

（2）超标项目的质量指数：最低值、最高值和平均值。

任务单

一、任务要求

通过选取指标、采样、测定、分析、环评的过程完成生产地土壤环境的综合评价工作，掌握重点测定指标的名称以及对应的国标方法，会进行布点、采样、预处理、化学分析，能规范熟练地进行相关仪器的使用，能选取正确的数学模型对测定结果进行数据分析，能准确利用相关环境法规、标准，根据相应的分析结果进行水环境评价。

二、任务实施

（一）分组讨论，制定工作方案、确定人员分工

填写方案设计表（附表1）。

（二）试剂配制、仪器设备的准备

1. 试剂配制

填写试剂配制表（附表2）。

2. 仪器设备

填写所需仪器设备统计表（附表3）。

（三）实验操作

按照资料单中的评价步骤进行操作。

（四）画采样布点图

画出采样布点图，要求布点标注清晰（有比例尺）。

（五）填写指标以及原始测定数据

土壤环境测定指标及原始数值

指标	检测依据	点1			点2			点3			点4			点5			标准限值
		1	2	3	1	2	3	1	2	3	1	2	3	1	2	3	

（六）结果报告

选取评价公式，进行土壤环境评价，生成环评报告。

公式：

环评报告：

三、考核评价

农田土壤环境监管与评价考核评分标准

产地环境监管与评价知识点在线测试

模块二

粮农食品加工过程安全评价

通过对粮油加工和储运、乳与乳制品加工、肉蛋及其制品加工、果蔬加工、饮料加工和水产品加工等环节的粮农食品安全评价的知识资料单的学习和任务单的操作实践，了解和掌握利用化学分析和精密仪器分析等方法对粮农食品进行检测和评价，使学生充分认识其知识和技能点对粮农食品安全评价的重要性，提高学生技术技能水平、分析和解决方案的创新能力、精益求精的科学态度和工匠精神，培养高度的社会责任感和爱国情怀。

考核项目一
粮油加工环节检测与安全评价

技能操作一　浸出油溶剂残留量的测定

资料单

一、原理

样品中存在的溶剂残留在密闭容器中会扩散到气相中，经过一定的时间后可达到气相/液相间浓度的动态平衡，用顶空气相色谱法检测上层气相中溶剂残留的含量，即可计算出待测样品中溶剂残留的实际含量。

本操作参考GB 5009.262—2016《食品安全国家标准　食品中溶剂残留量的测定》。

二、试剂和材料

除非另有规定，本方法所用试剂均为分析纯。水为GB/T 6682—2008规定的二级水或去离子水。

（1）*N*，*N*-二甲基乙酰胺［$CH_3C(O)N(CH_3)_2$］：纯度≥99%。

（2）正庚烷（C_7H_{16}）：纯度≥99%。

（3）正庚烷标准工作液：在10mL容量瓶中准确加入1mL正庚烷后，再迅速加入*N*，*N*-二甲基乙酰胺，并定容至刻度。

（4）溶剂残留标准品："六号溶剂"溶液，浓度为10mg/mL，溶剂为*N*，*N*-二甲基乙酰胺。或经国家认证并授予标准物质证书的其他溶剂残留检测用标准物质。

（5）标准溶液配制：称量5.0g（精确到0.01g）基体植物油6份于20mL顶空进样瓶中。向每份基体植物油中迅速加入5μL正庚烷标准工作液作为内标（即内标含量68mg/kg），用手轻微摇匀后，再用微量注射器迅速加入0，5，10，25，50，100μL的六号溶剂标准品，密封后，得到浓度分别为0，10，20，50，100，200mg/kg的基体植物油标准溶液。保持顶空进样瓶直立，并在水平桌面上做快速的圆周转动，使物质充分混合。转动过程中基体植物油不能接触到密封垫，如果有接触，需重新配制。

三、仪器和设备

（1）气相色谱仪：带氢火焰离子化检测器。

（2）顶空瓶：20mL，配备铝盖和不含烃类溶剂残留的丁基橡胶或硅树脂胶隔垫。

（3）分析天平：感量为0.01g。

（4）微量注射器：容积分别为10，25，50，100，250，500μL。

（5）超声波振荡器。

（6）鼓风烘箱。

（7）恒温振荡器。

四、分析步骤

1. 试样制备

称取植物油样品5g（精确至0.01g）于20mL顶空进样瓶中，向植物油样品中迅速加入5μL正庚烷标准工作液作为内标，用手轻微摇匀后密封。保持顶空进样瓶直立，待分析。制备过程中植物油样品不能接触到密封垫，如果有接触，需重新制备。

2. 仪器参考条件

（1）顶空进样参考条件

①平衡时间：30min。

②平衡温度：60℃。

③平衡时振荡器转速：250r/min。

④进样体积：500μL。

（2）气相色谱参考条件

①色谱柱：含5%苯基的甲基聚硅氧烷的毛细管柱，柱长30m，内径0.25mm，膜厚0.25μm，或相当者。

②柱温度程序：50℃保持3min，1℃/min升温至55℃保持3min，30℃/min升温至200℃保持3min。

③进样口温度：250℃。

④检测器温度：300℃。

⑤进样模式：分流模式，分流比100∶1。

⑥载气氮气流速：1mL/min。

⑦氢气流速：25mL/min。

⑧空气流速：300mL/min。

按照参考条件设置仪器，对六号溶剂、试样顶空气分析，考核色谱柱分离效能。如果对杂质干扰峰不能有效分离，需要对色谱分离条件进行调整优化。六号溶剂标准品的气相色谱图，见图1。

3. 标准曲线的制作

采用内标法定量。将配制好的标准溶液上机分析后，以标准溶液与内标物浓度比为横坐标，标准溶液总峰面积与内标物峰面积比为纵坐标绘制标准曲线。

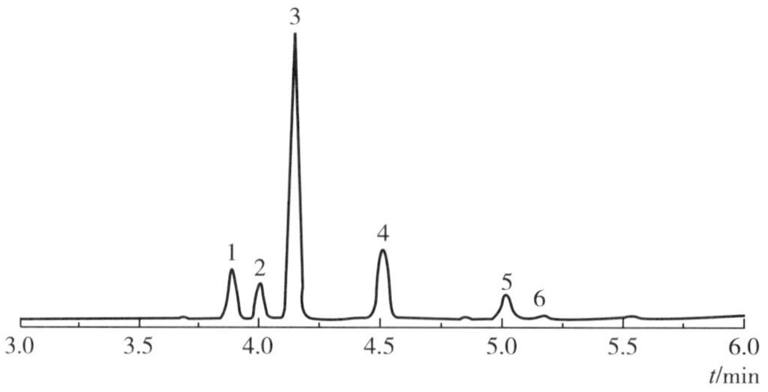

图 1　六号溶剂标准的气相色谱图

1—2- 甲基戊烷　2—3- 甲基戊烷　3—正己烷　4—甲基环戊烷

5—环己烷　6—2，3- 二甲基戊烷

4. 样品测定

将制备好的植物油或粕类试样上机分析后，测得其峰面积，根据相应标准曲线，计算出试样中溶剂残留的含量。

五、结果分析

试样中溶剂残留的含量按下式计算：

$$X=\rho$$

式中　X—— 试样中溶剂残留的含量，mg/kg；

ρ—— 由标准曲线得到的试样中溶剂残留的含量，mg/kg。

计算结果保留3位有效数字。

六、精密度

在重复性条件下获得的两次独立测定结果的绝对差值不得超过算术平均值的10%。本方法检出限为2mg/kg，定量限为10mg/kg。

任务单

一、任务要求

采用气相色谱法完成浸出油中溶剂残留量的测定，掌握样品的制备，会配制标准溶液、标准使用液，掌握内标法的应用。能够规范熟练操作气相色谱仪，能够依据色谱图对样品进行定性、定量分析，能准确计算样品中溶剂的残留量。

二、任务实施

（一）分组讨论，制定工作方案、确定人员分工

填写方案设计表（附表1）。

（二）试剂配制、仪器设备的准备

1. 试剂配制

填写试剂配制表（附表2）。

2. 仪器设备

填写所需仪器设备统计表（附表3）。

（三）实验操作

按照资料单中的分析步骤进行操作。

（四）填写原始数据

浸出油溶剂残留量的测定

<table>
<tr><td>样品名称</td><td colspan="2"></td><td colspan="2">样品编号</td><td colspan="2"></td><td colspan="2">样品质量（g）</td><td></td></tr>
<tr><td>检测地点</td><td colspan="2"></td><td colspan="2">检测项目</td><td colspan="2"></td><td colspan="2">检测依据</td><td></td></tr>
<tr><td>仪器名称</td><td colspan="2"></td><td colspan="2">室温（℃）</td><td colspan="2"></td><td colspan="2">相对湿度RH（%）</td><td></td></tr>
<tr><td rowspan="6">分析数据</td><td>序号</td><td>1</td><td>2</td><td>3</td><td>4</td><td>5</td><td>6</td><td>试样1</td><td>试样2</td></tr>
<tr><td>浓度（mg/kg）</td><td>0</td><td>10</td><td>20</td><td>50</td><td>100</td><td>200</td><td></td><td></td></tr>
<tr><td>六号溶剂峰面积</td><td></td><td></td><td></td><td></td><td></td><td></td><td></td><td></td></tr>
<tr><td>内标物峰面积</td><td></td><td></td><td></td><td></td><td></td><td></td><td></td><td></td></tr>
<tr><td>标准溶液与内标物浓度比</td><td></td><td></td><td></td><td></td><td></td><td></td><td></td><td></td></tr>
<tr><td>标准溶液总峰面积与内标物峰面积比</td><td></td><td></td><td></td><td></td><td></td><td></td><td></td><td></td></tr>
<tr><td>数据处理</td><td colspan="9"></td></tr>
<tr><td>样品中溶剂残留量（mg/kg）</td><td colspan="9">注意：结果保留3位有效数字</td></tr>
<tr><td>安全评价结果</td><td colspan="9"></td></tr>
</table>

检验人：　　　　　　　　　　　　　　　　校核人：

三、考核评价

浸出油溶剂残留量的测定考核评分标准

技能操作二　小麦粉中过氧化苯甲酰的测定（高效液相色谱法）

资料单

一、原理

由甲醇提取的过氧化苯甲酰，用碘化钾作为还原剂将其还原为苯甲酸，高效液相色谱分离，在230nm下检测。

本操作参考GB/T 22325—2008《小麦粉中过氧化苯甲酰的测定　高效液相色谱法》。

二、试剂和材料

除非另有规定，本方法所用试剂均为分析纯。实验用水应符合GB/T 6682—2008规定的一级水要求。

（1）甲醇：色谱纯。

（2）碘化钾溶液：50%水溶液（质量浓度）。

（3）苯甲酸：纯度≥99.9%，国家标准物质。

（4）乙酸铵缓冲溶液（0.02mol/L）：称取乙酸铵1.54g用水溶解并稀释至1L，混匀后用0.45μm的滤膜过滤后使用。

（5）苯甲酸标准储备溶液（1mg/mL）：称取0.1g（精确至0.0001g）苯甲酸，用甲醇稀释至100mL。

三、仪器和设备

（1）高效液相色谱仪：配有紫外检测器；色谱柱：C_{18}反相柱。

（2）天平：感量为0.0001g。

（3）涡旋混合器。

（4）溶剂过滤器。

四、分析步骤

1. 样品制备

称取样品5g（准确至0.1mg）于50mL具塞比色管中，加10.0mL甲醇，在涡旋混合器上混匀1min，静置5min，加50%碘化钾水溶液5.0mL，在涡旋混合器上混匀1min，放置10min。加水至50.0mL，混匀，静置，吸取上层清液通过0.22μm的滤膜，滤液置于样品瓶中备用。

2. 标准曲线的制备

准确移取苯甲酸标准储备液0，0.625，1.25，2.50，5.00，10.00，12.50，25.00mL分别置于8个25mL容量瓶中，分别加甲醇至25.0mL，配成浓度分别为0，25.0，50.0，100.0，200.0，400.0，500.0，1000.0μg/mL的苯甲酸标准系列溶液。

分别称取8份5g（精确至0.1mg）不含苯甲酸和过氧化苯甲酰的小麦粉于8支50mL具塞比色管中，分别准确加入苯甲酸标准系列溶液10.00mL，在涡旋混合器上混匀1min，放置10min。加水至50.0mL，混匀，静置，吸取上层清液通过0.22μm的滤膜，滤液置于样品瓶中备用。标准液的最终浓度分别为：0，5.0，10.0，20.0，40.0，80.0，100.0，200.0μg/mL。依次取不同浓度的苯甲酸标准液10.0μL，注入液相色谱仪，以苯甲酸峰面积为纵坐标，以苯甲酸浓度为横坐标，绘制标准曲线。

3. 测定

（1）色谱条件

①色谱柱：4.6mm×250mm，C_{18}反相柱（5μm）（为了延长柱子寿命，建议加C_{18}保护柱）。

②检测波长：230nm。

③流动相：甲醇：水（含0.02mol/L乙酸铵）为10：90（体积分数）。

④流速：1.0mL/min。

⑤进样量：10.0μL。

（2）样品测定　取10.0μL待测样品试液注入液相色谱仪，根据苯甲酸的峰面积从工作曲线上查取对应的苯甲酸浓度，并计算样品中过氧化苯甲酰的含量。

五、结果分析

样品中过氧化苯甲酰的含量按下式进行计算。

$$D=\frac{c\times V\times 1000}{m\times 1000\times 1000}\times 0.992$$

式中 D——样品中过氧化苯甲酰的含量，g/kg；

c——由工作曲线上查出的试样测定液中相当于苯甲酸的浓度，μg/mL；

V——试样提取液的体积，mL；

m——样品质量，g；

0.992——由苯甲酸换算成过氧化苯甲酰的换算系数：242.2/（2×122.1）。

结果保留两位有效数字。

六、精密度

精密度数据按照GB/T 6379.2—2004的规定，通过14个实验室对2个添加水平的试样所做的试验中确定的。获得重复性和再现性的值是以95%的可信度来计算。

1. 重复性

在重复性条件下获得的两次独立测定结果的绝对差值不得超过重复性限（r），重复性限按下式进行计算。

小麦粉中过氧化苯甲酰的含量在0.00~0.20mg/kg范围：

$$r=4.7964+0.0594M$$

式中 M——两次测定值的平均值，mg/kg。

如果差值超过重复性限，应舍弃试验结果并重新完成两次单个试验的测定。

2. 再现性

在再现性条件下获得的两次独立测定结果的绝对差值不得超过再现性限（R），再现性限按下式进行计算。

小麦粉中过氧化苯甲酰的含量在0.00~0.20mg/kg范围：

$$R=6.6802+0.0330M$$

式中 M——两次测定值的平均值，mg/kg。

任务单

一、任务要求

采用高效液相色谱法完成样品中过氧化苯甲酰含量的测定，掌握样品制备方法，会进行标准储备液、标准系列溶液的配制，能规范熟练操作高效液相色谱仪，能利用高效液相色谱仪对样品及标准溶液中苯甲酸进行检测，能准确计算样品中过氧化苯甲酰的含量。

二、任务实施

（一）分组讨论，制定工作方案、确定人员分工

填写方案设计表（附表1）。

（二）试剂配制、仪器设备的准备

1. 试剂配制

填写试剂配制表（附表2）。

2. 仪器设备

填写所需仪器设备统计表（附表3）。

（三）实验操作

按照资料单中的分析步骤进行操作。

（四）填写原始数据

小麦粉中过氧化苯甲酰的测定原始数据记录单

<table>
<tr><td>样品名称</td><td colspan="4"></td><td colspan="2">检测项目</td><td colspan="3"></td></tr>
<tr><td>检测地点</td><td colspan="4"></td><td colspan="2">检测依据</td><td colspan="3"></td></tr>
<tr><td>仪器名称</td><td colspan="4"></td><td colspan="2">仪器条件</td><td colspan="3">色谱柱：
检测波长（nm）：
流动相：
流速（mL/min）：
进样量（μL）：</td></tr>
<tr><td rowspan="4">标准曲线</td><td>序号</td><td>1</td><td>2</td><td>3</td><td>4</td><td>5</td><td>6</td><td>7</td><td>8</td></tr>
<tr><td>浓度（μg/mL）</td><td></td><td></td><td></td><td></td><td></td><td></td><td></td><td></td></tr>
<tr><td>峰面积</td><td></td><td></td><td></td><td></td><td></td><td></td><td></td><td></td></tr>
<tr><td>回归方程和线性相关系数</td><td colspan="8"></td></tr>
<tr><td colspan="2">重复次数</td><td colspan="4">样品1</td><td colspan="4">样品2</td></tr>
<tr><td colspan="2">样品质量（g）</td><td colspan="4"></td><td colspan="4"></td></tr>
<tr><td colspan="2">提取体积（mL）</td><td colspan="4"></td><td colspan="4"></td></tr>
<tr><td colspan="2">峰面积</td><td colspan="4"></td><td colspan="4"></td></tr>
<tr><td colspan="2">样品浓度（μg/mL）</td><td colspan="4"></td><td colspan="4"></td></tr>
<tr><td colspan="2">计算公式</td><td colspan="8"></td></tr>
<tr><td colspan="2">样品中过氧化苯甲酰含量（g/kg）</td><td colspan="8"></td></tr>
<tr><td colspan="2">安全评价结果</td><td colspan="8"></td></tr>
<tr><td colspan="5">检验人：</td><td colspan="5">校核人：</td></tr>
</table>

三、考核评价

小麦粉中过氧化苯甲酰的测定（高效液相色谱法）考核评分标准

技能操作三　小麦粉面团流变学特性测试（粉质仪法）

资料单

一、原理

在恒温条件下，一定量的小麦粉中加适量水（使面团的稠密度为500FU的加水量），在粉质仪的揉混器中被揉和，面团经历形成、稳定、弱化3个阶段的变化。通过测力计测量在揉面过程中所产生的阻力变化可反映面团的揉和特性，如通常需要测定的面团形成时间、稳定时间、弱化度、面团吸水率、面团质量指数等特性。

本操作参考GB/T 14614—2019《粮油检验　小麦粉面团流变学特性测试　粉质仪法》。

二、试剂

水为GB/T 6682—2008规定的三级水。

三、仪器和设备

（1）粉质仪：带有水浴恒温控制装置。

粉质仪主机具有如下操作特性：

① 慢搅拌叶片转速为（63 ± 2）r/min；快慢搅拌叶片转速比为（1.50 ± 0.01）∶1。

② 每粉质仪单位的扭力矩：

300g揉混器为（9.8 ± 0.2）mN · m/FU［（100 ± 2）gf · cm/FU］；

50g揉混器为（1.96 ± 0.04）mN · m/FU［（20 ± 0.4）gf · cm/FU］。

（2）滴定管：

① 300g揉混器的滴定管，起止刻度线为135 ~225mL，最小刻度0.2mL。

② 50g揉混器的滴定管，起止刻度线为22.5~37.5mL，最小刻度0.1mL。

（3）控制装置：循环水浴温度控制在30℃ ± 0.2℃。

（4）天平：感量0.1g。

四、操作准备

（一）电子式粉质仪

1. 小麦粉水分含量的测定

按GB 5009.3—2016规定的方法测定小麦粉的水分含量。

2. 仪器准备

（1）在驱动系统上安装揉面钵。接通粉质仪恒温控制装置的电源并打开循环水开关，揉面钵达到所需温度（30 ± 0.2）℃后方可使用仪器。揉面钵上设有测温孔。在仪器使用前和使用过程中，应随时检查恒温水浴和揉面钵的温度。打开仪器的电源开关“POWER”。

实验室温度控制在18~30℃。必要时在清洗擦干的揉面钵搅拌叶片的轴杆上涂抹少量硅膏。

（2）在测试参数对话框中输入全部测试参数，按“开始”键启动仪器。点击参数对话框中的“开始测试”键，仪器自动调零，调零时揉面钵应空转。打开揉面钵的上盖，安全保护装置使驱动自动停止。在自动调零过程中，计算机将检测到的扭矩视为零，并将其作为后面测试的零点。

（3）用温度为（30 ± 0.5）℃的蒸馏水注满滴定管。

（二）机械式粉质仪

1. 小麦粉水分含量的测定

同电子式粉质仪。

2. 仪器准备

（1）接通粉质仪恒温控制装置的电源并打开循环水开关，揉面钵达到所需温度（30 ± 0.2）℃后方可使用仪器。揉面钵上设有测温孔，在仪器使用前和使用过程中，应随时检查恒温水浴和揉混器的温度。

实验室温度控制在18~30℃。

（2）从驱动轴端卸下揉混器，调节平衡锤的位置，使电机在规定转速下运转时指针的偏转为零，关闭电动机，重新装上揉混器。

用一滴水润滑搅拌叶片与揉混器后面板间的缝隙处，在洁净的空揉面钵中，使搅拌叶片在规定的转速下转动，检查指针的偏转应在（0 ± 5）FU范围内，如果偏转大于5FU，则应彻底清洁揉混器或消除其他引起摩擦阻力的因素。

调节记录笔架，使记录笔与指针的读数一致。

在电动机运转时，调节油阻尼器，使指针从1000FU到100FU所需时间为（1.0 ± 0.2）s，从而使得曲线带宽为60~90FU。

（3）用温度为（30 ± 0.5）℃的蒸馏水注满滴定管。

五、分析步骤

1. 称量样品

小麦粉的温度应为25~30℃。在程序软件的测试参数窗口输入样品的水分含量，根据程序软件窗口计算并显示的小麦粉质量称量质量相当于300g（300g揉混器）或50g（50g揉混器）水分含量为14%（质量分数）的小麦粉试验样品，精确至0.1g。

2. 测定

（1）打开粉质仪揉面钵的上盖。向揉面钵中加入已称量的小麦粉样品，并盖上揉面钵的上盖。点击“开始”键重新启动驱动装置。点击“确认”键开始测试。

预热和搅拌小麦粉1min。

加入一定量的水以使面团的最大稠度接近于500FU。当面团形成时，在不停机的状态下，用刮刀将黏附在揉面钵内壁的所有碎面块刮入面团中。测试过程中，粉质曲线（测定扭矩图线的上边线、下边线和中心线）在图线视窗中同步显示。测试时间结束时，数据传输自动停止。点击“停止”键关闭粉质仪，清洗揉混器。

（2）根据需要进行重复测定，直至两次揉混符合：

——在25s内完成加水操作；

——最大稠度在480~520FU；

——如果需要报告弱化度，则在到达形成时间后继续记录至少12min。

六、结果分析

测试结果以吸水量、面团形成时间、稳定性（稳定时间）、弱化度和粉质质量指数表示。各指标取双试验测试结果的平均值作为试验结果，其中，吸水量精确到0.1mL/100g，面团形成时间、稳定性（稳定时间）精确到0.1min，弱化度精确到1FU，粉质质量指数精确到1mm。

测定结果不符合重复性要求时，应按GB/T 5490—2010的规定重新测定，计算结果。

七、精密度

1. 重复性

由同一位操作人员在同一实验室，使用同一台仪器，在短时间内对相同样品用相同方法进行测试，两次测试结果的绝对差值超过重复性限（r）的情况不大于5%。以下为相应测试值的重复性限值。

重复性限r计算见下式：

吸水量（校正至500FU）：$r=(-0.004A+0.432)\times 2.8$

吸水量（校正至14%水分）：$r=(-0.005B+0.501)\times 2.8$

面团形成时间：$r=(0.072C+0.074)\times 2.8$

稳定性（稳定时间）：$r=(0.019D+0.226)\times 2.8$

弱化度（ICC标准/最高点后12min）：$r=(0.031E+2.729)\times 2.8$

粉质质量指数：$r=(0.052F+0.295)\times 2.8$

式中　A——吸水量（校正至500 FU），mL；

B——吸水量（校正至14%水分），mL；

C——面团形成时间，min；

D——稳定性（稳定时间），min；

E——弱化度（ICC标准/最高点后12min），FU；

F——粉质质量指数，mm。

2. 再现性

由不同操作人员在不同实验室内，使用不同仪器，在短时间内对相同样品用相同方法进行测试，两次测试结果的绝对差值超过再现性限（R）的情况不大于5%。以下为相应测试值的再现性限值。

再现性限R计算见下式：

吸水量（校正至500FU）：$R=(-0.001A+0.548)\times 2.8$

吸水量（校正至14%水分）：$R=(-0.004B+0.944)\times 2.8$

面团形成时间：$R=(0.135C+0.041)\times 2.8$

稳定性（稳定时间）：$R=(0.076D+0.373)\times 2.8$

弱化度（ICC标准/最高点后12min）：$R=(0.039E+6.518)\times 2.8$

粉质质量指数：$R=(0.133F-2.159)\times 2.8$

式中　A——吸水量（校正至500FU），mL；

B——吸水量（校正至14%水分），mL；

C——面团形成时间，min；

D——稳定性（稳定时间），min；

E——弱化度（ICC标准/最高点后12min），FU；

F——粉质质量指数，mm。

任务单

一、任务要求

采用粉质仪法完成小麦粉面团的物理特性吸水量和流变学特性的测定，掌握面团流变学特性曲线各参数的定义，会根据面粉含水量计算样品称取量，能规范熟练操作粉质仪及对粉质仪进行维护，能利用粉质仪对面团的物理特性吸水量和流变学特性进行测定，能准确分析流变学特性曲线中吸水量、面团形成时间、稳定性（稳定时间）、弱化度和粉质质量指数等参数指标。

二、任务实施

（一）分组讨论，制定工作方案、确定人员分工

填写方案设计表（附表1）。

（二）仪器设备的准备

填写所需仪器设备统计表（附表3）。

（三）实验操作

按照资料单中的分析步骤进行操作。

（四）填写原始数据

小麦粉面团的物理特性吸水量和流变学特性的测定原始数据记录单

样品名称		样品编号		样品质量（g）	
检测地点		检测项目		检测依据	
仪器名称		室温（℃）		相对湿度RH（%）	
粉质曲线	粘贴纸质版				
结果分析	分析吸水量、面团形成时间、稳定性（稳定时间）、弱化度和粉质质量指数等参数				
小麦粉吸水量（mL/100g）					
安全评价结果					
检验人:			校核人:		

三、考核评价

小麦粉面团流变学特性测试（粉质仪法）考核评分标准

技能操作四　食品中脱氧雪腐镰刀菌烯醇及其乙酰化衍生物的测定（免疫亲和层析净化高效液相色谱法）

资料单

一、原理

试样中的脱氧雪腐镰刀菌烯醇用水提取，经免疫亲和柱净化后，用高效液相色谱-紫外检测器测定，外标法定量。

本操作参考GB/T 5009.111—2016《食品安全国家标准　食品中脱氧雪腐镰刀菌烯醇及其乙酰化衍生物的测定》。

二、试剂和材料

除非另有规定，本方法所用试剂均为分析纯。水为GB/T 6682—2008规定的一级水。

（1）甲醇（CH_3OH）：色谱纯。

（2）乙腈（CH_3CN）：色谱纯。

（3）聚乙二醇［相对分子质量为8000，$HO(CH_2CH_2O)_nH$］。

（4）氯化钠（NaCl）。

（5）磷酸氢二钠（Na_2HPO_4）。

（6）磷酸二氢钾（KH_2PO_4）。

（7）氯化钾（KCl）。

（8）盐酸（HCl）。

（9）磷酸盐缓冲溶液（以下简称PBS）：称取8.00g氯化钠、1.20g磷酸氢二钠、0.20g磷酸二氢钾、0.20g氯化钾，用900mL水溶解，用盐酸调节pH 至7.0，用水定容至1000mL。

（10）甲醇-水溶液（20+80）：量取200mL甲醇加入到800mL水中，混匀。

（11）乙腈-水溶液（10+90）：量取100mL乙腈加入到900mL水中，混匀。

（12）脱氧雪腐镰刀菌烯醇（$C_{15}H_{20}O_6$，CAS号：51481-10-8）：纯度≥99%，或经国家认证并授予标准物质证书的标准物质。

（13）标准储备溶液（100μg/mL）：称取脱氧雪腐镰刀菌烯醇1mg（准确至0.01mg），用乙腈溶解并定容至10mL。将溶液转移至试剂瓶中，在-20℃下密封保存，有效期1年。

（14）标准系列工作溶液：准确移取适量脱氧雪腐镰刀菌烯醇标准储备溶液用初始流动相稀释，配制成100，200，500，1000，2000，5000ng/mL的标准系列工作液，4℃保存，有效期7d。

三、仪器和设备

（1）高效液相色谱仪：配有紫外检测器或二极管阵列检测器。

（2）电子天平：感量0.01g和0.00001g。

（3）高速粉碎机：转速10000r/min。

（4）筛网：1~2mm 孔径。

（5）超声波/涡旋振荡器或摇床。

（6）氮吹仪。

（7）高速离心机：转速≥12000r/min。

（8）移液器：量程10~100μL和100~1000μL。

（9）脱氧雪腐镰刀菌烯醇免疫亲和柱：柱容量≥1000ng。对于不同批次的亲和柱在使用前需质量验证。

（10）玻璃纤维滤纸：直径11cm，孔径1.5μm。

（11）水相微孔滤膜：0.45μm。

（12）聚丙烯刻度离心管：具塞，50mL。

（13）玻璃注射器：10mL。

（14）空气压力泵。

四、分析步骤

1. 试样提取

（1）谷物及其制品　称取25g（准确到0.1g）磨碎的试样于100mL 具塞三角瓶中加入5g聚乙二醇，加水100mL，混匀，置于超声波/涡旋振荡器或摇床中超声或振荡20min。以玻璃纤维滤纸过滤至滤液澄清（或6000r/min下离心10min），收集滤液 A 于干净的容器中，10000r/min离心5min。

（2）酒类　取酒样20g（准确到0.1g），加入1g聚乙二醇，用水定容至25.0mL，混匀，置于超声波/涡旋振荡器或摇床中超声或振荡20min。用玻璃纤维滤纸过滤至滤液澄清（或6000r/min 下离心10min），收集滤液 B于干净的容器中。

（3）酱油、醋、酱及酱制品　称取样品25g（准确到0.1g），加入5g聚乙二醇，用水定容至100mL，混匀，置于超声波/涡旋振荡器或摇床中超声或振荡20min。以玻璃纤维滤纸过滤至滤液澄清（或6000r/min下离心10min），收集滤液 C于干净的容器中。

2. 净化

事先将低温下保存的免疫亲和柱恢复至室温。待免疫亲和柱内原有液体流尽后，将上述样液移至玻璃注射器筒中，准确移取上述滤液A或滤液B或滤液C 2.0mL，注入玻璃注射器中。将空气压力泵与玻璃注射器相连接，调节下滴速度，控制样液以每秒1滴的流速通过免疫亲和柱，直至空气进入亲和柱中。用5mL PBS缓冲盐溶液和5mL水先后淋洗免疫亲和柱，流速约为每秒1~2滴，直至空气 进入亲和柱中，弃去全部流出液，抽干小柱。

3. 洗脱

准确加入2mL甲醇洗脱亲和柱，控制每秒1滴的下滴速度，收集全部洗脱液至试管中，在50℃下用氮气缓缓地将洗脱液吹至近干，加入1.0mL初始流动相，涡旋30s溶解残留物，0.45μm滤膜过滤，收集滤液于进样瓶中以备进样。

4. 液相色谱参考条件

液相色谱参考条件列出如下：

（1）液相色谱柱　C_{18}柱（柱长150mm，柱内径4.6mm；填料粒径5μm），或相当者。

（2）流动相　甲醇+水（20+80）。

（3）流速　0.8mL/min。

（4）柱温　35℃。

（5）进样量　50μL。

（6）检测波长　218nm。

5. 定量测定

（1）标准曲线的制作　以脱氧雪腐镰刀菌烯醇标准工作液浓度为横坐标，以峰面积积分值为纵坐标，将系列标准溶液由低到高浓度依次进样检测，得到标准曲线回归方程。

（2）试样溶液的测定　试样液中待测物的响应值应在标准曲线线性范围内，超过线性范围则应适当减少称样量，重新按1、2和3进行处理后再进样分析。

6. 空白试验

除不称取试样外，按1、2和3做空白试验。确认不含有干扰待测组分的物质。

五、结果分析

试样中脱氧雪腐镰刀菌烯醇的含量，按下式计算：

$$X=\frac{(\rho_1-\rho_0)\times V\times f\times 1000}{m\times 1000}$$

式中 X——试样中脱氧雪腐镰刀菌烯醇的含量，μg/kg；

ρ_1——试样中脱氧雪腐镰刀菌烯醇的质量浓度，ng/mL；

ρ_0——空白试样中脱氧雪腐镰刀菌烯醇的质量浓度，ng/mL；

V——样品洗脱液的最终定容体积，mL；

f——样液稀释因子；

1000——换算系数；

m——试样的称样量，g。

计算结果保留三位有效数字。

六、精密度

在重复性条件下获得的两次独立测定结果的绝对差值不得超过算术平均值的23%。

任务单

一、任务要求

采用免疫亲和层析净化高效液相色谱法完成样品中脱氧雪腐镰刀菌烯醇及其乙酰化衍生物的测定，掌握样品提取、净化、洗脱方法，会进行试剂、标准溶液的配制，能规范熟练操作天平、超声波/涡旋振荡器或摇床、离心机、免疫亲和柱、氮吹仪、涡旋器和液相色谱仪。能准确进行色谱条件优化，学会外标法定量方法，能准确计算样品的脱氧雪腐镰刀菌烯醇的含量。

二、任务实施

（一）分组讨论，制定工作方案、确定人员分工

填写方案设计表（附表1）。

（二）试剂配制、仪器设备的准备

1. 试剂配制

填写试剂配制表（附表2）。

2. 仪器设备

填写所需仪器设备统计表（附表3）。

（三）实验操作

按照资料单中的分析步骤进行操作。

（四）填写原始数据

脱氧雪腐镰刀菌烯醇及其乙酰化衍生物的检测原始数据记录单

样品名称		样品编号		样品质量(g)	
检测地点		检测项目		检测依据	
仪器名称		室温（℃）		相对湿度RH（%）	
分析数据	实验要求：标准工作曲线（单点），不做空白试验，样品做单实验，采用外标法定量测定样品中待测组分含量				
结果计算					
样品的脱氧雪腐镰刀菌烯醇及其乙酰化衍生物的含量（μg/kg）	注意：结果保留3位有效数字				
安全评价结果					
检验人:			校核人:		

三、考核评价

食品中脱氧雪腐镰刀菌烯醇及其乙酰化衍生物的测定（免疫亲和层析净化高效液相色谱法）考核评分标准

粮油加工环节检测与安全评价知识点在线测试

吐司面包加工仿真

参考文献

［1］国家粮食局人事司. 粮油质量检验员职业操作技能考试手册［M］. 北京：中国劳动社会保障出版社，2008.

［2］国家粮食和物资储备局职业技能鉴定指导中心. 农产品食品检验员粮油质量检验员（初级、中级、高级）（第二版）［M］. 北京：中国社会出版社，2020.

［3］王兆慈. 粮油食品品质分析［M］. 北京：中国轻工业出版社，2000.

［4］朱明华，胡坪. 仪器分析（第四版）［M］. 北京：高等教育出版社，2008.

［5］张玉荣. 粮油品质检验与分析［M］. 北京：中国轻工业出版社，2016.

考核项目二 粮油储运环节检测与安全评价

技能操作一 检测粮仓磷化氢浓度

资料单

一、原理

在应用磷化氢熏蒸杀虫时，为了解仓内磷化氢气体浓度以及熏蒸环境是否有磷化氢气体泄漏，以便熏蒸期间浓度过低时进行补充投药或者有毒气泄漏时进行补漏，确保熏蒸杀虫效果和环境安全，在用磷化氢熏蒸投药后要进行浓度检测和检漏。磷化氢浓度检测装置包括取样管、取样阀、检测箱、抽气泵、检测仪、报警仪、检测管等。其中取样管、取样阀、检测箱、抽气泵用于抽取仓内或管道内的气体样品；检测仪、检测管用于检测粮堆中磷化氢气体浓度。

二、仪器和设备

（1）磷化氢检测仪。

（2）使用说明书（与磷化氢检测仪配套）。

（3）粮食仓房（或模拟仓房，要求气密性较好）。

（4）粮食或者油料（数量要能满足检测需要；可选择稻谷、小麦、玉米、油菜籽等粮油中的任何一种）。

（5）磷化氢气体检测装置：包括取样管、检测箱、取样阀，磷化氢气体检测装置具有预先设置在粮仓里的5根取样管和1根回气管。

（6）磷化铝（适量，根据粮食仓房体积确定）。

（7）正压式空气呼吸器。

三、分析步骤

1. 准备工作

（1）阅读使用说明书，掌握检测仪使用注意事项。

（2）检查电池：检查是否安装电池。

（3）检查检测仪：检查检测仪的完好性。

（4）调节零点：调节检测仪零点。

2. 检测浓度

（1）连接磷化氢检测系统：将检测仪与检测箱对接。

（2）检查气路：检查设备管路是否畅通。

（3）打开抽气泵。

（4）打开检测仪：检测仪上有数值出现。

3. 读取数值

（1）读取数值：待数值稳定后读取。

（2）重复检测：重复上述步骤，在取样点第二次检测。

4. 填写记录表

准确记录数值，将两次检测结果填写在检测记录表上。

5. 关闭检测仪

（1）关闭抽气泵。

（2）关闭检测仪并归位。

四、结果分析

根据检测结果如实将两次检测结果填写在磷化氢浓度检测记录表上。

任务单

一、任务要求

掌握磷化氢检测仪测定浓度原理，规范使用磷化氢检测仪进行浓度检测，能熟悉检测流程，准确规范地按照流程进行操作，能准确将数据填写在《磷化氢浓度检测记录表》上。

二、任务实施

（一）分组讨论，制定工作方案、确定人员分工

填写方案设计表（附表1）。

（二）仪器设备的准备

填写所需仪器设备统计表（附表3）。

（三）实验操作

按照资料单中的分析步骤进行操作。

（四）填写数据

磷化氢浓度检测记录表

检测时间：

检测第次	测点1（mL/m^3）	测点2（mL/m^3）	测点3（mL/m^3）	测点4（mL/m^3）	测点5（mL/m^3）	空间（mL/m^3）	最低浓度（mL/m^3）	检测人
第1次								
第2次								
平均								
安全评价结果								

三、考核评价

检测粮仓磷化氢浓度考核评分标准

技能操作二 识别常见储粮害虫

资料单

一、原理

使用体视显微镜观察储粮害虫标本，观察储粮害虫主要外部形态特征，识别30种常见储粮害虫。

二、仪器和设备

（1）常见储粮害虫标本（30种）。

（2）体视显微镜（附使用说明书）。

（3）培养皿。

（4）人工光源。

（5）脱脂棉。

三、分析步骤

1. 调节体视显微镜

（1）体视显微镜的构造见图1。

体视显微镜是放大昆虫局部特征或解剖虫体时常用的双目观察仪器，它除了具有一般显微镜能把被观察的物体放大外，还能形成物体的立体图像，使被观察的物体图像具有立体感。体视显微镜具有较长的工作距离和宽阔的视野，可从10~160倍连续改变放大倍数。

体视显微镜如图1所示，其构造可分为光学系统和金属结构两部分。

光学系统由物镜（2倍大物镜、变倍物镜）、棱镜（半五角棱镜、直角棱镜组）及目镜组成。光学系统的左右两部同装于一机构中，犹如双眼直接观察物体，通过改变变倍物镜的空气间隔来完成物体图像放大，并保证物体光学效果。

金属结构主要包括以下部件：

底座：使显微镜能稳固地放在工作台面上。

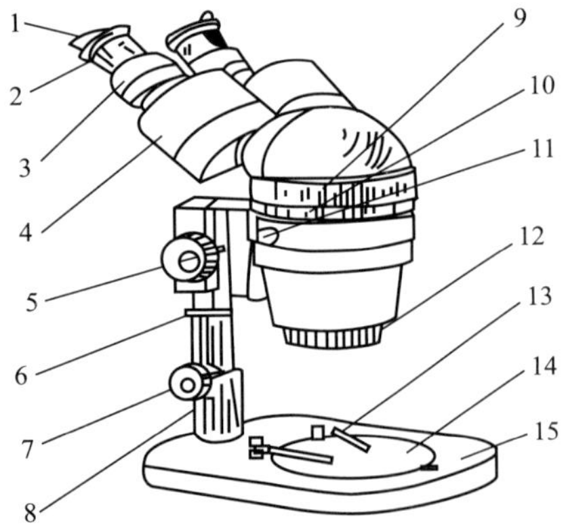

图1　体视显微镜的构造

1—护目橡胶圈　2—接目镜　3—目镜调焦环　4—棱镜组　5—调焦手轮　6—活动支架　7—锁紧手轮　8—固定支架　9—放大倍率转盘　10—读数圈　11—制紧螺丝　12—物镜　13—弹簧压片夹　14—载物台板　15—底座

载物台板：居底座中央一块分黑白两面可活动的圆形台板，用以放置被观察的物体，通过选用不同的颜色，造成与被观察物体颜色的反差。

固定支架：用于支撑镜体的光学部分并可作为握持时的把手。

活动支架：用以升、降镜身。

调焦手轮：调节镜身的高低，用来对准、校正物像焦点。

放大倍率转盘：调节和改变放大倍率，并指示变倍倍率。

接目镜：与眼相接，用于清晰地观察物体。接目镜分10倍和20倍两种。

其他部件：目镜眼罩、目镜防尘罩、锁紧手轮、制紧螺钉、棱镜罩壳、视度调节圈、弹簧压片夹等，用于完成镜体的保护和调节等功能。

（2）取出体视显微镜。将体视显微镜从镜箱内取出，放在稳定的台面上，配置好光源，根据物体的颜色选取载物台板黑白面其中的一面。

（3）选择适当的放大镜倍率。装上所需的目镜（10倍或20倍），如需要更大倍率，可在物镜下安装2倍大物镜，其最大放大倍率可达160倍。

2. 放置标本

将需要识别的储粮害虫标本放在培养皿中，置于体视显微镜的载物台板上。

3. 观察储粮害虫

选择适当的放大倍率，调整焦距使观察的标本清晰。观察害虫的体型、体长、体色及触角、前胸背板和翅等形态特征。

4. 识别储粮害虫

综合观察到的形态特征，识别储粮害虫种类。下面介绍30种常见储粮害虫外部形态特征。

（1）玉米象（*Sitophilus zeamais* Motschulsky） 危害禾谷类及其他淀粉性植物储藏品。其中稻谷、小麦、玉米、高粱受害最严重。属于重要的初期性害虫。

主要形态特征（图2）：体长3~4.5mm，圆筒形，褐色至黑褐色，略有光泽；头部小，略呈三角形，向前方延伸呈象鼻状；触角膝状8节，第3节与第4节长之比约为5：3；前胸背板密布圆形刻点；两鞘翅肩部和端部各有一橙黄色椭圆形斑（有时不明显），有后翅；解剖外生殖器可见雄虫阳茎背面中间有一条纵隆脊，脊两侧各有一条明显的纵沟，雌虫的Y形骨片两臂端部明显尖细。

（2）米象（*Sitophilus oryzae* Linnaeus） 危害禾谷类及其他淀粉性植物储藏品。其中稻谷、小麦、玉米、高粱受害最严重。

主要形态特征（图3）：体形、体色、鞘翅斑纹等与玉米象极相似。主要区别为：个体较小，体长一般不超过3mm；触角第3节与第4节几乎等长，长度比约为4：3；前胸背板中央有一纵向狭窄的光滑区域；解剖外生殖器可见雄虫阳茎背面隆起呈弧形，中间无脊，也无沟；雌虫的Y形骨片两臂端部明显圆钝。

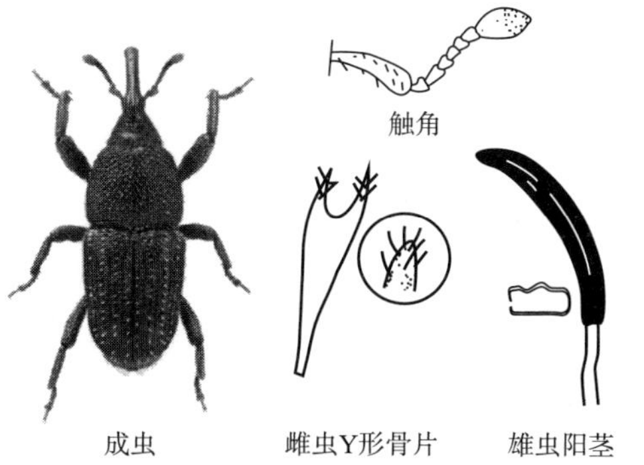

图2　玉米象

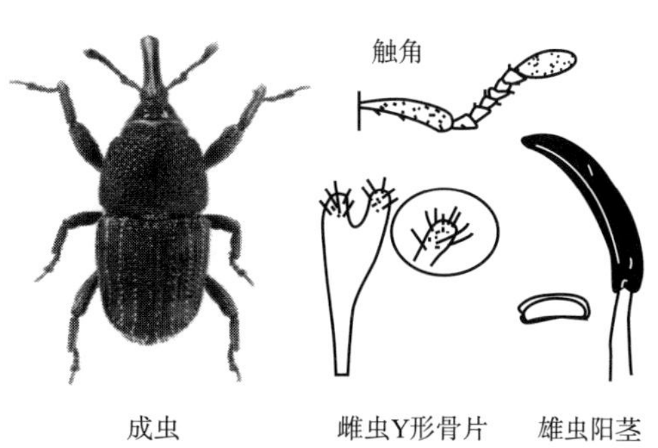

图3　米象

图4　咖啡长角象

图5　大谷盗

图6　锯谷盗

（3）咖啡长角象（咖啡豆象）[*Araecerus fasciculatus*（De Geer）] 幼虫危害玉米、薯干、面粉、高粱、酒曲、中药材等，也危害咖啡、可可，幼虫蛀入粮粒内为害，属于重要的初期性害虫。

主要形态特征（图4）：体长3~4.5mm，短椭圆形，暗褐色，密生细毛，背面散生浅色斑点；触角11节，3~8节细长丝状，黄褐色，9~11节扁平膨大呈三角形，黑色；足细长；腹末臀板外露部分呈三角形。

（4）大谷盗（*Tenebroides mauritanicus* Linnaeus） 危害各类原粮、成品粮、豆类、油料、药材等。最喜啮食麦类胚部，是禾谷类种子的大敌。属于重要的初期性害虫。

主要形态特征（图5）：体长6.5~10mm，扁平，长椭圆形，漆黑色，无毛，光泽强烈；头三角形，上颚发达外露；触角11节，第7~10节略向内侧扩张呈锯齿状；前胸背板为倒梯形，两前缘角突出，后缘与鞘翅呈颈状相连。

（5）锯谷盗（*Oryzaephilus surinamensis* Linnaeus） 食性复杂，几乎能危害所有植物性储藏品，主要危害谷物胚部、破碎禾谷类、粉类、副食品、干果、药材等。属重要的后期性害虫。

主要形态特征（图6）：体长2.5~3.5mm，细长扁平，暗褐色；头部呈梯形，前口式，后颊外角钝圆；前胸背板纵长方形，背面有三条明显纵脊，中脊直，两侧脊稍成弧形，两侧缘各有6个锯齿状突起。

（6）绿豆象（*Callosobruchus chinensis* Linnaeus） 幼虫危害小豆类，绿豆、赤豆、豇豆被害最严重。被害豆粒往往仅剩空壳。成虫不取食为害。

主要形态特征（图7）：体长2~3mm，近卵形，体色、斑纹多变异。通常可分为暗色型和明色型两类，暗色型虫体大部分为黑褐色，鞘翅上有白毛斑；明色型虫体大部分为赤褐色，鞘翅上无白毛斑。触角11节，雄虫栉齿状，雌虫锯齿状；前胸背板圆锥形，后缘中央有两个并列的长椭圆形瘤状突起，上面密被白色绒毛；后足腿节腹面内缘齿突长而直。

（7）蚕豆象（*Bruchus rufimanus* Boheman） 幼虫专门蛀蚀蚕豆粒。蚕豆被害率高达96%，是蚕豆的毁灭性害虫。

主要形态特征（图8）：体长4.5~5mm，椭圆形，灰褐色，虫体密被绒毛；下口式；触角锯齿状11节；前胸背板后缘中央白毛斑呈三角形，两侧缘齿突齿尖向两侧平行伸展；前足腿节大部分及胫节、跗节为赤褐色；两鞘翅末端近1/3处的白毛斑呈狭长的双弧形；腹末臀板两侧黑斑不明显，白毛斑不呈T字形。

（8）豌豆象（*Bruchus pisorum* Linnaeus）幼虫专门蛀蚀豌豆粒。豌豆被害率有时高达100%，被害豌豆重量损失一般为60%，是豌豆的毁灭性害虫。

主要形态特征（图9）：体形、体色、体大小等与蚕豆象极相似，主要区别在于豌豆象前胸背板后缘中央的白毛斑近圆形，两侧缘齿突齿尖向后弯；前足腿节为黑色，胫节、跗节为赤褐色；两鞘翅末端近1/3处的白毛斑呈较宽的八字形；腹末臀板两侧黑斑明显，白毛斑呈T字形。

（9）长角扁谷盗（*Cryptolestes pusillus* Schonherr）危害破损的禾谷类、油料及粉类等，其中粉类和油料中发生最多，是重要的后期性害虫。

主要形态特征（图10）：体长1.5~2.2mm，扁长形，淡黄褐色；触角11节，雄虫长丝状，末端3节两侧几乎平行；雌虫念珠状，较短；前胸背板横长方形，后缘略窄；两鞘翅的长度约为宽度的1.5倍。

（10）土耳其扁谷盗（*Cryptolestes turcicus* Grouville）危害同长角扁谷盗。

主要形态特征（图11）：体形、大小与长角扁谷盗相似，主要区别为：赤褐色；雄虫触角末端3节两侧向端部略扩张；前胸背板近方形，后缘角较尖；两鞘翅的长度约为宽度的2倍。

（11）锈赤扁谷盗（*Cryptolestes ferrugineus* Stephens）危害同长角扁谷盗。

主要形态特征（图12）：体形、体大小与长角扁谷盗相似，主要区别为：赤褐色；雌、雄虫触角均为念珠状，且短而细

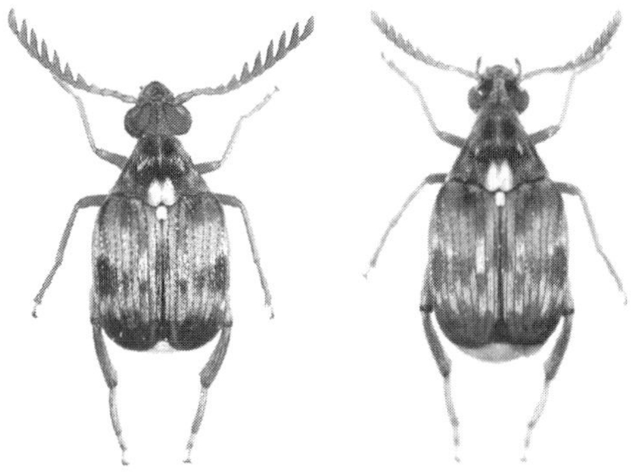

雄虫　雌虫

图7　绿豆象

图8　蚕豆象

图9　豌豆象

雄虫　雌虫

图10　长角扁谷盗

雄虫　雌虫

图11　土耳其扁谷盗

雄虫　　雌虫

图 12　锈赤扁谷盗

图 13　干果露尾甲

图 14　细胫露尾甲

成虫　　头腹面

图 15　赤拟谷盗

成虫　　头腹面

图 16　杂拟谷盗

小；前胸背板呈明显倒梯形，后缘明显比前缘窄；两鞘翅的长度约为宽度的1.7倍。

（12）干果露尾甲（*Carpophilus mutilatus* Erichson）主要危害大米、粉类、油料、酒曲和药材等。

主要形态特征（图13）：体长2~3.5mm，暗褐色，近椭圆形，腹末2节外露；头前口式；触角锤状11节，第二节和第三节几乎等长；左上颚端齿呈鱼尾状；雄虫后足胫节近基部近1/3处向内侧突然扩张呈菜刀状。

（13）细胫露尾甲（*Carpophilus delkeskampi* Hesamatsu）食性较复杂，主要以幼虫危害禾谷类、豆类、油料及其加工品，尤其喜食酒曲、酵母、菌类及腐败物质。

主要形态特征（图14）：体长2~4mm，宽椭圆形，暗粟褐色，腹末2节外露；头前口式；触角锤状11节，第2节略长于第3节；两鞘翅肩部及端部各有一个淡黄色斑，有时不鲜明，黄色斑的边缘不清晰，暗粟褐色斑延伸至鞘翅端部约5/6处；后足胫节两侧相对平行，端部不显著加宽。

（14）赤拟谷盗（*Tribolium castaneum* Herbst）危害各种原粮、成品粮、药材等，在粮粒外部为害。其中以面粉、玉米、油料、糠麸受害最为严重。属于重要的后期性害虫。

主要形态特征（图15）：体长3~4mm，长椭圆形，赤褐色；前口式；触角11节，末端3节显著膨大呈锤状；复眼较大，腹面观两复眼之间距离约等于复眼横直径宽度。

（15）杂拟谷盗（*Tribolium confusum* Jacquelin du Val）危害与赤拟谷盗相似。

主要形态特征（图16）：体形、体色、体大小与赤拟谷盗极相似，主要区别在于杂拟谷盗触角末端5节逐渐膨大呈棍棒状；复眼较小，腹面观两复眼之间距离约等于复眼横直径宽度的2~3倍。

（16）黑菌虫（*Alphitobius diaperinus* Panzer） 主要取食潮湿霉变的粮油、药材等，是加工厂常见的后期性害虫。

主要形态特征（图17）：体长5.5~7mm，椭圆形，漆黑色，有强烈光泽；触角从第5节开始向内侧逐渐扩张呈锯齿状；前胸背板两侧缘，前半部弧形，后半部较直，与后缘呈直角；前足胫节末端向外侧明显扩张。

图 17 黑菌虫

（17）黑粉虫（*Tenebrio obscurus* Fabricius） 成虫、幼虫为害面粉、糠麸、潮湿霉变的粮油及虫尸等，是加工厂常见的后期性害虫。

主要形态特征（图18）：体长12~18mm，长椭圆形，深黑褐色，无光泽；触角11节，近念珠状，第3节长约等于1、2两节之和，末节宽大于长；前胸背板长宽接近相等，鞘翅末端比黄粉虫略尖。

图 18 黑粉虫

（18）黄粉虫（*Tenebrio molitor* Linnaeus） 危害同黑粉虫。

主要形态特征（图19）：体形、体大小与黑粉虫相似，主要区别是：体暗赤褐色，有光泽；触角第3节短于第1、第2两节之和，末节长大于宽；前胸背板宽显著大于长，横长方形，鞘翅末端圆钝。

图 19 黄粉虫

（19）姬粉盗（*Palorusratzeburgi* Wissmann） 主要危害破碎的禾谷类、粉类、糠麸、药材等，是加工厂常见的后期性害虫。

主要形态特征（图20）：体长2.5~3mm，椭圆形，赤褐色；复眼小，两复眼在腹面距离约为复眼直径的5倍；颊终止于复眼前方，不向后延伸遮盖复眼。

图 20 姬粉盗

（20）亚扁粉盗（*Palorus subdepressus* Wollaston） 主要危害破碎的禾谷类和粉类，是加工厂常见的后期性害虫。

主要形态特征（图21）：体长2.5~3mm，椭圆形，赤褐色，体表光滑，有光泽；两复眼在腹面距离约为复眼直径的2.7~4.1倍；颊高于唇基，向后突出，从背方遮盖部分复眼；前胸背板宽大于长，中部最宽，鞘翅有刻点行。

图 21 亚扁粉盗

（21）黑毛皮蠹(*Attagenus unicolor japonicus* Reitter) 杂食性，幼虫危害各种禾谷类、粉类、豆类、油料等植物性食品，以及皮毛、蚕丝、中药材等动物性食品，是加工厂常见的害虫。

主要形态特征（图22）：体长2.8~6mm，椭圆形，黑色；

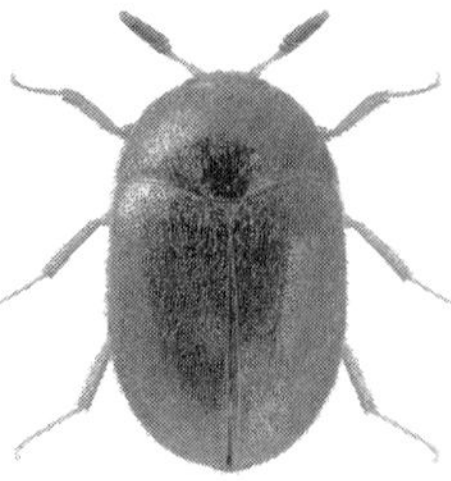
图 22　黑毛皮蠹

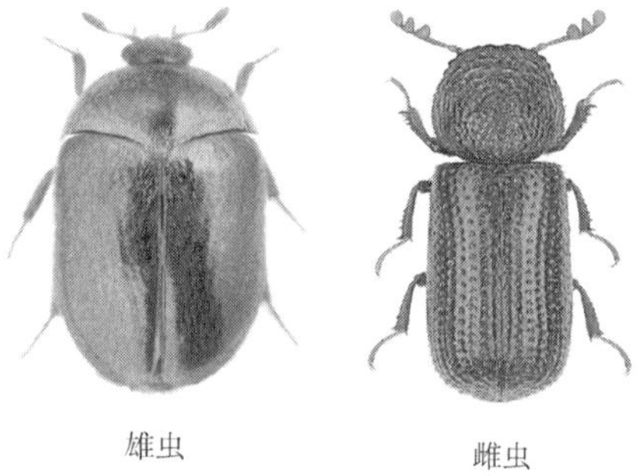

图 23　谷蠹

图 24　烟草甲

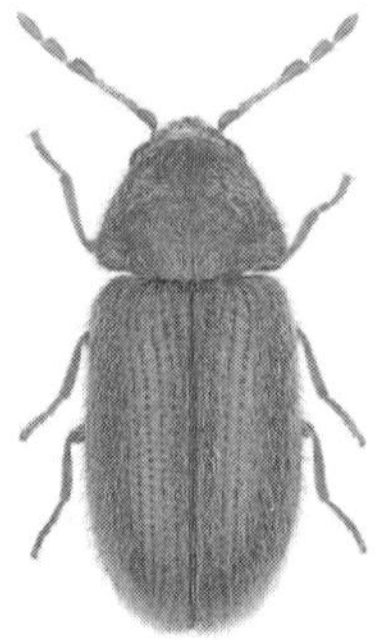
图 25　药材甲

雌性个体明显大于雄性个体；头小，下口式；触角11节，棍棒状，雄虫末节特别长，呈牛角形，约为9、10两节之和的3~4倍；雌虫末节较长，约等于9、10两节之和；前胸背板边缘及鞘翅基部密被金黄色毛。

（22）谷蠹（*Rhizopertha dominica* Fabricius）成虫、幼虫危害禾谷类、粉类、豆类、干果、中药材及竹木器材，其中以稻谷、小麦、面粉被害最为严重。幼虫常蛀入粮粒内部为害，属于重要的初期性害虫。

主要形态特征（图23）：体长2~3mm，长圆筒形，暗赤褐色，有光泽；下口式；触角10节，末3节扁平膨大呈叶片状；前胸背板中央隆起，表面着生许多小齿突，前缘齿突大而明显，后半部呈颗粒状；鞘翅两侧平行，具有明显的刻点行。

（23）烟草甲（*Lasioderma serricorne* Fabricius）杂食性，危害各类粮油、烟草、药材、酒曲及其副产品、丝毛织物、竹木器材等。

主要形态特征（图24）：体长2.5~3mm，椭圆形，暗赤褐色，有光泽；触角11节，锯齿状；前胸背板半圆形，后缘与鞘翅基部等宽；鞘翅表面光滑，无纵刻点纹。

（24）药材甲（*Stegobium paniceum* Linnaeus）杂食性，主要危害药材、面粉、薯干、油饼、酒曲和面包等。

主要形态特征（图25）：体长2~3mm，长椭圆形，暗褐色，略有光泽；触角11节，3~8节念珠状，9~11节扁平膨大；前胸背板中央明显隆起，后缘比鞘翅基部宽；鞘翅上有明显纵沟纹。

（25）拟裸蛛甲（*Gibbium aequinoctiale* Boieldieu）主要危害粉类和各种腐败物质，也取食大米、小米、小麦和稻谷等。常发生在加工厂等粉尘较多的场所。

主要形态特征（图26）：体长2~3mm，卵球形，似蜘蛛；下口式；前胸背板和鞘翅紫红色，光滑发亮，其余密生黄褐色毛；两鞘翅愈合，背面隆起，无后翅；两触角基节窝后缘在中央会合处成直角。

（26）嗜卷书虱（*Liposcelis bostrychophila* Badonnel）储粮中常见的后期性害虫，可危害禾谷类原粮、成品粮、油料、药材、动植物标本、书籍等，由于其具有孤雌生殖和生活周期短的生物学特性，防治不彻底时，又可在较短的时间内形成较大的种群。

主要形态特征（图27）：体长0.87~1.16mm，身体一致的褐色至浅褐色；每复眼具小眼5~8个，通常7个；腹部3~7节背板后缘均有浅色的膜质横带。

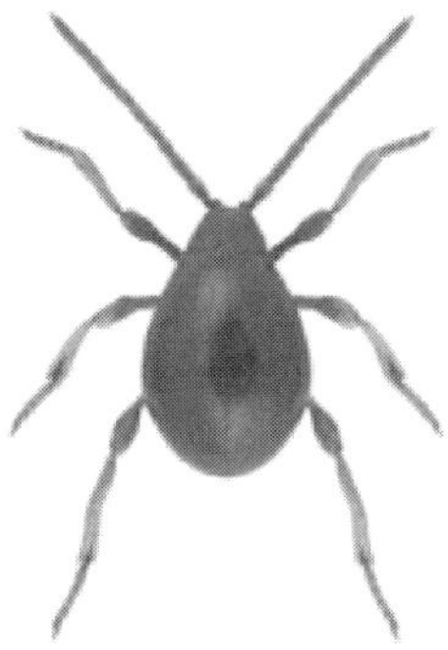

图 26　拟裸蛛甲

图 27　嗜卷书虱

（27）麦蛾（*Sitotroga cerealella* Olivier）幼虫危害禾谷类粮食。其中以小麦、稻谷，玉米、高粱受害最严重。但在大米、面粉中极少发生。成虫不取食为害，属于重要的初期性害虫。

主要形态特征（图28）：体长4~7mm，翅展8~16mm，灰黄色，有缎样光泽；头顶平滑无丛毛；前翅竹叶形，灰黄色，有时散生黑色斑点，后缘毛较长；后翅菜刀形，淡灰黑色，后缘毛特长，远大于翅面宽。

图 28　麦蛾

（28）印度谷蛾（*Plodia interpunctella* Hübner）以幼虫危害禾谷类原粮和成品粮、豆类、油料、干果、药材等植物性储藏品。成虫不取食为害，属于重要的初期性害虫。

主要形态特征（图29）：体长6~9mm，翅展13~18mm，虫体密被赤褐色和灰褐色鳞片；额前具有锥状鳞片脊；前翅长三角形，基部1/3为灰黄色，其余赤褐色，并散生紫黑色小斑点；后翅灰白色。

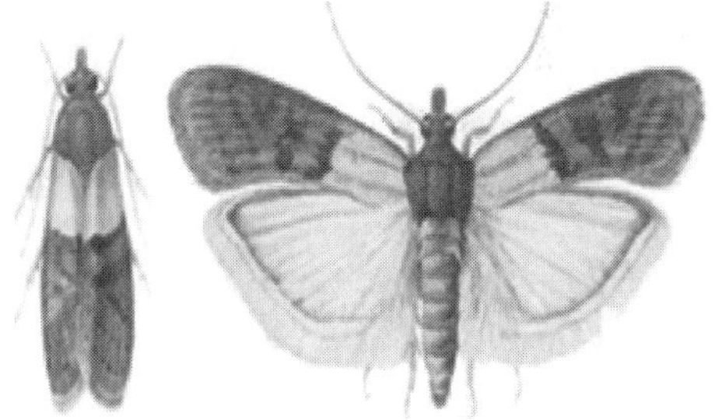

图 29　印度谷蛾

（29）粉斑螟（*Ephestia cautella* Walker）危害同印度谷蛾。

主要形态特征（图30）：体长6~7mm，翅展14~16mm，灰黑色；额前无锥状鳞

图 30　粉斑螟

片脊；前翅长三角形，灰黑色，靠近翅基部1/3处有一条淡白色较宽且直的横带纹，在近外缘1/4处，有时也有一条淡色波状横纹；后翅灰白色。

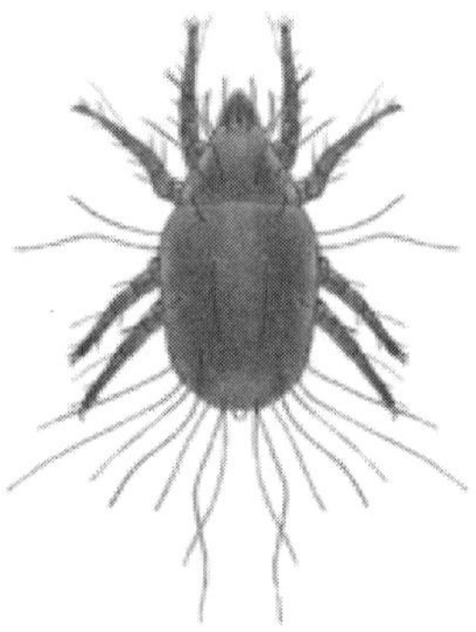
图31 腐食酪螨

（30）腐食酪螨（*Tyropha-gus putrescentiae* Schrank）腐食酪螨属于蛛形纲、蜱螨亚纲、真螨目、粉螨科的一种常见螨类。危害各种粮食、油料、粉类、糠麸、豆饼等。大量发生易引起储粮发热、霉变。人体皮肤接触此螨或其排泄物，易引起皮炎。

主要形态特征（图31）：体长0.3~0.4mm，卵圆形，乳白色，半透明；着生有4对足；体前区与体后区之间有横缢纹；口器为钳状螯肢；体后区背面中部的第2对背刚毛比第1对背刚毛长2~3倍，足后体末端有5对长刚毛。

5. 记录

将识别的储粮害虫中文名称填写在记录表中。

四、注意事项

（1）填写储粮害虫的虫名时，不能写别名或俗名，也不能用错字、别字代替。

（2）不能用手或其他脏物接触体视显微镜的镜片，如果镜片上有灰尘，可先用洗耳球吹掉后，再用软毛刷或专用镜头纸擦拭干净。镜面上如有吹不到的污痕可用脱脂棉沾少许二甲苯擦干净。

（3）拿取或搬动体视显微镜时，要一手握牢固定支架，另一手托稳底座使镜身垂直，轻拿轻放，防止从高处跌落。

（4）储粮害虫放在培养皿中，再放在载物台上观察，不能直接把害虫放在载物台上。

任务单

一、任务要求

使用体视显微镜识别30种常见储粮害虫，掌握30种常见储粮害虫的外部形态特征，掌握体视显微镜的使用方法，能使用体视显微镜观察储粮害虫的外部形态特征，能准确识别30种常见储粮害虫。

二、任务实施

（一）分组讨论，制定工作方案、确定人员分工

填写方案设计表（附表1）。

（二）仪器设备的准备

填写所需仪器设备统计表（附表3）。

（三）实验操作

按照资料单中的分析步骤进行操作。

（四）填写原始数据

识别害虫记录表

识别人：　　　　　　　　　　　　识别时间：

序号	害虫名称	序号	害虫名称
1		6	
2		7	
3		8	
4		9	
5		10	

注：只要求填写害虫中文名。

三、考核评价

识别常见储粮害虫
考核评分标准

技能操作三 通风机全压、静压和动压的测定

资料单

一、原理

机械通风是一定条件的外界气体在通风机产生的压力差作用下沿着粮堆中的空隙穿过粮层，从而改变粮堆内气体介质的参数，调整粮堆温度、湿度等，达到使粮食安全储藏或改善加工工艺品质的目的。总通风量与单位通风量成正比，单位通风量与风机的总风量成正比，风机的有效功率与风机产生的风量、风机的风压成正比。通风机的风压指的是空气在通风机内压力的升高值，它等于风机出口空气全压与进口空气全压之差（或绝对值之和），其单位用Pa或kPa表示。通过测定风管的静压、动压，即可得出风机的全压，结合风机的参数即可算出风机的有效功率。

二、原料和材料

粮仓（实仓）或模拟仓，配有相应通风系统。

三、仪器和设备

（1）通风机。

（2）圆形测试管道≥3m，管径与风机相匹配，在正确位置钻好1~3组ϕ10mm的测试孔。

（3）U形压力计。

（4）毕托管。

（5）通风机手册。

（6）蒸馏水。

（7）卷尺。

（8）直尺。

（9）记号笔。

（10）胶带。

（11）计算器。

四、分析步骤

1. 场地准备

（1）用品准备　提前准备好记录笔、工作服、工作手套等用品。

（2）计算确定截面及位置　测定截面一般选在气流比较稳定均匀的直管段上，压入式通风，测试截面的选择如图1所示；吸出式通风，测试截面的选择如图2所示。

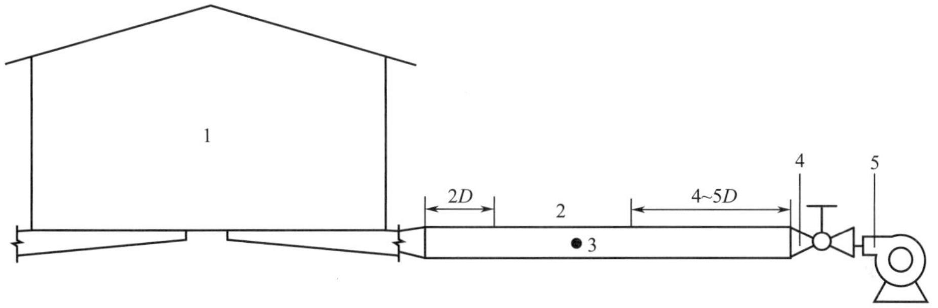

图1　压入式风机测试截面选择

1—仓房　2—测量截面选择区域　3—测试管道　4—闸板　5—风机

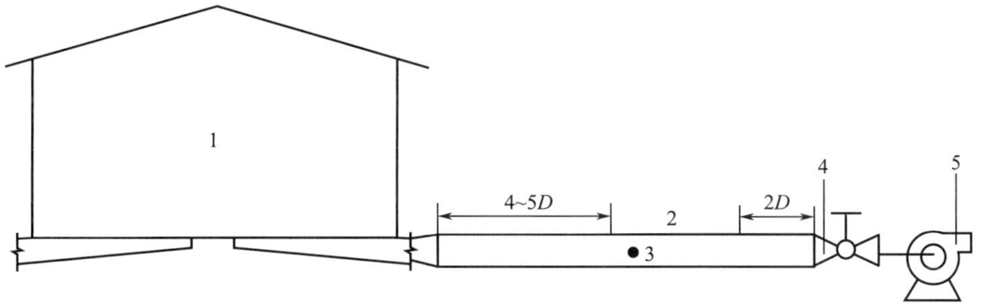

图2　吸出式风机测试截面选择

1—仓房　2—测量截面选择区域　3—测试管道　4—闸板　5—风机

（3）测量时仪器的布置　只有合理地使用并正确连接压力计和测压管，才能准确地进行压力测定。测量全压时，毕托管的全压端通过乳胶管与U形压力计任一接口连接；测量静压时，毕托管的静压端通过乳胶管与U形压力计任一接口连接；测量动压时毕托管的全压端和静压端分别通过乳胶管与U形压力计A、B接口同时连接。

（4）测量点位置的确定　由于风管内气流速度分布是不均匀的，一般管道中心风速最大，越靠近风管壁风速越小。在工程实践中所指的管内气流的速度大多是指平均风速，为了得到断面的平均风速，可采用“等截面分环法”（圆管）或“等截面中心法”（矩形管）进行测定。在粮仓通风实践中，一般用圆管进行通风，下面以圆管为例进行分析。

测量截面区域选定后，选择任一截面，确定中心点的位置及毕托管测压端头的各点放置位置y_1、y_2、$y_3\cdots y_n$，测压端头放置位置与中心点的距离y_n、从圆心算起同心环的序号n，划分的环数m之间的关系如下式所示。

$$y_n = R\sqrt{\frac{2n-1}{2m}}$$

式中 y_n——风管圆心点到毕托管测压端头的距离；

n——从圆心算起同心环的序号（即第n环）；

m——环数；

R——风管半径。

测量不同管径所分的环数如表1所示。

表1 测量不同管径所分的环数

风管直径（mm）	划分环数	风管直径（mm）	划分环数
≤130	1	400~600	4
130~200	2	600~800	6
200~400	3		

为了简化现场测试的工作量，现将y_n/R的值，简化如表2所示。

表2 圆管测点位置值（y_n/R）

从圆心算起同心环序号n	划分总环数				
	1	2	3	4	6
1	0.707	0.500	0.409	0.354	0.290
2		0.866	0.707	0.612	0.500
3			0.914	0.790	0.646
4				0.936	0.764
5					0.866
6					0.957

在上例中：d=200mm，m=3，通过查表，各测点距管路中心的距离计算如下：

$$y_1=100\times0.409=40.9\text{（mm）}$$

$$y_2=100\times0.707=70.7\text{（mm）}$$

$$y_3=100\times0.914=91.4\text{（mm）}$$

在测压管上做好标志。

2. 风压的测定

（1）检测测试管道连接的气密性。

①目测管道连接处，是否有松动、漏气的地方。

②将肥皂水轻涂在连接处，密切观察是否有气泡，如有气泡，刚为漏气，及时处理。

（2）检查风机转向　点动启动风机，检查风机转向是否与箭头标示相一致。

（3）启动风机

①启动风机，观察风机运行。

②风机运行平稳后，进入下一步操作。

（4）测动压、静压和全压　按毕托管上标注的各测点位置，按顺序测出各点的全压$H_{全CP}$、静压$H_{静CP}$、动压$H_{动CP}$。

五、结果分析

于对所测得的全压或静压，各测点的算数平均值即为该断面的平均全压值或静压值，但须注意在吸入段和压出段有正负之分。

平均全压值$H_{全CP}$和平均静压值$H_{静CP}$计算公式如下。

$$H_{全CP}=\frac{H_{全1}+H_{全2}+H_{全3}+\cdots+H_{全n}}{n}$$

$$H_{静CP}=\frac{H_{静1}+H_{静2}+H_{静3}+\cdots+H_{静n}}{n}$$

按上述方法测得该断面各测点的动压值均为正值，必须按下式计算平均动压$H_{动CP}$。

$$H_{动CP}=\left(\frac{\sqrt{H_{动1}}+\sqrt{H_{动2}}+\sqrt{H_{动3}}+\cdots+\sqrt{H_{动n}}}{n}\right)^2$$

六、精密度

结果保留2位有效数字。

任务单

一、任务要求

通风机全压、静压、动压的测定，掌握风管测试截面、测试点位置的计算和选择方法，会进行全压、静压、动压测试和计算，能规范熟练操作毕托管、U形压力计，能准确计算风管动压的算数平均值，并分析测定结果的准确性。

二、任务实施

（一）分组讨论，制定工作方案、确定人员分工

填写方案设计表（附表1）。

（二）场地、仪器设备的准备

1. 场地准备

填写场地准备单（附表4）。

2. 仪器设备

填写所需仪器设备统计表（附表3）。

（三）实验操作

按照资料单中的分析步骤进行操作。

（四）填写原始数据

通风机全压、动压和静压测试记录表

序号	动压$H_{动CP}$（Pa）	静压$H_{静CP}$（Pa）	全压$H_{全CP}$（Pa）
1			
2			
3			
4			
5			
6			
7			
8			
9			
10			
计算公式			
风管的全压、静压和动压（Pa）	注意：结果保留2位有位有效数字		
安全评价结果			

检验人： 校核人：

三、考核评价

通风机全压、静压和动压的测定考核评分标准

粮油储运环节检测与安全评价知识点在线测试

粮食加工仓储——氮气储粮仿真

粮食加工仓储——环流熏蒸仿真

粮食加工仓储——机械通风仿真

粮食加工仓储——粮食入库仿真

参考文献

［1］国家粮食和物资储备局职业技能鉴定指导中心组织编写.（粮油）仓储管理员（初级 中级 高级）（第二版）［M］. 北京：中国轻工业出版社，2020.

［2］白旭光主编. 储藏物害虫与防治（第二版）［M］. 北京：科学出版社，2008.

［3］许方浩、周凤英主编. 粮油储藏技术［M］. 北京：科学出版社，2012.

考核项目三
乳与乳制品加工安全评价

技能操作一　鲜乳中三聚氰胺的测定与评价

资料单

一、原理

用乙腈作为鲜乳中的蛋白质沉淀剂和三聚氰胺提取剂，强阳离子交换色谱柱分离，高效液相色谱-紫外检测器或二极管阵列检测器检测，外标法定量。

本操作参考GB/T 22400—2008《原料乳中三聚氰胺快速检测　液相色谱法》。

二、试剂和材料

除另有说明外，所用试剂均为分析纯或以上规格，水为GB/T 6682—2008规定的一级水。

（1）乙腈（CH_3CN）：色谱纯。

（2）磷酸（H_3PO_4）。

（3）磷酸二氢钾（KH_2PO_4）。

（4）三聚氰胺标准物质（$C_3H_6N_6$）：纯度大于或等于99%。

（5）三聚氰胺标准储备溶液（1.00×10^3mg/L）：称取100mg（准确至0.1mg）三聚氰胺标准物质，用水完全溶解后，100mL容量瓶中定容至刻度，混匀，4℃条件下避光保存，有效期为1个月。

（6）标准工作溶液：使用时配制。

①标准溶液A（2.00×10^2mg/L）：准确移取20.0mL三聚氰胺标准储备溶液，置于100mL容量瓶中，用水稀释至刻度，混匀。

②标准溶液B（0.50mg/L）：准确移取0.25mL标准溶液A，置于100mL容量瓶中，用水稀释至刻度，混匀。

③按表1分别移取不同体积的标准溶液A于容量瓶中，用水稀释至刻度，混匀。按表2分别移取不同体积的标准溶液B于容量瓶中，用水稀释至刻度，混匀。

（7）磷酸盐缓冲液（0.05mol/L）：称取6.8g（准确至0.01g）磷酸二氢钾，加水800mL完全溶解后，用磷酸调节pH至3.0，用水稀释至1L，用滤膜过滤后备用。

表 1　标准工作溶液配制（高浓度）

标准溶液A体积（mL）	0.10	0.25	1.00	1.25	5.00	12.5
定容体积（mL）	100	100	100	50.0	50.0	50.0
标准工作溶液浓度（mg/L）	0.20	0.50	2.00	5.00	20.0	50.0

表 2　标准工作溶液配制（低浓度）

标准溶液B体积（mL）	1.00	2.00	4.00	20.0	40.0
定容体积（mL）	100	100	100	100	100
标准工作溶液浓度（mg/L）	0.005	0.01	0.02	0.10	0.20

（8）一次性注射器：2mL。

（9）滤膜：水相，0.45μm。

（10）针式过滤器：有机相，0.45μm。

（11）具塞刻度试管：50mL。

三、仪器和设备

（1）液相色谱仪：配有紫外检测器或二极管阵列检测器。

（2）分析天平：感量0.0001g和0.01g。

（3）pH计：测量精度 ± 0.02。

（4）溶剂过滤器。

四、分析步骤

1. 试样的制备

称取混合均匀的15g（准确至0.01g）鲜乳样品，置于50mL具塞刻度试管中，加入30mL乙腈，剧烈振荡6min，加水定容至刻度，充分混匀后静置3min，用一次性注射器吸取上清液，用有机相针式过滤器过滤后，作为高效液相色谱分析用试样。

2. 高效液相色谱测定条件

（1）色谱柱　强阳离子交换色谱柱，SCX，250mm × 4.6mm（内径），5μm，或性能相当者。宜在色谱柱前加保护柱（或预柱），以延长色谱柱使用寿命。

（2）流动相　磷酸盐缓冲液-乙腈（70+30，体积比），混匀。

（3）流速　1.5mL/min。

（4）柱温　室温。

（5）检测波长　240nm。

（6）进样量　20μL。

3. 液相色谱分析测定

（1）仪器的准备　开机，用流动相平衡色谱柱，待基线稳定后开始进样。

（2）定性分析　依据保留时间一致性进行定性识别。根据三聚氰胺标准物质的保留时间，确定样品中三聚氰胺的色谱峰。必要时应采用其他方法进一步定性确证。

（3）定量分析　校准方法为外标法。

（4）校准曲线制作　根据检测需要，使用标准工作溶液分别进样，以标准工作溶液浓度为横坐标，以峰面积为纵坐标，绘制校准曲线。

（5）试样测定　使用制备好的样品进样，获得目标峰面积。根据校准曲线计算被测试样中三聚氰胺的含量（mg/kg）。试样中待测三聚氰胺的响应值均应在方法线性范围内。

平行试验：按以上步骤，对同一样品进行平行试验测定。

空白试验：除不称取样品外，均按上述步骤同时完成空白试验。

方法检测限：0.05mg/kg。

回收率：在添加浓度0.30~100.0mg/kg范围内，回收率在93%~103%，相对标准偏差小于10%。

五、结果分析

1. 按公式计算结果

$$X = c \times \frac{V}{m} \times \frac{1000}{1000}$$

式中　X——鲜乳中三聚氰胺的含量，mg/kg；

c——从校准曲线上得到的三聚氰胺的浓度，mg/kg；

V——试样定容的体积，mL；

m——样品称量质量，g。

2. 计算结果有效数字

通常情况下计算结果保留三位有效数字；结果在0.1~1.0mg/kg时，保留两位有效数字；结果小于0.1mg/kg时，保留一位有效数字。

六、精密度

本部分的精密度数据是按照GB/T 6379.1—2004和GB/T 6379.2—2004的规定确定的，其重复性和再现性的值以95%的置信度来计算。

（1）重复性 在重复性条件下，获得的两次独立测量结果的绝对差值不超过重复性限（r），如果两次测定值的差值超过重复性限r，应舍弃试验结果并重新完成两次单个试验的测定。

（2）再现性 在再现性条件下，获得的两次独立测试结果的绝对差值不超过再现性（R）。

任务单

一、任务要求

采用高效液相色谱法完成鲜乳中三聚氰胺含量的测定，掌握样品制备、提取、测定方法，会进行标准溶液、标准使用液的配置，能规范熟练操作高效液相色谱仪，能利用高效液相色谱仪对样品及标准溶液中三聚氰胺进行检测，能准确计算样品中三聚氰胺的含量。

二、任务实施

（一）分组讨论，制定工作方案、确定人员分工

填写方案设计表（附表1）。

（二）试剂配制、仪器设备的准备

1. 试剂配制

填写试剂配制表（附表2）。

2. 仪器设备

填写所需仪器设备统计表（附表3）。

（三）实验操作

按照资料单中的分析步骤进行操作。

（四）填写原始数据

鲜乳中三聚氰胺含量的检测原始数据记录单

样品名称			样品编号		样品质量（g）							
检测地点			检测项目		检测依据							
仪器名称			室温（℃）		相对湿度RH（%）							
分析数据	序号	1	2	3	4	5	6	7	8	9	样1	样2
	浓度（mg/kg）											
	质量（g）											
	吸光度											
计算公式												
样品中三聚氰胺含量（mg/kg）	注意：结果保留2位有效数字											
安全评价结果												
检验人：					校核人：							

三、考核评价

鲜乳中三聚氰胺的测定与评价考核评分标准

技能操作二 鲜乳中体细胞的测定与评价

资料单

一、原理

将测试的生鲜牛乳涂抹在载玻片上成样膜，然后干燥、染色，显微镜下对细胞核可被亚甲基蓝清晰染色的细胞进行计数。

本操作参考NY/T 800—2004《生鲜牛乳中体细胞的测定方法》。

二、试剂和材料

除非另有说明，在分析中仅使用化学纯和蒸馏水。

（1）乙醇，95%。

（2）四氯乙烷（$C_2H_2Cl_4$）或三氯乙烷（$C_2H_3Cl_3$）。

（3）亚甲基蓝（$C_{16}H_{18}ClN_3S \cdot 3H_2O$）。

（4）冰醋酸（CH_3COOH）。

（5）硼酸（H_3BO_3）。

三、仪器和设备

（1）显微镜：放大倍数×500或×1000，带刻度目镜、测微尺和机械台。

（2）微量注射器：容量0.01mL。

（3）载玻片：具有外槽圈定的范围，可采用血球计数板。

（4）水浴锅：恒温65℃±5℃。

（5）水浴锅：恒温35℃±5℃。

（6）电炉：加热温度40℃±10℃。

（7）砂芯漏斗：孔径≤10μm。

（8）干发型吹风机。

（9）培养箱：恒温40~45℃。

四、分析步骤

1. 染色溶液制备

在250mL三角瓶中加入54.0mL乙醇和40.0mL四氯乙烷，摇匀；在65℃水浴锅中加热3min，取出后加入0.6g亚甲基蓝，仔细混匀；降温后，置入冰箱中冷却至4℃；取出后，加入6.0mL冰醋酸，混匀后用砂芯漏斗过滤；装入试剂瓶，常温贮存。

2. 试样的预处理

（1）采集的生鲜牛乳应保存在2~6℃条件下。若6h内未测定，应加硼酸防腐。硼酸在样品中的浓度不大于0.6g/100mL，贮存温度2~6℃，贮存时间不超过24h。

（2）将生鲜牛乳样在35℃水浴锅中加热5min，摇匀后冷却至室温。

3. 试样的制备

（1）用乙醇将载玻片清洗后，用无尘镜头纸擦干，火焰烤干，冷却。

（2）用无尘镜头纸擦净微量注射器针头后抽取0.01mL试样，用无尘镜头纸擦干微量注射器针头外残样。将试样平整地注射在有外围的载玻片上，立刻置于培养箱中，水平放置5min，形成均匀厚度样膜。在电炉上烤干，将载玻片上的干燥样膜浸入染色溶液中，计时10min，取出后晾干。若室内湿度大，则可用干发型吹风机吹干；然后，将染色的样膜浸入水中洗去剩余的染色溶液，干燥后防尘保存。

4. 体细胞的测定

（1）将载玻片固定在显微镜的载物台上，用自然光或为增大透射光强度用电光源、聚光镜头、油浸高倍镜。

（2）单向移动机械台，对逐个视野中载玻片上的染色体细胞计数，明显落在视野内或在视野内显示一半以上形体的体细胞被用于计数，计数的体细胞不得少于400个。

五、结果分析

样品中体细胞数按下式计算。

$$X = \frac{100 \times N \times S}{a \times d}$$

式中 X——样品中体细胞数，个/mL；

N——显微镜体细胞计数，个；

S——样膜覆盖面积，mm^2；

a——单向移动机械台进行镜下计数的长度，mm；

d——显微镜视野直径，mm。

六、允许差

相对相差≤5%。

任务单

一、任务要求

采用显微镜法完成样品中体细胞含量的测定，会进行染色液的配制，掌握样品前处理、制备、染色方法，能规范熟练操作显微镜，能利用显微镜对样品中体细胞进行检测，能准确计算样品中体细胞的含量。

二、任务实施

（一）分组讨论，制定工作方案、确定人员分工

填写方案设计表（附表1）。

（二）试剂配制、仪器设备的准备

1. 试剂配制

填写试剂配制表（附表2）。

2. 仪器设备

填写所需仪器设备统计表（附表3）。

（三）实验操作

按照资料单中的分析步骤进行操作。

（四）填写原始数据

生鲜牛乳中体细胞检测原始数据记录单

样品名称		样品编号		样品体积（mL）		
检测地点		检测项目		检测依据		
仪器名称		室温（℃）		相对湿度RH（%）		
分析数据	序号	样品1	样品2	样品3	样品4	样品5
	样膜覆盖面积（mm^2）					
	视野直径（mm）					
	显微镜体细胞数（个）					
	单向移动机械台镜下计数的长度（mm）					
计算公式						
样品中体细胞含量（个/mL）						
安全评价结果						

检验人：　　　　　　　　　　　　　校核人：

三、考核评价

鲜乳中体细胞的测定与评价考核评分标准

技能操作三 酸乳中乳酸菌菌数的测定与评价

资料单

一、原理

样品经无菌操作制成稀释液注入平皿后，加入合适的培养基，经过特定的温度和时间培养后，进行计数。

本操作参考GB 4789.35—2016《食品安全国家标准 食品微生物学检验 乳酸菌检验》。

二、设备和材料

除微生物实验室常规灭菌及培养设备外，其他设备的材料如下：

（1）恒温培养箱：36℃ ± 1℃。

（2）冰箱：2~5℃。

（3）均质器及无菌均质袋、均质杯或灭菌乳钵。

（4）天平：感量0.01g。

（5）无菌试管：18mm × 180mm 、15mm × 100mm。

（6）无菌吸管：1mL（具0.01mL刻度）、10mL（具0.1mL刻度）或微量移液器及吸头。

（7）无菌锥形瓶：500mL、250mL。

三、培养基和试剂

（1）生理盐水：将NaCl8.5g加入到1000mL蒸馏水中，加热溶解，分装后121℃高压灭菌15~20min。

（2）MRS（Man Rogosa Sharpe）培养基及莫匹罗星锂盐（Li-Mupirocin）和半胱氨酸盐酸盐（Cysteine Hydrochloride）改良MRS培养基。

①MRS培养基：蛋白胨10.0g、牛肉粉5.0g、酵母粉4.0g、葡萄糖20.0g、吐温80 1.0mL、$K_2HPO_4 \cdot 7H_2O$ 2.0g、醋酸钠 · $3H_2O$ 5.0g、柠檬酸三铵2.0g、$MgSO_4 \cdot 7H_2O$ 0.2g、$MnSO_4 \cdot 4H_2O$ 0.05g、琼脂粉15.0g。将上述成分加入到1000mL蒸馏水中，加热溶解，调节pH至6.2 ± 0.2，分装后121℃高压灭菌15~20min。

②莫匹罗星锂盐和半胱氨酸盐酸盐改良MRS培养基。

莫匹罗星锂盐储备液制备：称取50mg莫匹罗星锂盐加入到50mL蒸馏水中，用0.22μm微孔滤膜过滤除菌。

半胱氨酸盐酸盐储备液制备：称取250mg半胱氨酸盐酸盐加入到50mL蒸馏水中，用0.22μm微孔滤膜过滤除菌。

将蛋白胨10.0g、牛肉粉5.0g、酵母粉4.0g、葡萄糖20.0g、吐温80 1.0mL、$K_2HPO_4 \cdot 7H_2O$ 2.0g、醋酸钠 · $3H_2O$ 5.0g、柠檬酸三铵2.0g、$MgSO_4 \cdot 7H_2O$ 0.2g、$MnSO_4 \cdot 4H_2O$ 0.05g、琼脂粉15.0g，将以上成分加入到950mL蒸馏水中，加热溶解，调节pH，分装后121℃高压灭菌15~20min。临用时加热熔化琼脂，在水浴中冷至48℃，用带有0.22μm微孔滤膜的注射器将莫匹罗星锂盐储备液及半胱氨酸盐酸盐储备液制备加入到熔化琼脂中，使培养基中莫匹罗星锂盐的浓度为50μg/mL，半胱氨酸盐酸盐的浓度为500μg/mL。

（3）MC培养基（Modified Chalmers培养基）：大豆蛋白胨5.0g、牛肉粉3.0g、酵母粉3.0g、葡萄糖20.0g、乳糖20.0g、碳酸钙10.0g、琼脂15.0g、蒸馏水1000mL，以上成分混合后，加热溶解，调节pH至6.0 ± 0.2 ，加入1%中性红溶液5.0mL。分装后121℃高压灭菌15~20min。

（4）0.5%蔗糖发酵管：牛肉膏5.0g、蛋白胨5.0g、酵母浸膏5.0g、吐温80 0.5mL、琼脂1.5g、0.5%蔗糖、1.6%溴甲酚紫酒精溶液1.4mL、蒸馏水1000mL，以上成分混合后分装小试管，121℃高压灭菌15~20min。

（5）0.5%纤维二糖发酵管：牛肉膏5.0g、蛋白胨5.0g、酵母浸膏5.0g、吐温80 0.5mL、琼脂1.5g、0.5%纤维二糖、1.6%溴甲酚紫酒精溶液1.4mL、蒸馏水1000mL，以上成分混合后分装小试管，121℃高压灭菌15~20min。

（6）0.5%麦芽糖发酵管：牛肉膏5.0g、蛋白胨5.0g、酵母浸膏5.0g、吐温80 0.5mL、琼脂1.5g、0.5%麦芽糖、1.6%溴甲酚紫酒精溶液1.4mL、蒸馏水1000mL，以上成分混合后分装小试管，121℃高压灭菌15~20min。

（7）0.5%甘露醇发酵管：牛肉膏5.0g、蛋白胨5.0g、酵母浸膏5.0g、吐温80 0.5mL、琼脂1.5g、0.5%甘露醇、1.6%溴甲酚紫酒精溶液1.4mL、蒸馏水1000mL，以上成分混合后分装小试管，121℃高压灭菌15~20min。

（8）0.5%水杨苷发酵管：牛肉膏5.0g、蛋白胨5.0g、酵母浸膏5.0g、吐温80 0.5mL、琼脂1.5g、0.5%水杨苷、1.6%溴甲酚紫酒精溶液1.4mL、蒸馏水1000mL，以上成分混合后分装小试管，121℃高压灭菌15~20min。

（9）0.5%山梨醇发酵管：牛肉膏5.0g、蛋白胨5.0g、酵母浸膏5.0g、吐温80 0.5mL、琼脂1.5g、0.5%山梨醇、1.6%溴甲酚紫酒精溶液1.4mL、蒸馏水1000mL，以上成分混合后分装小试管，121℃高压灭菌15~20min。

（10）0.5%乳糖发酵管：牛肉膏5.0g、蛋白胨5.0g、酵母浸膏5.0g、吐温80 0.5mL、琼脂1.5g、0.5%乳糖、1.6%溴甲酚紫酒精溶液1.4mL、蒸馏水1000mL，以上成分混合后分装小试管，121℃高压灭菌15~20min。

（11）七叶苷发酵管：蛋白胨5.0g、磷酸氢二钾1.0g、七叶苷3.0g、柠檬酸铁0.5g、1.6%溴甲酚紫酒精溶液1.4mL、蒸馏水100mL，将上述成分加入蒸馏水中，加热溶解，121℃ 高压灭菌15~20min。

（12）革兰氏染色液。

结晶紫染色液：结晶紫1.0g、95%乙醇20mL、1%草酸铵水溶液80mL，将结晶紫完全溶解于乙醇中，然后与草酸铵溶液混合。

革兰氏碘液：碘1.0g、碘化钾2.0g、蒸馏水300mL，将碘与碘化钾先进行混合，加入蒸馏水少许充分振摇，待完全溶解后，再加蒸馏水至300mL。

沙黄复染液：沙黄0.25g、95%乙醇10mL、蒸馏水90mL，将沙黄溶解于乙醇中，然后用蒸馏水稀释。

将涂片在酒精灯火焰上固定，滴加结晶紫染色液，染1min，水洗。

滴加革兰氏碘液，作用1min，水洗。

滴加95%乙醇脱色，约15~30s，直至染色液被洗掉，不要过分脱色，水洗。

滴加复染液，复染1min。水洗、待干、镜检。

（13）莫匹罗星锂盐（Li-Mupirocin）：化学纯。

（14）半胱氨酸盐酸盐（Cysteine Hydrochloride）：纯度>99%。

四、检验程序

乳酸菌检验程序见图1。

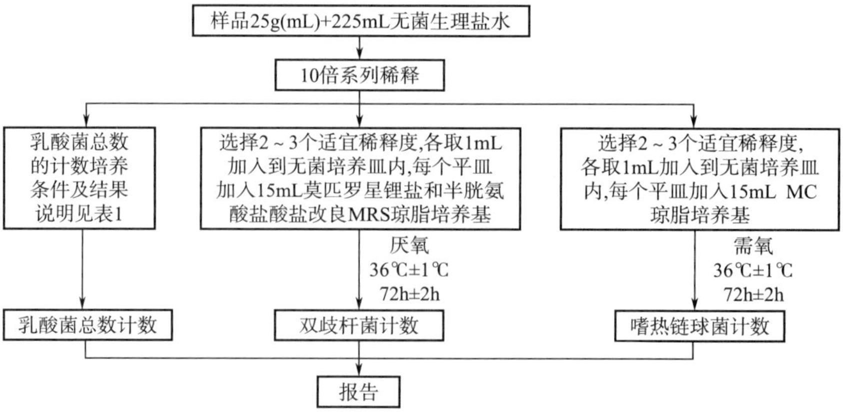

图1　乳酸菌检验程序图

五、分析步骤

1. 样品制备

（1）样品的全部制备过程均应遵循无菌操作程序。

（2）冷冻样品可先使其在2~5℃ 条件下解冻，时间不超过18h，也可在温度不超过45℃ 的条件解冻，时间不超过15min。

（3）固体和半固体食品：以无菌操作称取25g样品，置于装有225mL生理盐水的无菌均质杯内，于8000~10000r/min 均质1~2min，制成1：10样品匀液；或置于225mL生理盐水的无菌均质袋中，用拍击式均质器拍打1~2min制成1：10的样品匀液。

（4）液体样品：液体样品应先将其充分摇匀后以无菌吸管吸取样品25mL放入装有225mL生理盐水的无菌锥形瓶（瓶内预置适当数量的无菌玻璃珠）中，充分振摇，制成1：10的样品匀液。

2. 操作步骤

（1）用1mL无菌吸管或微量移液器吸取1：10样品匀液1mL，沿管壁缓慢注于装有9mL生理盐水的无菌试管中（注意吸管尖端不要触及稀释液），振摇试管或换用1支无菌吸管反复吹打使其混合均匀，制成1：100的样品匀液。

（2）另取1mL无菌吸管或微量移液器吸头，按上述操作顺序，做10倍递增样品匀液，每递增稀释一次，即换用1次1mL灭菌吸管或吸头。

（3）乳酸菌计数。

①乳酸菌总数计数培养条件的选择及结果说明见表1。

表1　乳酸菌总数计数培养条件的选择及结果说明

样品中所包括乳酸菌菌属	培养条件的选择及结果说明
仅包括双歧杆菌属	按GB 4789.34—2016规定执行
仅包括乳杆菌属	按照乳杆菌计数操作。结果即为乳杆菌属总数
仅包括嗜热链球菌	按照嗜热链球菌计数操作。结果即为嗜热链球菌总数
同时包括双歧杆菌属和乳杆菌属	按照乳杆菌计数操作。结果即为乳杆菌属总数；如需单独计数双歧杆菌属数目，按照双歧杆菌计数操作
同时包括双歧杆菌属和嗜热链球菌	按照双歧杆菌计数和嗜热链球菌计数操作，二者结果之和即为乳酸菌总数；如需单独计数双歧杆菌属数目，按照双歧杆菌计数操作
同时包括乳杆菌属和嗜热链球菌	按照嗜热链球菌计数和乳杆菌计数操作，二者结果之和即为乳酸菌总数；嗜热链球菌计数结果为嗜热链球菌总数；乳杆菌计数结果乳杆菌属总数
同时包括双歧杆菌属，乳杆菌属和嗜热链球菌	按照嗜热链球菌计数和乳杆菌计数操作，二者结果之和即为乳酸菌总数；如需单独计数双歧杆菌属数目，按照双歧杆菌计数操作

②双歧杆菌计数。根据对待检样品双歧杆菌含量的估计，选择2~3个连续的适宜稀释度，每个稀释度吸取1mL样品匀液于灭菌平皿内，每个稀释度做两个平皿。稀释液移入平皿后，将冷却至48℃的莫匹罗星锂盐和半胱氨酸盐酸盐改良的MRS培养基倾注入平皿约15mL，转动平皿使混合均匀。36℃ ± 1℃厌氧培养72h ± 2h，培养后计数平板上的所有菌落数。从样品稀释到平板倾注要求在15min内完成。

③嗜热链球菌计数。根据待检样品嗜热链球菌活菌数的估计，选择2~3个连续的适宜稀释度，每个稀释度吸取1mL样品匀液于灭菌平皿内，每个稀释度做两个平皿。稀释液移入平皿后，将冷却至48℃的MC培养基倾注入平皿约15mL，转动平皿使混合均匀。36℃ ± 1℃需氧培养72h ± 2h，培养后计数。嗜热链球菌在MC琼脂平板上的菌落特征为：菌落中等偏小，边缘整齐光滑的红色菌落，直径2mm ± 1mm，菌落背面为粉红色。从样品稀释到平板倾注要求在15min内完成。

④乳杆菌计数。根据待检样品活菌总数的估计，选择2~3个连续的适宜稀释度，每个稀释度吸取1mL样品匀液于灭菌平皿内，每个稀释度做两个平皿。稀释液移入平皿后，将冷却至48℃的MRS琼脂培养基倾注入平皿约15mL，转动平皿使混合均匀。36℃ ± 1℃厌氧培养72h ± 2h。从样品稀释到平板倾注要求在15min内完成。

3. 菌落计数

可用肉眼观察，必要时用放大镜或菌落计数器，记录稀释倍数和相应的菌落数量。菌落计数以菌落形成单位（colony-forming units，CFU）表示。

选取菌落数在30~300CFU之间、无蔓延菌落生长的平板计数菌落总数。低于30CFU的平板记录具体菌落数，大于300CFU的可记录为多不可计。每个稀释度的菌落数应采用两个平板的平均数。

其中一个平板有较大片状菌落生长时，则不宜采用，而应以无片状菌落生长的平板作为该稀释度的菌落数；若片状菌落不到平板的一半，而其余一半中菌落分布又很均匀，即可计算半个平板后乘以2，代表一个平板菌落数。

当平板上出现菌落间无明显界线的链状生长时，则将每条单链作为一个菌落计数。

4. 结果的表述

若只有一个稀释度平板上的菌落数在适宜计数范围内，计算两个平板菌落数的平均值，再将平均值乘以相应稀释倍数，作为每克或每毫升中菌落总数结果。

若有两个连续稀释度的平板菌落数在适宜计数范围内时，按下式计算：

$$N = \frac{\sum C}{(n_1 + 0.1n_2)d}$$

式中 N——样品中菌落数；

$\sum C$——平板（含适宜范围菌落数的平板）菌落数之和；

n_1——第一稀释度（低稀释倍数）平板个数；

n_2——第二稀释度（高稀释倍数）平板个数；

d——稀释因子（第一稀释度）。

若所有稀释度的平板上菌落数均大于300CFU，则对稀释度最高的平板进行计数，其他平板可记录为多不可计，结果按平均菌落数乘以最高稀释倍数计算。

若所有稀释度的平板菌落数均小于30CFU，则应按稀释度最低的平均菌落数乘以稀释倍数计算。

若所有稀释度（包括液体样品原液）平板均无菌落生长，则以小于1乘以最低稀释倍数计算。

若所有稀释度的平板菌落数均不在30~300CFU之间，其中一部分小于30CFU或大于300CFU时，则以最接近30CFU或300CFU的平均菌落数乘以稀释倍数计算。

5. 菌落数的报告

菌落数小于100CFU时，按“四舍五入”原则修约，以整数报告。

菌落数大于或等于100CFU时，第3位数字采用“四舍五入”原则修约后，取前2位数字，后面用0代替位数；也可用10的指数形式来表示，按“四舍五入”原则修约后，采用两位有效数字。

称重取样以CFU/g为单位报告，体积取样以CFU/mL为单位报告。

六、结果与报告

根据菌落计数结果出具报告，报告单位以CFU/g（mL）表示。

任务单

一、任务要求

根据食品安全国家标准食品微生物学检验乳酸菌检验要求，熟悉酸乳中乳酸菌的检验程序，能够准确培养基和试剂、设备和材料，能够进行样品制备、培养基配制、接种培养、明确培养条件、菌落计数、结果表述及报告。

二、任务实施

（一）分组讨论，制定工作方案、确定人员分工

填写方案设计表（附表1）。

（二）培养基（或试剂）配制、仪器设备及材料的准备

1. 培养基（或试剂）配制

填写培养基（或试剂）配制表（附表2）。

2. 仪器设备及材料

填写所需仪器设备及材料统计表（附表3）。

（三）实验操作

按照资料单中的分析步骤进行操作。

（四）填写原始数据

酸乳中乳酸菌菌数的测定与评价原始数据记录单

样品名称		样品编号		样品质量（g）	
检测地点		检测项目		检测依据	
仪器名称		室温（℃）		相对湿度RH（%）	
菌落计数（自行设计表格）					
结果表述					
结果报告					
检验人:			校核人:		

三、考核评价

酸乳中乳酸菌菌数的测定与评价考核评分标准

乳与乳制品加工安全评价知识点在线测试

乳制品加工仿真

考核项目四
肉、蛋及其制品加工安全评价

技能操作一　鲜肉中四环素族抗生素含量的测定与评价（微生物学检测方法）

资料单

一、原理

四环素族抗生素具有很强的抑菌作用，在含有特定微生物的平板培养基上放入牛津杯，在牛津杯内加满四环素族抗生素溶液，于培养箱中培养一定时间后，测量抑菌圈直径的大小，根据抑菌圈的大小从标准曲线上求得样品中四环素族抗生素的含量。

本操作参考GB/T 20444—2006《猪组织中四环素族抗生素残留量检测方法　微生物学检测方法》。

二、试剂和材料

1. 培养基

（1）菌种培养基：胰蛋白胨10.0g，牛肉膏5.0g，氯化钠2.5g，琼脂14~16g，蒸馏水1000mL。

将各种成分加热溶解于蒸馏水中，调pH至6.5，高压灭菌（121℃，15min）。

（2）鉴定培养基：胰蛋白胨6.0g，牛肉膏1.5g，酵母膏3.0g，琼脂14~16g，蒸馏水1000mL。

将各种成分加热溶解于蒸馏水中，调pH至5.8，高压灭菌（121℃，15min）。

2. 试剂

（1）0.1mol/L KH_2PO_4磷酸盐缓冲液（pH4.5）：精确称取13.6 g磷酸二氢钾（分析纯）溶解于蒸馏水中，转移到1000mL容量瓶中并定容至刻度。115℃高压灭菌30min，冷却后置于4℃冰箱中保存。

（2）生理盐水：称取氯化钠8.5g溶解并用蒸馏水稀释至1000mL，115℃高压灭菌30min。

（3）0.1mol/L盐酸溶液。

3. 菌种

蜡样芽孢杆菌。

4. 标准品

四环素标准品，密封避光，防潮保存在4℃冰箱中。

5. 标准储备液和工作液

（1）储备液：精确称取50mg四环素标准品（1000IU/mg），用0.1mol/L盐酸溶液溶解并稀释定容至浓度为1000μg/mL，配制后置于冰箱中保存可使用一周，储备液保存在4℃冰箱中，可使用7天。

（2）工作液：取上述储备液用磷酸盐缓冲液稀释配制成0.050，0.100，0.200，0.400，0.800μg/mL的稀释液，为制备标准曲线的标准浓度溶液0.100μg/mL的稀释液为参考浓度溶液。工作液要在使用当天配制。

实验室用水应符合GB/T 6682—2008中三级水的规格，本方法中所用试剂，除特殊说明外，均为分析纯。

三、仪器和设备

（1）恒温培养箱：30℃ ± 1℃、37℃ ± 1℃，调整水平位置。

（2）高压灭菌锅。

（3）恒温水浴锅。

（4）培养皿（塑料）：内径90mm ± 0.5mm，高26mm，皿底平整光滑，厚薄均匀无凹凸现象。

（5）陶瓦盖：内径110mm，外径116mm，高26mm。

（6）离心机：3000~5000r/min。

（7）均质器或组织捣碎机。

（8）牛津杯（即不锈钢小管）：内径6mm ± 0.1mm，外径7.8mm ± 0.1mm，高度10mm ± 0.1mm。

（9）游标卡尺：测量抑菌圈直径用，精密度0.05mm。

（10）水平仪。

（11）克氏瓶。

四、分析步骤

1. 菌悬液的制备

将蜡样芽孢杆菌接种于肉汤培养基中于37℃ ± 1℃培养6~8h后，接种于菌种培养基上30℃ ± 1℃培养7d，用25mL灭菌生理盐水冲洗菌苔，恒温水浴65℃ ± 1℃加热30min，以2000r/min的速度离心20min，除去上清液，保留下层，重复三次洗涤芽孢悬液，然后用50mL灭菌生理盐水制成芽孢悬液，放置4℃冰箱保存备用，可放置2个月。

2. 芽孢悬液用量的测定

先试几个平板，即把不同浓度的芽孢悬液加入检定用的培养基中使各标准品工作能读中最小浓度的四环素抗生素产生12mm以上的清晰、完整的抑菌圈而获得最适宜芽孢悬液用量。一般用量为每100mL检定培养基内加0.5~1.0mL或芽孢计数后使1.0mL菌液含芽孢数约10^6个。

3. 检定用平板的制备

将适量芽孢悬液加到熔化后冷却至55~60℃的检定培养基中混匀，每个平皿内加入6mL，前后摇动平皿，使含有芽孢的检定培养基均匀覆盖于平皿表面，置水平位置，盖上陶瓷盖，待凝固后，每个平板的培养基表面放置6个小管，使小管在半径为2.8cm的圆面上成60° 角的间距，所用平板须当天制备。

4. 样品制备

取样品约20g剪碎，称取其中10.0g加入0.1mol/L磷酸盐缓冲液10.0mL，小心搅匀，放置60min，置灭菌的均质杯中（9000~10000r/min）均质2min(或置灭菌的乳钵内研磨成乳糜状)，经4000r/min离心30min，其上清液作为被检样液。

5. 标准曲线的制备

取上述各标准工作液和0.100μg/mL的标准溶液为参照浓度工作液按微生物琼脂扩散法测定各浓度的抑菌圈直径，其中最低标准品工作浓度作为阴性结果的平板对照，其他标准品工作浓度按下式计算后用来绘制标准曲线。

$$L = (3a + 2b + c - e)/5$$

$$D = (3e + 2d + c - a)/5$$

式中 L——标准曲线的最低浓度的抑菌圈直径（0.050μg/mL）；

D——标准曲线的最高浓度的抑菌圈直径（0.800μg/mL）；

c——参照浓度0.100μg/mL的所有抑菌圈直径的平均值；

a、b、d、e——标准曲线中其他标准浓度的抑菌圈直径经校准后的平均值。

然后根据计算所得的L和D作为横坐标，L和D对用的浓度的对数值作为纵坐标，绘制标准曲线。

6. 样品的测定

每个样品取3个检定平板，每个检定平板放入6个牛津杯。将3个间隔的牛津杯中注满被检样液。另3个牛津杯中注满0.100μg/mL标准液。将培养皿小心放入30℃ ± 1℃恒温箱中，17h ± 1h培养。培养后用游标卡尺测量抑菌圈内直径（精确到0.1mm），并分别求出平均值，经校正后，从标准曲线查出被检样中四环素的含量，再乘以稀释倍数。

7. 空白试验

除不加试料外，采用完全相同的测定步骤进行平行操作。

五、结果分析

供试样品中四环素族抗生素残留含量按下式计算：

$$X = \frac{c \times V}{m}$$

式中 X——供试样中四环素族抗生素残留量，mg/kg；

c——供试试料试样溶液中四环素族抗生素浓度，μg/mL；

V——供试试料试样溶液总体积，mL；

m——供试试料质量，g。

结果表示到小数点后两位。

六、检测方法灵敏度、准确度、精密度

1. 灵敏度

本方法的检测限为0.05mg/kg。

2. 准确度

本方法中四环素族抗生素在各浓度水平下回收率均在60%~110%范围内。

3. 精密度

本方法的批内误差小于10%，批间误差小于15%。

任务单

一、任务要求

采用微生物检测法完成鲜肉中四环素族抗生素含量的测定，掌握样品制备、提取、测定方法，会进行标准溶液、标准使用液的配制，能规范熟练操作平板的制备，能利用平板对样品及标准溶液中四环素族抗生素进行检测，能准确计算样品中四环素族抗生素的含量。

二、任务实施

（一）分组讨论，制定工作方案、确定人员分工

填写方案设计表（附表1）。

（二）试剂配制、仪器设备的准备

1. 试剂配制

填写试剂配制表（附表2）。

2. 仪器设备

填写所需仪器设备统计表（附表3）。

（三）实验操作

按照资料单中的分析步骤进行操作。

（四）填写原始数据

鲜肉中四环素族抗生素含量的检测原始数据记录单

<table>
<tr><td>样品名称</td><td colspan="3"></td><td colspan="2">样品编号</td><td colspan="2"></td><td colspan="2">样品质量（g）</td><td colspan="3"></td></tr>
<tr><td>检测地点</td><td colspan="3"></td><td colspan="2">检测项目</td><td colspan="2"></td><td colspan="2">检测依据</td><td colspan="3"></td></tr>
<tr><td>仪器名称</td><td colspan="3"></td><td colspan="2">室温（℃）</td><td colspan="2"></td><td colspan="2">相对湿度
RH（%）</td><td colspan="3"></td></tr>
<tr><td rowspan="4">分析数据</td><td>序号</td><td>1</td><td>2</td><td>3</td><td>4</td><td>5</td><td>6</td><td>7</td><td>8</td><td>样1</td><td>样2</td><td>空白</td></tr>
<tr><td>浓度
（μg/kg）</td><td></td><td></td><td></td><td></td><td></td><td></td><td></td><td></td><td></td><td></td><td></td></tr>
<tr><td>试验质量
（g）</td><td></td><td></td><td></td><td></td><td></td><td></td><td></td><td></td><td></td><td></td><td></td></tr>
<tr><td>吸光度</td><td></td><td></td><td></td><td></td><td></td><td></td><td></td><td></td><td></td><td></td><td></td></tr>
<tr><td>计算公式</td><td colspan="12"></td></tr>
<tr><td>样品中四环素族抗生素含量（μg/kg）</td><td colspan="12">注意：结果表示到小数点后两位</td></tr>
<tr><td>安全评价结果</td><td colspan="12"></td></tr>
<tr><td colspan="7">检验人：</td><td colspan="6">校核人：</td></tr>
</table>

三、考核评价

鲜肉中四环素族抗生素含量的测定与评价（微生物学检测方法）考核评分标准

技能操作二　非洲猪瘟的检测与评价（荧光PCR技术）

资料单

一、原理

在DNA上标记荧光染料或荧光探针（DNA形成双链结构时才释放荧光信号），荧光信号随扩增反应的进行依次递增。利用荧光信号的变化实时检测PCR扩增反应中每一个循环扩增产物量的变化，通过荧光信号的强度达到阈值线时所经历的循环数（Ct值）和标准曲线的分析来衡量初始模板（DNA或RNA）的量。

本操作参考GB/T 18648—2020《非洲猪瘟诊断技术》。

二、试剂和材料

（1）DNA提取试剂盒。

（2）荧光PCR预混液（2×）：*Taq* DNA聚合酶（0.05U/μL），反应缓冲液，4mmol/L $MgCl_2$以及0.4mmol/L的dNTP。

（3）无核酸酶水：DEPC1mL，去离子水1000mL，充分混匀，将瓶盖拧松后置于37℃放置过夜，高压灭菌。

三、仪器和设备

（1）荧光PCR扩增仪。

（2）台式低温高速离心机（最大离心力12000r/min以上）。

（3）微量可调移液器（2.5，10，100，200，1000μL等不同规格）。

（4）无核酸酶离心管与吸头。

（5）PCR扩增管。

四、分析步骤

1. 样品采集

采集病死猪或扑杀发病猪的组织样品。采集肝脏或肌肉组织约3cm×3cm大小，将所采集样品放入50%甘油-PBS保存液中。

2. 样品处理

取适量采集的组织样品置于组织匀浆器中充分研磨，加入浓度为1000IU/mL的青霉素、1000μg/mL链霉素，灭菌的0.1mol/LPBS（pH7.4）制备10%组织匀浆液。2000r/min离心处理10min。取上清液，标记编号，立即进行ASF病原检测或冷冻储存备用。

3. 引物序列

引物和探针针对ASFV（African Swine fever Virus，非洲猪瘟病毒）B646L基因的保守区域设计。上游引物VP72-F1：5′-GCTTTCAGGATAGAGATACAGCTCT-3′；下游引物VP72-R1：5′-CCGTAGTGGAAGGGTATGTAAGAG-3′，TaqMan探针VP72-T1：FAM-CCGTAACTGCTCATGGTATCAATCTTATCG-BHQ1。

4. 核酸提取

（1）采取DNA提取试剂盒提取样品中的病毒核酸。如在2h内检测可将提取的和核酸置于冰盒上保存，否则应置于-20℃冰箱保存。

（2）每次抽提核酸，应至少包括一个阳性对照和一个阴性对照。阳性对照品应为ASFV核酸阳性样品（10%组织匀浆或者细胞培养上清液）；阴性对照样品应为无核酸酶水或者ASFV核酸阴性样本（10%组织匀浆或者细胞培养上清液）。

5. 核酸扩增

每个样品配制18μL荧光PCR反应混合液，组成如下：

无核酸酶水	5.9μL
荧光PCR预混液（2×）	10μL
VP72-F1（10μmol/L）	0.8μL
VP72-R1（10μmol/L）	0.8μL
VP72-T1（10μmol/L）	0.5μL

将18μL荧光PCR反应混合液加入PCR扩增管；将2μLDNA模板加入每个PCR扩增管中。每次进行荧光PCR扩增时均应设立阴性、阳性及空白对照。阳性对照应用阳性对照样品所提取核酸作为模板，阴性对照应用阴性对照样品所提取核酸作为模板，空白对照应用无核酸酶水作为模板。加入模板后，密封PCR扩增管，瞬时离心。将所有PCR扩增管放入荧光PCR仪中。按照50℃孵育2min，95℃预变性5min，95℃变性15s，58℃退火延伸1min，45个循环，在每一个循环的58℃时收集FAM72荧光信号的条件运行扩增程序。

6. 试验成立条件

阳性对照应的Ct值＜30且出现特异性扩增曲线，阴性对照无Ct值或阴性对照Ct值≥40且无特异性扩增曲线，试验结果有效；否则应重新进行试验。

五、结果分析

符合阳性对照应的Ct值＜30且出现特异性扩增曲线，阴性对照无Ct值或阴性对照Ct值≥40且无特异性扩增曲线，被检样品Ct值≤38且出现特异性扩增曲线，则判为ASFV核酸阳性；当无Ct值或Ct值≥40，则判为ASFV核酸阴性；当38＜Ct值＜40且出现特异性扩增曲线，则判为疑似。对疑似样品，模板量加倍（4μL DNA模板）进行1次复检，做3个重复；有2个重复Ct值＜40且出现特异性扩增曲线即判为ASFV核酸阳性。

任务单

一、任务要求

采用荧光PCR技术完成鲜肉中非洲猪瘟病毒的检测，掌握样品制备、核酸提取、PCR扩增方法，会进行标准溶液、标准使用液的配制，能规范熟练操作荧光PCR扩增仪，能利用PCR技术对样品中非洲病毒进行检测，能准确分析试验结果。

二、任务实施

（一）分组讨论，制定工作方案、确定人员分工

填写方案设计表（附表1）。

（二）试剂配制、仪器设备的准备

1. 试剂配制

填写试剂配制表（附表2）。

2. 仪器设备

填写所需仪器设备统计表（附表3）。

（三）实验操作

按照资料单中的分析步骤进行操作。

（四）填写原始数据

鲜肉中非洲猪瘟的检测原始数据记录单

样品名称		样品编号				样品质量（g）	
检测地点		检测项目				检测依据	
仪器名称		室温（℃）				相对湿度RH（%）	
PCR体系组分	名称						
	体积（μL）						

续表

PCR步骤	现象	孵育	DNA预变性	DNA变性	退火延伸	循环	
	时间（min）						
	温度（℃）						
结果分析							
安全评价结果							
检验人：				校核人：			

三、考核评价

非洲猪瘟的检测与评价（荧光PCR技术）考核评分标准

技能操作三　鲜蛋中苏丹红的检测与评价（高效液相色谱法）

资料单

一、原理

苏丹红是亲脂性偶氮化合物，主要有苏丹红Ⅰ、苏丹红Ⅱ、苏丹红Ⅲ、苏丹红Ⅳ四种物质。鲜蛋中苏丹红含量用高效液相色谱法测定。样品经溶剂提取、固相萃取净化后，用反相高效液相色谱—紫外可见光检测器进行色谱分析，采用外标法定量。

本操作参考GB/T 19681—2005《食品中苏丹红染料的检测方法　高效液相色谱法》。

二、试剂和材料

除非另有规定，本方法所用试剂均为分析纯。水为GB/T 6682—2008规定的二级水或去离子水。

（1）乙腈：色谱纯。

（2）丙酮：色谱纯、分析纯。

（3）甲酸：分析纯。

（4）乙醚：分析纯。

（5）正己烷：分析纯。

（6）无水硫酸钠：分析纯。

（7）层析柱管：1cm（内径）×5cm（高）的注射器管。

（8）层析用氧化铝（中性100~200目）：105℃干燥2h，于干燥器中冷至室温，每100g中加入2mL水降活，混匀后密封，放置12h后使用。

不同厂家和不同批号氧化铝的活度有差异，须根据具体购置的氧化铝产品略作调整，活度的调整采用标准溶液过柱，将1μg/mL 的苏丹红的混合标准溶液1mL 加到柱中，用5%丙酮正己烷溶液60mL 完全洗脱为准，4 种苏丹红在层析柱上的流出顺序为苏丹红Ⅱ、苏丹红Ⅳ、苏丹红Ⅰ、苏丹红Ⅲ，可根据每种苏丹红的回收率做出判断。苏丹红Ⅱ、苏丹红Ⅳ的回收率较低表明氧化铝活性偏低，苏丹红Ⅲ的回收率偏低时表明活性偏高。

（9）氧化铝层析柱：在层析柱管底部塞入一薄层脱脂棉，干法装入处理过的氧化铝至3cm高，轻敲实后加一薄层脱脂棉，用10mL正己烷预淋洗，洗净柱中杂质后，备用。

（10）5%丙酮的正己烷液：吸取50mL丙酮用正己烷定容至1L。

（11）标准物质：苏丹红Ⅰ、苏丹红Ⅱ、苏丹红Ⅲ、苏丹红Ⅳ；纯度≥95%。

（12）标准储备液：分别称取苏丹红Ⅰ、苏丹红Ⅱ、苏丹红Ⅲ及苏丹红Ⅳ各10.0mg（按实际含量折算），用乙醚溶解后用正己烷定容至250mL。

三、仪器和设备

（1）高效液相色谱仪（配有紫外可见光检测器）。

（2）分析天平：感量0.1mg。

（3）旋转蒸发仪。

（4）均质机。

（5）离心机。

（6）0.45μm有机滤膜。

四、分析步骤

1. 样品处理

称取0.5~2g（准确至0.001g）样品于小烧杯中，加入适量正己烷溶解（约1~10mL），难溶解的样品可于正己烷中加温溶解。慢慢加入氧化铝层析柱中，为保证层析效果，在柱中保持正己烷液面为2mm左右时上样，在全程的层析过程中不应使柱干涸，用正己烷少量多次淋洗浓缩瓶，一并注入层析柱。控制氧化铝表层吸附的色素带宽宜小于0.5cm，待样液完全流出后，视样品中含油类杂质的多少用10~30mL正己烷洗柱，直至流出液无色，弃去全部正己烷淋洗液，用含5%丙酮的正己烷液60mL洗脱，收集、浓缩后，用丙酮转移并定容至5mL，经0.45μm有机滤膜过滤后待测。

2. 推荐色谱条件

（1）仪器条件

①色谱柱：Zorbax SB-C_{18} 3.5μm 4.6mm × 150mm（或相当型号色谱柱）。

②流动相：溶剂A——0.1%甲酸的水溶液：乙腈=85：15。

溶剂B——0.1%甲酸的乙腈溶液：丙酮=80：20。

③梯度洗脱。流速：1mL/min。柱温：30℃。检测波长：苏丹红Ⅰ478nm；苏丹红Ⅱ、苏丹红Ⅲ、苏丹红Ⅳ520nm；于苏丹红Ⅰ出峰后切换。进样量10μL。梯度条件见表1。

（2）标准曲线 吸取标准储备液0，0.1，0.2，0.4，0.8，1.6mL，用正己烷定容至25mL，此标准系列浓度为0，0.16，0.32，0.64，1.28，2.56μg/mL，绘制标准曲线。

五、结果分析

按下式计算苏丹红含量。

$$R=C\times V/M$$

式中 R——样品中苏丹红含量，mg/kg；

C——由标准曲线得出的样液中苏丹红的浓度，μg/mL；

V——样液定容体积，mL；

M——样品质量，g。

结果保留2位有效数字。

表1 梯度条件

时间（min）	流动相		曲线
	A%	B%	
0	25	75	线性
10.0	25	75	线性
25.0	0	100	线性
32.0	0	100	线性
35.0	25	75	线性
40.0	25	75	线性

六、精密度

在重复性条件下获得的两次独立测定结果的绝对差值不得超过算术平均值的10%。

任务单

一、任务要求

采用高效液相色谱法完成样品中苏丹红含量的测定，掌握样品制备、提取、净化方法，会进行标准溶液、标准使用液的配制，能规范熟练操作高效液相色谱仪，能利用高效液相色谱仪对样品及标准溶液中苏丹红进行检测，能准确计算样品中苏丹红的含量。

二、任务实施

（一）分组讨论，制定工作方案、确定人员分工

填写方案设计表（附表1）。

（二）试剂配制、仪器设备的准备

1. 试剂配制

填写试剂配制表（附表2）。

2. 仪器设备

填写所需仪器设备统计表（附表3）。

（三）实验操作

按照资料单中的分析步骤进行操作。

（四）填写原始数据

鲜蛋中苏丹红含量的检测原始数据记录单

样品名称		样品编号		样品质量（g）	
检测地点		检测项目		检测依据	
仪器名称		室温（℃）		相对湿度RH（%）	

续表

分析数据	序号	1	2	3	4	5	6	样1	样2
	浓度（μg/mL）								
	样品质量（g）								
计算公式									
样品中苏丹红含量（mg/kg）	注意：结果保留2位有效数字								
安全评价结果									
检验人：					校核人：				

三、考核评价

鲜蛋中苏丹红的检测与评价（高效液相色谱法）考核评分标准

肉、蛋及其制品加工安全评价知识点在线测试

肉制品加工仿真

牦牛肉加工仿真

考核项目五 果蔬加工安全评价

技能操作一 果酒中甲醇含量的测定与安全评价（气相色谱法）

资料单

一、原理

蒸馏除去发酵酒及其配制酒中不挥发性物质，加入内标（酒精、蒸馏酒及其配制酒直接加入内标），经气相色谱分离，氢火焰离子化检测器检测，以保留时间定性，内标法定量。

本操作参考GB 5009.266—2016《食品安全国家标准　食品中甲醇的测定》。

二、试剂和材料

除非另有规定，本方法所用试剂均为分析纯。水为GB/T 6682—2006规定的二级水或去离子水。

（1）乙醇（C_2H_6O）：色谱纯。

（2）乙醇溶液（40%，体积分数）：量取40mL乙醇，用水定容至100mL，混匀。

（3）甲醇（CH_4O）：纯度≥99%，或经国家认证并授予标准物质证书的标准质。

（4）叔戊醇（$C_5H_{12}O$）：纯度≥99%。

（5）甲醇标准储备液（5000mg/L）：准确称取0.5g（精确至0.001g）甲醇至100mL容量瓶中，用乙醇溶液定容至刻度，混匀，0~4℃低温冰箱密封保存。

（6）叔戊醇标准溶液（20000mg/L）：准确称取2.0g（精确至0.001g）叔戊醇至100mL容量瓶中，用乙醇溶液定容至100mL，混匀，0~4℃低温冰箱密封保存。

（7）甲醇系列标准工作液：分别吸取0.5，1.0，2.0，4.0，5.0mL甲醇标准储备液，于5个25mL容量瓶中，用乙醇溶液定容至刻度，依次配制成甲醇含量为100，200，400，800，1000mg/L系列标准溶液，现配现用。

三、仪器和设备

（1）气相色谱仪，配氢火焰离子化检测器（FID）。

（2）分析天平：感量为0.1mg。

四、分析步骤

1. 试样的预处理

（1）发酵酒及其配制酒　吸取100mL试样于500mL蒸馏瓶中，并加入100mL水，加几颗沸石（或玻璃珠），连接冷凝管，用100mL容量瓶作为接收器（外加冰浴），并开启冷却水，缓慢加热蒸馏，收集馏出液，当接近刻度时，取下容量瓶，待溶液冷却到室温后，用水定容至刻度，混匀。吸取10.0mL蒸馏后的溶液于试管中，加入0.10mL叔戊醇标准溶液，混匀，备用。

（2）酒精、蒸馏酒及其配制酒　吸取试样10.0mL于试管中，加入0.10mL叔戊醇标准溶液，混匀，备用；当试样颜色较深，按照（1）操作。

2. 仪器参考条件

仪器参考条件列出如下：

（1）色谱柱　聚乙二醇石英毛细管柱，柱长60m，内径0.25mm，膜厚0.25μm，或等效柱。

（2）色谱柱温度　初温40℃，保持1min，以4.0℃/min升到130℃，以20℃/min升到200℃，保持5min。

（3）检测器温度　250℃。

（4）进样口温度　250℃。

（5）载气流量　1.0mL/min。

（6）进样量　1.0μL。

（7）分流比　20：1。

3. 标准曲线的制作

分别吸取10mL甲醇系列标准工作液于5个试管中，然后加入0.10mL叔戊醇标准溶液，混匀，测定甲醇和内标叔戊醇色谱峰面积，以甲醇系列标准工作液的浓度为横坐标，以甲醇和叔戊醇色谱峰面积的比值为纵坐标，绘制标准曲线。

4. 试样溶液的测定

将制备的试样溶液注入气相色谱仪中，以保留时间定性，同时记录甲醇和叔戊醇色谱峰面积的比值，根据标准曲线得到待测液中甲醇的浓度。

五、结果分析

（1）试样中甲醇的含量按下式计算。

$$X=\rho$$

式中 X——试样中甲醇的含量，mg/L；

ρ——从标准曲线得到的试样溶液中甲醇的浓度，mg/L。

计算结果保留3位有效数字。

（2）试样中甲醇含量（测定结果需要按100%酒精度折算时）按下式计算。

$$X=\frac{\rho\times 100}{C\times 1000}$$

式中 X——试样中甲醇的含量，g/L；

ρ——从标准曲线得到的试样溶液中甲醇的浓度，mg/L；

C——试样的酒精度；

1000——换算系数。

计算结果保留三位有效数字。

试样的酒精度按照GB 5009.225—2016测定。

六、精密度

在重复性条件下获得的两次独立测定结果的绝对差值不得超过算术平均值的10%。

任务单

一、任务要求

采用气相色谱（内标）法完成样品中甲醇含量的测定，掌握样品预处理方法，会进行标准储备液、标准工作液的配制，能规范熟练操作气相色谱仪，能利用气相色谱仪对样品及标准溶液中甲醇进行检测，能准确计算样品中甲醇的含量。

二、任务实施

（一）分组讨论，制定工作方案、确定人员分工

填写方案设计表（附表1）。

（二）试剂配制、仪器设备的准备

1. 试剂配制

填写试剂配制表（附表2）。

2. 仪器设备

填写所需仪器设备统计表（附表3）。

（三）实验操作

按照资料单中的分析步骤进行操作。

（四）填写原始数据

果酒中甲醇含量的测定原始数据记录单

<table>
<tr><td>样品名称</td><td colspan="2"></td><td colspan="2">样品编号</td><td></td><td colspan="2">样品质量（g）</td><td></td></tr>
<tr><td>检测地点</td><td colspan="2"></td><td colspan="2">检测项目</td><td></td><td colspan="2">检测依据</td><td></td></tr>
<tr><td>仪器名称</td><td colspan="2"></td><td colspan="2">室温（℃）</td><td></td><td colspan="2">相对湿度RH（%）</td><td></td></tr>
<tr><td rowspan="5">分析数据</td><td>序号</td><td>1</td><td>2</td><td>3</td><td>4</td><td>5</td><td>样1</td><td>样2</td></tr>
<tr><td>甲醇浓度（mg/L）</td><td></td><td></td><td></td><td></td><td></td><td></td><td></td></tr>
<tr><td>甲醇的峰面积A_1</td><td></td><td></td><td></td><td></td><td></td><td></td><td></td></tr>
<tr><td>叔戊醇的峰面积A</td><td></td><td></td><td></td><td></td><td></td><td></td><td></td></tr>
<tr><td>甲醇A_1/叔戊醇A</td><td></td><td></td><td></td><td></td><td></td><td></td><td></td></tr>
<tr><td>计算公式</td><td colspan="8"></td></tr>
<tr><td>样品中甲醇含量（mg/L）</td><td colspan="8">注意：结果保留3位有效数字</td></tr>
<tr><td>安全评价结果</td><td colspan="8"></td></tr>
<tr><td colspan="4">检验人：</td><td colspan="5">校核人：</td></tr>
</table>

三、考核评价

果酒中甲醇含量的测定与安全评价（气湘色谱法）考核评分标准

技能操作二　果蔬加工用水中铜含量的测定与安全评价（火焰原子吸收光谱法）

资料单

一、原理

试样消解处理后，经火焰原子化，在324.8nm 处测定吸光度。在一定浓度范围内铜的吸光度值与铜含量成正比，与标准系列比较定量。

本操作参考GB 5009.13—2017《食品安全国家标准　食品中铜的测定》。

二、试剂和材料

除非另有规定，本方法所用试剂均为分析纯。水为GB/T 6682—2006规定的二级水或去离子水。

（1）硝酸（HNO_3）。

（2）高氯酸（$HClO_4$）。

（3）五水硫酸铜（$CuSO_4 \cdot 5H_2O$）：纯度>99.99%，或经国家认证并授予标准物质证书的一定浓度的铜标准溶液。

（4）硝酸溶液（5+95）：量取50mL硝酸，缓慢加入950mL水中，混匀。

（5）硝酸溶液（1+1）：量取250mL硝酸，缓慢加入250mL水中，混匀。

（6）铜标准储备液（1000mg/L）：准确称取3.9289g（精确至0.0001g）五水硫酸铜，用少量硝酸溶液（1+1）溶解，移入1000mL容量瓶，加水至刻度，混匀。

（7）铜标准中间液（10.0mg/L）：准确吸取铜标准储备液（1000mg/L）1.00mL于100mL容量瓶中，加硝酸溶液（5+95）至刻度，混匀。

（8）铜标准系列溶液：分别吸取铜标准中间液（10.0mg/L）0，1.00，2.00，4.00，8.00，10.0mL于100mL容量瓶中，加硝酸溶液（5+95）至刻度，混匀。此铜标准系列溶液的质量浓度分别为0，0.100，0.200，0.400，0.800，1.00mg/L。

三、仪器和设备

（1）原子吸收光谱仪：配火焰原子化器，附铜空心阴极灯。

（2）分析天平：感量0.1mg和1mg。

（3）可调式电热炉。

（4）可调式电热板。

（5）微波消解系统：配聚四氟乙烯消解内罐。

（6）压力消解罐：配聚四氟乙烯消解内罐。

（7）恒温干燥箱。

（8）马弗炉。

四、分析步骤

1. 试样前处理

（1）湿法消解　准确移取试样0.500~5.00mL 于带刻度消化管中，加入10mL硝酸、0.5mL 高氯酸，在可调式电热炉上消解［参考条件：120℃/（0.5~1）h、升至180℃/（2~4）h、升至200~220℃］。若消化液呈棕褐色，再加少量硝酸，消解至冒白烟，消化液呈无色透明或略带黄色，取出消化管，冷却后用水定容至10mL，混匀备用。同时做试剂空白试验。亦可采用锥形瓶，于可调式电热板上，按上述操作方法进行湿法消解。

（2）微波消解　准确移取液体试样0.500~3.00mL于微波消解罐中，加入5mL硝酸，按照微波消解的操作步骤消解试样。冷却后取出消解罐，在电热板上于140~160℃赶酸至1mL左右。消解罐放冷后，将消化液转移至10mL容量瓶中，用少量水洗涤消解罐2~3次，合并洗涤液于容量瓶中，用水定容至刻度，混匀备用。同时做试剂空白试验。

（3）干法灰化　准确移取液体试样0.500~10.0mL于坩埚中，小火加热，炭化至无烟，转移至马弗炉中，于550℃灰化3~4h。冷却，取出，对于灰化不彻底的试样，加数滴硝酸，小火加热，小心蒸干，再转入550℃马弗炉中，继续灰化1~2h，至试样呈白灰状，冷却，取出，用适量硝酸溶液（1+1）溶解并用水定容至10mL。同时做试剂空白试验。

2. 测定

（1）仪器测试条件　根据各自仪器性能调至最佳状态。

（2）标准曲线的制作　将铜标准系列溶液按质量浓度由低到高的顺序分别导入火焰原子化器，原子化后测其吸光度值，以质量浓度为横坐标，吸光度值为纵坐标，制作标准曲线。

（3）试样测定　在与测定标准溶液相同的实验条件下，将空白溶液和试样溶液分别导入火焰原子化器，原子化后测其吸光度值，与标准系列比较定量。

五、结果分析

铜的含量按下式进行计算。

$$X = \frac{(\rho - \rho_0) \times V}{m}$$

式中　X——试样中铜的含量，mg/L；

ρ——试样溶液中铜的质量浓度，mg/L；

ρ_0——空白溶液中铜的质量浓度，mg/L；

V——试样消化液的定容体积，mL；

m——试样体积，mL。

当铜含量 ≥10.0mg/L时，计算结果保留三位有效数字，当铜含量＜10.0mg/L时，计算结果保留两位有效数字。

六、精密度

在重复性条件下获得的两次独立测定结果的绝对差值不得超过算术平均值的10%。

任务单

一、任务要求

采用火焰原子吸收光谱法完成果蔬加工用水中铜含量的测定，掌握样品前处理、测定方法，会进行标准溶液、标准使用液的配制，能规范熟练操作火焰原子吸收分光光度计，能利用火焰原子吸收分光光度计对样品及标准溶液中铜元素进行检测，能准确计算样品中铜的含量。

二、任务实施

（一）分组讨论，制定工作方案、确定人员分工

填写方案设计表（附表1）。

（二）试剂配制、仪器设备的准备

1. 试剂配制

填写试剂配制表（附表2）。

2. 仪器设备

填写所需仪器设备统计表（附表3）。

（三）实验操作

按照资料单中的分析步骤进行操作。

（四）填写原始数据

果蔬加工用水中铜含量的检测原始数据记录单

<table>
<tr><td>样品名称</td><td colspan="3"></td><td colspan="3">样品编号</td><td colspan="2"></td><td colspan="2">样品质量（g）</td><td colspan="2"></td></tr>
<tr><td>检测地点</td><td colspan="3"></td><td colspan="3">检测项目</td><td colspan="2"></td><td colspan="2">检测依据</td><td colspan="2"></td></tr>
<tr><td>仪器名称</td><td colspan="3"></td><td colspan="3">室温（℃）</td><td colspan="2"></td><td colspan="2">相对湿度RH（%）</td><td colspan="2"></td></tr>
<tr><td rowspan="4">分析数据</td><td>序号</td><td>1</td><td>2</td><td>3</td><td>4</td><td>5</td><td>6</td><td>7</td><td>8</td><td>9</td><td>样1</td><td>样2</td></tr>
<tr><td>体积（mL）</td><td></td><td></td><td></td><td></td><td></td><td></td><td></td><td></td><td></td><td></td><td></td></tr>
<tr><td>质量（mg）</td><td></td><td></td><td></td><td></td><td></td><td></td><td></td><td></td><td></td><td></td><td></td></tr>
<tr><td>吸光度</td><td></td><td></td><td></td><td></td><td></td><td></td><td></td><td></td><td></td><td></td><td></td></tr>
<tr><td>计算公式</td><td colspan="12"></td></tr>
<tr><td>样品中铜含量（mg/L）</td><td colspan="12">注意：结果保留2位有效数字</td></tr>
<tr><td>安全评价结果</td><td colspan="12"></td></tr>
<tr><td colspan="7">检验人：</td><td colspan="6">校核人：</td></tr>
</table>

三、考核评价

果蔬加工用水中铜含量的测定与安全评价（火焰原子吸收光谱法）考核评分标准

果蔬加工安全评价知识点在线测试

NFC 果汁加工仿真

果蔬片加工仿真

考核项目六 饮料加工安全评价

技能操作一 饮料中山梨酸、苯甲酸的测定（气相色谱法）

资料单

一、原理

气相色谱法适用于水果汁、果酱、酱油中苯甲酸、山梨酸的测定。试样经盐酸酸化后，用乙醚提取苯甲酸、山梨酸，采用气相色谱-氢火焰离子化检测器进行分离测定，外标法定量。

本操作参考GB 5009.28—2016《食品安全国家标准 食品中苯甲酸、山梨酸和糖精钠的测定》。

二、试剂和材料

除非另有规定，本法所用试剂均为分析纯。水为GB/T 6682—2008规定的一级水。

（1）乙醚（$C_2H_5OC_2H_5$）。

（2）乙醇（C_2H_5OH）。

（3）正己烷（C_6H_{14}）。

（4）乙酸乙酯（$CH_3CO_2C_2H_5$）：色谱纯。

（5）盐酸（HCl）。

（6）氯化钠（NaCl）。

（7）无水硫酸钠（Na_2SO_4）：500℃烘8h，于干燥器中冷却至室温后备用。

（8）苯甲酸（C_6H_5COOH，CAS号：65-85-0），纯度≥99.0%，或经国家认证并授予标准物质证书的标准物质。

（9）山梨酸（$C_6H_8O_2$，CAS号：110-44-1），纯度≥99.0%，或经国家认证并授予标准物质证书的标准物质。

（10）盐酸溶液（1+1）：取50mL盐酸，边搅拌边慢慢加入到50mL水中，混匀。

（11）氯化钠溶液（40g/L）：称取40g氯化钠，用适量水溶解，加盐酸溶液2mL，加水定容到1 L。

（12）正己烷-乙酸乙酯混合溶液（1+1）：100mL正己烷和100mL乙酸乙酯，混匀。

（13）苯甲酸、山梨酸标准储备溶液（1000mg/L）：分别准确称取苯甲酸、山梨酸各0.1g（精确到0.0001g），用甲醇溶解并分别定容至100mL。转移至密闭容器中，于-18℃贮存，保存期为6个月。

（14）苯甲酸、山梨酸混合标准中间溶液（200mg/L）：分别准确吸取苯甲酸、山梨酸标准储备溶液各10.0mL于50mL容量瓶中，用乙酸乙酯定容。转移至密闭容器中，于-18℃贮存，保存期为3个月。

（15）苯甲酸、山梨酸混合标准系列工作溶液：分别准确吸取苯甲酸、山梨酸混合标准中间溶液0，0.05，0.25，0.50，1.00，2.50，5.00，10.0mL，用正己烷-乙酸乙酯混合溶剂（1+1）定容至10mL，配制成质量浓度分别为0，1.00，5.00，10.0，20.0，50.0，100，200mg/L的混合标准系列工作溶液。临用现配。

（16）塑料离心管：50mL。

三、仪器和设备

（1）气相色谱仪：带氢火焰离子化检测器（FID）。

（2）分析天平：感量为0.001g和0.0001g。

（3）涡旋振荡器。

（4）离心机：转速>8000r/min。

（5）匀浆机。

（6）氮吹仪。

四、分析步骤

1. 样品制备

取多个预包装的样品，其中均匀样品直接混合，非均匀样品用组织匀浆机充分搅拌均匀，取其中的200g装入洁净的玻璃容器中，密封，水溶液于4℃保存，其他试样于-18℃保存。

2. 样品提取

准确称取约2.5g（精确至0.001g）试样于50mL离心管中，加0.5g氯化钠、0.5mL盐酸溶液（1+1）和0.5mL乙醇，用15mL和10mL乙醚提取两次，每次振摇1min，于8000r/min离心3min。每次均将上层乙醚提取液通过无水硫酸钠滤入25mL容量瓶中。加乙醚清洗无水硫酸钠层并收集至约25mL刻度，最后用乙醚定容，混匀。准确吸取5mL乙醚提取液于5mL具塞刻度试管中，于35℃氮吹至干，加入2mL正己烷-乙酸乙酯（1+1）混合溶液溶解残渣，气相色谱测定。

3. 仪器参考条件

（1）色谱柱 聚乙二醇毛细管气相色谱柱，内径320μm，长30m，膜厚度0.25μm，或等效色谱柱。

（2）载气　氮气，流速3mL/min。

（3）空气　400L/min。

（4）氢气　40L/min。

（5）进样口温度　250℃。

（6）检测器温度　250℃。

（7）柱温程序　初始温度80℃，保持2min，以15℃/min的速率升温至250℃，保持5min。

（8）进样量　2μL。

（9）分流比　10：1。

4. 标准曲线的制作

将混合标准系列工作溶液分别注入气相色谱仪中，以质量浓度为横坐标，以峰面积为纵坐标，绘制标准曲线。

5. 试样溶液的测定

将试样溶液注入气相色谱仪中，得到峰面积，根据标准曲线得到待测液中苯甲酸、山梨酸的质量浓度。100mg/L苯甲酸、山梨酸标准溶液气相色谱图见图1。

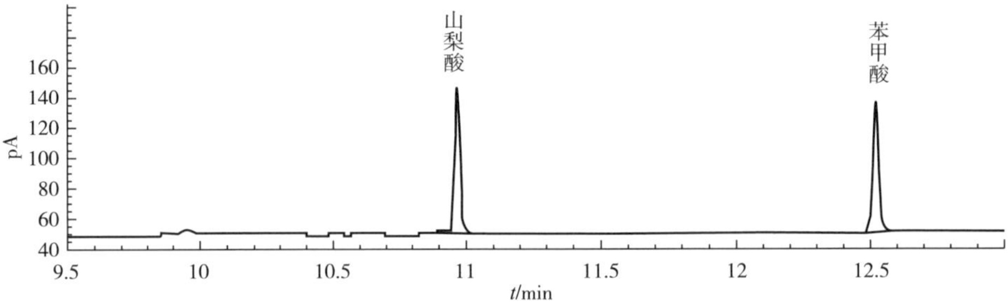

图 1　100mg/L 苯甲酸、山梨酸标准溶液气相色谱图

6. 其他

此方法可同时测定饮料中苯甲酸和山梨酸的含量。取样量2.5g，按试样前处理方法操作，最后定容到2mL时，苯甲酸、山梨酸的检出限均为0.005g/kg，定量限均为0.01g/kg。

五、结果分析

饮料中苯甲酸或山梨酸的含量按下式进行计算。

$$X = \frac{\rho \times V \times 25}{m \times 5 \times 1000}$$

式中　X——样品中待测组分含量，g/kg；

ρ——由标准曲线得出的样液中待测物的质量浓度，mg/L；
V——加入正己烷-乙酸乙酯（1+1）混合溶剂的体积，mL；
25——试样乙醚提取液的总体积，mL；
m——试样的质量，g；
5——测定时吸取乙醚提取液的体积，mL；
1000——由mg/kg转换为g/kg的换算因子。

结果保留3位有效数字。

六、精密度

在重复性条件下获得的两次独立测定结果的绝对差值不得超过算术平均值的10%。

任务单

一、任务要求

采用气相色谱法测定饮料中苯甲酸、山梨酸的含量，掌握样品制备、样品提取方法，会进行标准系列溶液的配制，能规范熟练操作气相色谱仪，能利用气相色谱仪对样品及标准溶液中苯甲酸、山梨酸进行检测，能准确计算样品中苯甲酸、山梨酸的含量。

二、任务实施

（一）分组讨论，制定工作方案、确定人员分工

填写方案设计表（附表1）。

（二）试剂配制、仪器设备的准备

1. 试剂配制

填写试剂配制表（附表2）。

2. 仪器设备

填写所需仪器设备统计表（附表3）。

（三）实验操作

按照资料中的分析步骤进行操作。

（四）填写原始数据

饮料中苯甲酸、山梨酸检测原始数据记录单

<table>
<tr><td>样品名称</td><td colspan="4"></td><td colspan="3">样品编号</td><td colspan="2"></td><td colspan="2">样品质量(g)</td><td></td></tr>
<tr><td>检测地点</td><td colspan="4"></td><td colspan="3">检测项目</td><td colspan="2"></td><td colspan="2">检测依据</td><td></td></tr>
<tr><td>仪器名称</td><td colspan="4"></td><td colspan="3">室温（℃）</td><td colspan="2"></td><td colspan="2">相对湿度RH（%）</td><td></td></tr>
<tr><td rowspan="4">分析数据</td><td>序号</td><td>1</td><td>2</td><td>3</td><td>4</td><td>5</td><td>6</td><td>7</td><td>8</td><td>9</td><td>样1</td><td>样2</td></tr>
<tr><td>ρ（mg/L）</td><td></td><td></td><td></td><td></td><td></td><td></td><td></td><td></td><td></td><td></td><td></td></tr>
<tr><td>V（mL）</td><td></td><td></td><td></td><td></td><td></td><td></td><td></td><td></td><td></td><td></td><td></td></tr>
<tr><td>m（g）</td><td></td><td></td><td></td><td></td><td></td><td></td><td></td><td></td><td></td><td></td><td></td></tr>
<tr><td>计算公式</td><td colspan="12"></td></tr>
<tr><td>样品中苯甲酸、山梨酸含量（g/kg）</td><td colspan="12">注意：结果保留3位有效数字</td></tr>
<tr><td>安全评价结果</td><td colspan="12"></td></tr>
<tr><td colspan="7">检验人：</td><td colspan="6">校核人：</td></tr>
</table>

三、考核评价

饮料中山梨酸、苯甲酸检测（气相色谱法）考核评分标准

技能操作二　果蔬汁中铅的测定（石墨炉原子吸收光谱法）

资料单

一、原理

试样经灰化或酸消解后，注入原子吸收分光光度计石墨炉中，电热原子化后吸收

283.3nm 共振线，在一定浓度范围，其吸收值与铅含量成正比，与标准系列比较定量。

本操作参考GB 5009.12—2017《食品安全国家标准　食品中铅的测定》。

二、试剂和材料

除非另有规定，本方法所用试剂均为优级纯。水为GB/T 6682—2008规定的二级水或去离子水。

（1）硝酸（HNO_3）。

（2）高氯酸（$HClO_4$）。

（3）磷酸二氢铵（$NH_4H_2PO_4$）。

（4）硝酸钯［$Pd(NO_3)_2$］。

（5）硝酸铅［$Pb(NO_3)_2$，CAS号：10099-74-8］：纯度>99.99%。或经国家认证并授予标准物质证书的一定浓度的铅标准溶液。

（6）硝酸溶液（5+95）：量取50mL 硝酸，缓慢加入950mL水中，混匀。

（7）硝酸溶液（1+9）：量取50mL 硝酸，缓慢加入450mL水中，混匀。

（8）磷酸二氢铵-硝酸钯溶液：称取0.02g 硝酸钯，加少量硝酸溶液（1+9）溶解后，再加入2g磷酸二氢铵，溶解后用硝酸溶液（5+95）定容至100mL，混匀。

（9）混合酸：硝酸+高氯酸（9+1）。取9 份硝酸与1份高氯酸混合。

（10）铅标准储备液（1000mg/L）：准确称取1.5985g（精确至0.0001g）硝酸铅，用少量硝酸溶液（1+9）溶解，移入1000mL容量瓶，加水至刻度，混匀。

（11）铅标准中间液（1.00mg/L）：准确吸取铅标准储备液（1000mg/L）1.00mL于1000mL容量瓶中，加硝酸溶液（5+95）至刻度，混匀。

（12）铅标准系列溶液：分别吸取铅标准中间液（1.00mg/L）0，0.500，1.00，2.00，3.00，4.00mL于100mL容量瓶中，加硝酸溶液（5+95）至刻度，混匀。此铅标准系列溶液的质量浓度分别为0，5.00，10.0，20.0，30.0，40.0μg/L。

可根据仪器的灵敏度及样品中铅的实际含量确定标准系列溶液中铅的质量浓度。

三、仪器和设备

所有玻璃器皿及聚四氟乙烯消解内罐均需硝酸溶液（1+5）浸泡过夜，用自来水反复冲洗，最后用水冲洗干净。

（1）原子吸收光谱仪，附石墨炉及铅空心阴极灯。

（2）分析天平：感量为0.1mg和1mg。

（3）可调式电热炉。

（4）可调式电热板。

（5）微波消解系统：配聚四氟乙烯消解内罐。

（6）恒温干燥箱。

（7）压力消解罐：配聚四氟乙烯消解内罐。

四、分析步骤

1. 试样制备

在采样和试样制备过程中，应避免试样污染。将样品摇匀，或用食品加工机或匀浆机打成匀浆，储于塑料瓶中，保存备用。

2. 试样前处理

（1）湿法消解　准确移取液体试样0.500~5.00mL于带刻度消化管中，加入10mL硝酸和0.5mL 高氯酸，在可调式电热炉上消解［参考条件：120℃/（0.5~1）h；升至180℃/（2~4）h、升至200~220℃］。若消化液呈棕褐色，再加少量硝酸，消解至冒白烟，消化液呈无色透明或略带黄色，取出消化管，冷却后用水定容至10mL，混匀备用。同时做试剂空白试验。亦可采用锥形瓶，于可调式电热板上，按上述操作方法进行湿法消解。

（2）微波消解　准确移取液体试样0.500~3.00mL于微波消解罐中，加入5mL硝酸，按照微波消解的操作步骤消解试样，消解条件参考表1。冷却后取出消解罐，在电热板上于140~160℃赶酸至1mL左右。消解罐放冷后，将消化液转移至10mL 容量瓶中，用少量水洗涤消解罐2~3次，合并洗涤液于容量瓶中并用水定容至刻度，混匀备用。同时做试剂空白试验。

表1　微波消解升温程序

步骤	设定温度（℃）	升温时间（min）	恒温时间（min）
1	120	5	5
2	160	5	10
3	180	5	10

（3）压力罐消解　准确移取液体试样0.500~5.00mL于消解内罐中，加入5.00mL硝酸。盖好内盖，旋紧不锈钢外套，放入恒温干燥箱，于140~160℃下保持4~5h。冷却后缓慢旋松外罐，取出消解内罐，放在可调式电热板上于140~160℃赶酸至1mL左右。冷却后将消化液转移至10mL容量瓶中，用少量水洗涤内罐和内盖2~3次，合并洗涤液于容量瓶中并用水定容至刻度，混匀备用。同时做试剂空白实验。

3. 测定

（1）仪器条件　根据各自仪器性能调至最佳状态。参考条件为波长283.3nm，狭缝0.5nm，灯电流8~12mA，干燥温度85~120℃，40 ~50s；灰化温度750℃，持续20~30s，原子化温度：2300℃，4~5s，背景校正为氘灯或塞曼效应。

（2）标准曲线绘制　按质量浓度由低到高的顺序分别将10μL铅标准系列溶液和5μL磷酸二氢铵-硝酸钯溶液（可根据所使用的仪器确定最佳进样量）同时注入石墨炉，原子化后测其吸光度值，以质量浓度为横坐标，吸光度值为纵坐标，制作标准曲线。

（3）试样测定　在与测定标准溶液相同的实验条件下，10μL铅标准系列溶液与5μL磷酸二氢铵-硝酸钯溶液（可根据所使用的仪器确定最佳进样量）同时注入石墨炉，原子化后测其吸光度值，与标准系列比较定量。

4. 注意事项

当移取量为0.5mL，定容体积为10mL时，方法的检出限为0.02mg/L，定量限为0.04mg/L。

五、结果分析

果蔬汁中铅的含量按下式进行计算。

$$X = \frac{(\rho - \rho_0) \times V}{m \times 1000}$$

式中　X——试样中铅含量，mg/kg或mg/L；

ρ——试样溶液中铅的质量浓度，μg/L；

ρ_0——空白溶液中铅的质量浓度，μg/L；

V——试样消化液的定容体积，mL；

m——试样称取量或移取体积，g或mL；

1000——换算系数。

当铅含量≥1.00mg/kg（或mg/L）时，计算结果保留三位有效数字；当铅含量＜1.00mg/kg（或mg/L）时，计算结果保留两位有效数字。

六、精密度

在重复性条件下获得的两次独立测定结果的绝对差值不得超过算术平均值的20%。

任务单

一、　任务要求

采用石墨炉原子吸收光谱法测定果蔬汁中铅含量，掌握样品制备、试样前处理方法，会进行标准系列溶液的配制，能规范熟练操作原子吸收光谱仪，能利用原子吸收光谱仪对样品及标准溶液中铅进行检测，能准确计算样品中铅的含量。

二、任务实施

（一）分组讨论，制定工作方案、确定人员分工

填写方案设计表（附表1）。

（二）试剂配制、仪器设备的准备

1. 试剂配制

填写试剂配制表（附表2）。

2. 仪器设备

填写所需仪器设备统计表（附表3）。

（三）实验操作

按照资料单中的分析步骤进行操作。

（四）填写原始数据

果蔬汁中铅含量检测原始数据记录单

<table>
<tr><td>样品名称</td><td colspan="3"></td><td colspan="3">样品编号</td><td colspan="2"></td><td colspan="2">样品质量（g）</td><td colspan="2"></td></tr>
<tr><td>检测地点</td><td colspan="3"></td><td colspan="3">检测项目</td><td colspan="2"></td><td colspan="2">检测依据</td><td colspan="2"></td></tr>
<tr><td>仪器名称</td><td colspan="3"></td><td colspan="3">室温（℃）</td><td colspan="2"></td><td colspan="2">相对湿度 RH（%）</td><td colspan="2"></td></tr>
<tr><td rowspan="5">分析数据</td><td>序号</td><td>1</td><td>2</td><td>3</td><td>4</td><td>5</td><td>6</td><td>7</td><td>8</td><td>空白</td><td>样1</td><td>样2</td></tr>
<tr><td>ρ（μg/L）</td><td></td><td></td><td></td><td></td><td></td><td></td><td></td><td></td><td></td><td></td><td></td></tr>
<tr><td>ρ_0（μg/L）</td><td></td><td></td><td></td><td></td><td></td><td></td><td></td><td></td><td></td><td></td><td></td></tr>
<tr><td>V（mL）</td><td></td><td></td><td></td><td></td><td></td><td></td><td></td><td></td><td></td><td></td><td></td></tr>
<tr><td>m（g或mL）</td><td></td><td></td><td></td><td></td><td></td><td></td><td></td><td></td><td></td><td></td><td></td></tr>
<tr><td>计算公式</td><td colspan="12"></td></tr>
<tr><td>样品中铅含量（mg/L）</td><td colspan="12">注意：结果保留2位有效数字</td></tr>
<tr><td>安全评价结果</td><td colspan="12"></td></tr>
<tr><td colspan="6">检验人：</td><td colspan="7">校核人：</td></tr>
</table>

三、考核评价

果蔬汁中铅检测（石墨炉原子吸收光谱法）考核评分标准

技能操作三　果汁中展青霉素的测定（高效液相色谱法）

资料单

一、原理

高效液相色谱法适用于苹果为原料的水果及其果蔬汁类和酒类食品中展青霉素含量的测定。样品（浊汁、半流体及固体样品用果胶酶酶解处理）中的展青霉素经提取，展青霉素固相净化柱净化、浓缩后，液相色谱分离，紫外检测器检测，外标法定量。

本操作参考GB 5009.185—2016《食品安全国家标准　食品中展青霉素的测定》。

二、试剂和材料

除非另有规定，本方法所用试剂均为分析纯。水为GB/T 6682—2008规定的一级水。

（1）乙腈（CH_3CN）：色谱纯。

（2）甲醇（CH_3OH）：色谱纯。

（3）乙酸（CH_3COOH）：色谱纯。

（4）乙酸乙酯（$CH_3COOCH_2CH_3$）。

（5）乙酸铵（CH_3COONH_4）。

（6）果胶酶（液体）：活性不低于1500 U/g，2~8℃避光保存。

（7）展青霉素标准品（$C_7H_6O_4$，CAS号：149-29-1）：纯度≥99%，或经国家认证并授予标准物质证书的标准物质。

（8）乙酸溶液：取10mL乙酸加入250mL水，混匀。

（9）标准储备溶液（100μg/mL）：用2mL乙腈溶解展青霉素标准品1.0mg后，移入10mL的容量瓶，乙腈定容至刻度。溶液转移至试剂瓶中后，在-20℃下冷冻保存，备用，6个月内有效。展青霉素标准溶液浓度的标定参见本资料单的附录。

（10）标准工作液（1μg/mL）：移取100μL经标定过的展青霉素标准储备溶液，用乙酸溶液溶解并转移至10mL容量瓶中，定容至刻度。溶液转移至试剂瓶中后，在4℃下避光保存，3个月内有效。

（11）标准系列工作溶液：分别准确移取标准工作液适量至5mL容量瓶中，用乙酸溶液定容至刻度，配制展青霉素浓度为5，10，25，50，100，150，200，250ng/mL系列标准溶液。

三、仪器和设备

（1）液相色谱仪：配紫外检测器。

（2）匀浆机。

（3）高速粉碎机。

（4）组织捣碎机。

（5）涡旋振荡器。

（6）pH计：测量精度±0.02。

（7）天平：感量为0.01g和0.00001g。

（8）50mL具塞PVC离心管。

（9）离心机：转速≥6000r/min。

（10）展青霉素固相净化柱：混合填料净化柱Mycosep™228或相当者。

（11）100mL梨形烧瓶。

（12）固相萃取装置。

（13）旋转蒸发仪。

（14）氮吹仪。

（15）一次性水相微孔滤头：带0.22μm 微孔滤膜。

四、分析步骤

1. 试样的制备

（1）液体样品（苹果汁、山楂汁等） 样品倒入匀浆机中混匀，取其中任意的100g（或mL）样品进行检测。酒类样品需超声脱气1 h或4℃低温条件下存放过夜脱气。

（2）半流体（带果粒果汁等） 样品在组织捣碎机中捣碎混匀后，取100g用于检测。

2. 试样提取及净化

除不加同位素内标外，试样提取及净化柱净化操作如下。

（1）试样提取

液体试样：称取4g试样（准确至0.01g）于50mL离心管中，加入250μL同位素内标工作液，加入21mL乙腈，混合均匀，在6000r/min下离心5min，待净化。

半流体试样：称取1g试样（准确至0.01g）于50mL离心管中，加入100μL同位素内标工作液，混匀后静置片刻，再加入10mL水与150μL果胶酶溶液混匀，室温下避光放置过夜后，加入10.0mL乙酸乙酯，涡旋混合5min，在6000r/min下离心5min，移取乙酸乙酯层至梨形烧瓶。再用10.0mL乙酸乙酯提取一次，合并两次乙酸乙酯提取液，在40℃水浴中用旋转蒸发仪浓缩至干，以2.0mL乙酸溶液溶解残留物，再加入8mL乙腈，混匀后待净化。

（2）净化　按照所使用净化柱的说明书操作，将提取液通过净化柱净化，弃去初始的1mL净化液，收集后续部分。

用吸量管准确吸取5.0mL净化液，加入20μL乙酸，在40℃下用氮气缓缓地吹至近干，加入乙酸溶液定容至1mL，涡旋30s溶解残渣，过0.22μm 滤膜，收集滤液于进样瓶中以备进样。按同一操作方法做空白试验。

上述方法的样品提取和净化部分，包括混合型阴离子交换柱净化和净化柱净化方法，可根据实际情况，选择其中一种方法即可。

3. 仪器参考条件

（1）液相色谱柱　T3 柱，柱长150mm，内径4.6mm，粒径3.0μm，或相当者。

（2）流动相　A相：水；B相：乙腈。

（3）梯度洗脱条件　5%：B（0~13min），100% B（13~15min），5% B（15~20min）。

（4）流速　0.8mL/min。

（5）色谱柱柱温　40℃。

（6）进样量　100μL。

（7）紫外检测器条件　检测波长为276nm。

4. 标准曲线的制作

将标准系列溶液由低到高浓度依次进样检测，以标准溶液的浓度为横坐标，以峰面积为纵坐标，绘制标准曲线。

5. 测定

将试样溶液注入液相色谱仪中，测得相应的峰面积，由标准曲线得到试样溶液中展青霉素的浓度。100 ng/mL展青霉素标准溶液的液相色谱图见图1。

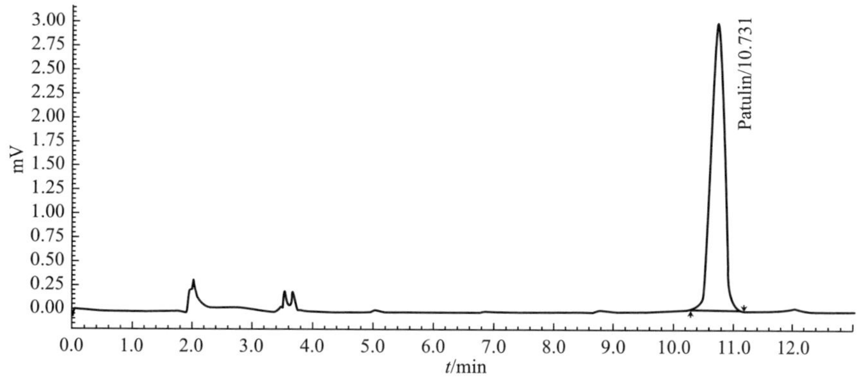

图1　100ng/mL 展青霉素标准溶液的液相色谱图

五、结果分析

试样中展青霉素的含量按下式计算：

$$X = \frac{\rho \times V}{m} \times f$$

式中 X——试样中展青霉素的含量，μg/kg或μg/L；

ρ——由标准曲线得到的试样溶液中展青霉素的浓度，ng/mL；

V——最终定容体积，mL；

m——试样的称样量或移取量，g或mL；

f——试样溶液的稀释倍数。

计算结果保留三位有效数字。

六、精密度

在重复性条件下获得的两次独立测定结果的绝对差值不得超过算术平均值的15%。

附录 展青霉素标准溶液浓度的标定

1. 仪器校正

测定重铬酸钾溶液的摩尔消光系数，以求出使用仪器的校正因子。准确称取74mg经干燥的重铬酸钾，用0.009mol/L硫酸溶解后并准确稀释至1000mL，相当于［c（$K_2Cr_2O_7$）=0.25mmol/L］。再吸取25mL此稀释液于50mL容量瓶中，加0.009mol/L硫酸稀释至刻度，相当于0.125mmol/L溶液。再吸取25mL此稀释液于50mL容量瓶中，加0.009mol/L硫酸稀释至刻度，相当于0.0625mmol/L溶液。用1cm石英杯，在最大吸收峰的波长（350nm处）用0.009mol/L硫酸作空白，测得以上三种不同浓度的溶液的吸光度，以上三种浓度的摩尔消光系数按下式计算：

$$E = \frac{A}{c}$$

式中 E——重铬酸钾溶液的摩尔消光系数；

A——测得重铬酸钾溶液的吸光度；

c——重铬酸钾溶液的摩尔浓度。

取三种浓度的摩尔消光系数的平均值E'并与重铬酸钾的摩尔消光系数值3160比较，即求出使用仪器的校正因子，按下式进行计算：

$$f = \frac{3160}{E'}$$

式中 f——使用仪器的校正因子；

E'——测得的重铬酸钾摩尔消光系数平均值。

若f大于0.95或小于1.05，则使用仪器的校正因子可略而不计。

2. 展青霉素标准溶液的制备

取1000μL储备液用氮气吹干后，立即用20mL乙醇溶解残渣，置于4℃冰箱保存。该标准溶液约为5μg/mL。用紫外分光光度计以1cm石英比色皿测此标准溶液在250~350nm处的最大吸收峰的波长及该波长的吸光度值，以乙醇为参比溶液。

展青霉素标准溶液的浓度按下式进行计算：

$$\rho = \frac{A \times M \times 1000 \times f}{E_2}$$

式中 ρ——展青霉素标准溶液的浓度，μg/mL；

A——在波长276nm处测得的吸光度值；

M——展青霉素的相对分子质量等于154；

1000——换算系数；

f——使用仪器的校正因子；

E_2——展青霉素乙醇溶液在最大吸收波长276nm处的摩尔消光系数14600。

任务单

一、任务要求

采用高效液相色谱法测定果蔬汁中展青霉素含量，掌握样品制备、提取、净化方法，会进行标准系列溶液的配制，能规范熟练操作高效液相色谱仪，能利用高效液相色谱仪对样品及标准溶液中展青霉素进行检测，能准确计算样品中展青霉素的含量。

二、任务实施

（一）分组讨论，制定工作方案、确定人员分工

填写方案设计表（附表1）。

（二）试剂配制、仪器设备的准备

1. 试剂配制

填写试剂配制表（附表2）。

2. 仪器设备

填写所需仪器设备统计表（附表3）。

（三）实验操作

按照资料中的分析步骤进行操作。

（四）填写原始数据

高效液相法测定饮料中展青霉素含量的原始数据记录单

<table>
<tr><td>样品名称</td><td colspan="3"></td><td colspan="3">样品编号</td><td colspan="2"></td><td colspan="2">样品质量（g）</td><td colspan="2"></td></tr>
<tr><td>检测地点</td><td colspan="3"></td><td colspan="3">检测项目</td><td colspan="2"></td><td colspan="2">检测依据</td><td colspan="2"></td></tr>
<tr><td>仪器名称</td><td colspan="3"></td><td colspan="3">室温（℃）</td><td colspan="2"></td><td colspan="2">相对湿度RH（%）</td><td colspan="2"></td></tr>
<tr><td rowspan="5">分析结果</td><td>序号</td><td>1</td><td>2</td><td>3</td><td>4</td><td>5</td><td>6</td><td>7</td><td>8</td><td>空白</td><td>样1</td><td>样2</td></tr>
<tr><td>ρ（ng/mL）</td><td></td><td></td><td></td><td></td><td></td><td></td><td></td><td></td><td></td><td></td><td></td></tr>
<tr><td>V（mL）</td><td></td><td></td><td></td><td></td><td></td><td></td><td></td><td></td><td></td><td></td><td></td></tr>
<tr><td>m（g或mL）</td><td></td><td></td><td></td><td></td><td></td><td></td><td></td><td></td><td></td><td></td><td></td></tr>
<tr><td>f</td><td></td><td></td><td></td><td></td><td></td><td></td><td></td><td></td><td></td><td></td><td></td></tr>
<tr><td>计算公式</td><td colspan="12"></td></tr>
<tr><td>样品中展青霉素含量（μg/kg或μg/L）</td><td colspan="12">注意：结果保留3位有效数字</td></tr>
<tr><td>安全评价结果</td><td colspan="12"></td></tr>
<tr><td colspan="7">检验人：</td><td colspan="6">校核人：</td></tr>
</table>

三、考核评价

果汁中展青霉素检测（高效液相色谱法）考核评分标准

饮料加工安全评价知识点在线测试

葡萄酒酿造仿真

考核项目七 水产品加工安全评价

技能操作一　水产品中三甲胺的测定（顶空气相色谱法）

资料单

一、原理

试样经5%三氯乙酸溶液提取，提取液置于密封的顶空瓶中，在碱液作用下三甲胺盐酸盐转化为三甲胺，在40℃经过40min的平衡，三甲胺在气液两相中达到动态的平衡，吸取顶空瓶内气体注入气相色谱-氢火焰离子化检测器（FID）进行检测，以保留时间（RT）进行定性，以外标法进行定量。

本操作参考GB 5009.179—2016《食品安全国家标准　食品中三甲胺的测定》。

二、试剂和材料

除非另有规定，本方法所用试剂均为分析纯，水为GB/T 6682—2008规定的一级水。

（1）氢氧化钠（NaOH）。

（2）三氯乙酸（$C_2HCl_3O_2$）。

（3）标准品：三甲胺盐酸盐（CAS：593-81-7），分子式为（CH_3）$_3NHCl$，纯度≥98%，置于干燥器中，在4℃条件下保存。

（4）氢氧化钠溶液（50%）：称取100g氢氧化钠，溶于20~30℃的100mL水中。

（5）三氯乙酸溶液（5%）：称取25g三氯乙酸溶于水中，并定容为500mL。

（6）三甲胺标准储备液（100μg/mL）：称取三甲胺盐酸盐标准品0.0162g，用5%三氯乙酸溶液溶解并定容至100mL，等同浓度为100μg/mL三甲胺标准储备液。在4℃条件下保存。

（7）三甲胺标准使用溶液：吸取一定体积的三甲胺标准储备液用5%三氯乙酸溶液逐级稀释成浓度分别为1.0，2.0，5.0，10.0，20.0，40.0μg/mL的三甲胺标准使用溶液。

三、仪器和设备

（1）气相色谱仪：配有分流/不分流进样口和氢火焰离子化检测器（FID）。

（2）天平：感量分别为0.1mg 和1mg。

（3）恒温水浴锅：控温精度±2℃。

（4）顶空瓶：容积20mL，配有聚四氟乙烯硅橡胶垫和密封帽，使用前在120℃烘烤2h。

（5）微量注射器：1mL。

（6）医用塑料注射器：5mL。

（7）均质机。

（8）绞肉机。

（9）低速离心机。

四、分析步骤

1. 试样的预处理

鱼和虾等水产动物及其制品，需要去鳞或去皮，样品取肌肉部分约100g，用绞肉机绞碎或用刀切细，混匀。制备好的试样若不立即测定，应密封在聚乙烯塑料袋中并于-18℃冷冻保存，测定前于室温下放置解冻即可。

2. 试样提取

称取约10g（精确至0.001g）制备好的样品于50mL的塑料离心管中，加入20mL 5%三氯乙酸溶液，用均质机均质1min，以4000r/min离心5min，在玻璃漏斗加上少许脱脂棉，将上清液滤入50mL容量瓶，残留物再分别用15mL和10mL 5%三氯乙酸重复上述提取过程两次，合并滤液并用5%三氯乙酸溶液定容至50mL。

3. 提取液顶空处理

准确吸取提取液2.0mL于20mL顶空瓶中，压盖密封，用医用塑料注射器准确注入5.0mL 50%氢氧化钠溶液，备用。

4. 标准溶液顶空处理

分别取以上制备（1.0~40μg/mL）三甲胺各标准使用液2.0mL至20mL顶空瓶中，压盖密封，用医用塑料注射器分别准确注入5.0mL 50%氢氧化钠溶液，备用。

5. 仪器参考条件

（1）石英毛细管色谱柱　30m（长）×0.32mm（内径）×0.5μm（膜厚），固定相为聚乙二醇，或其他等效的色谱柱。

（2）载气　高纯氮气。

（3）流量　2.5mL/min。

（4）进样口温度　220℃。

（5）分流比　2：1。

（6）升温程序　40℃保持3min，以30℃/min速率升至220℃，保持1min。

（7）检测器温度　220℃。

（8）尾吹气（氮气）流量　35mL/min。

（9）氢气流量　40mL/min。

（10）空气流量　400mL/min。

6. 测定

（1）顶空进样　将制备好的试样在40℃平衡40min。在上述色谱质谱条件下，用进样针抽取顶空瓶内液上气体250μL，注入 GC-FID中进行测定。

（2）定性定量　根据标准色谱图中三甲胺的保留时间进行定性分析。采用外标法进行定量分析，以标准峰面积为纵坐标，以标准溶液浓度为横坐标，绘制校准曲线，用校准曲线计算试样溶液中三甲胺的浓度。

五、结果分析

试样中三甲胺的含量按下式计算：

$$X = \frac{c \times V}{m}$$

式中　X——试样中三甲胺含量，mg/kg；

c——从校准曲线得到的三甲胺浓度，mg/mL；

V——试样溶液定容体积，mL；

m——试样质量，g。

六、精密度

在重复性条件下获得的两次独立测定结果的绝对差值不得超过算术平均值的10%。

任务单

一、任务要求

采用顶空气相色谱法完成样品中三甲胺含量的测定，掌握样品预处理、提取、标准液和样液的顶空处理，能规范熟练操作气相色谱，对样品及标准溶液中三甲胺含量进行检测，能准确计算样品中三甲胺的含量。

二、任务实施

（一）分组讨论，制定工作方案、确定人员分工

填写方案设计表（附表1）。

（二）试剂配制、仪器设备的准备

1. 试剂配制

填写试剂配制表（附表2）。

2. 仪器设备

填写所需仪器设备统计表（附表3）。

（三）实验操作

按照资料单中的分析步骤进行操作。

（四）填写原始数据

食品中三甲胺含量的检测原始数据记录单

<table>
<tr><td>样品名称</td><td colspan="4"></td><td colspan="2">样品编号</td><td colspan="3"></td><td colspan="2">样品质量（g）</td><td></td></tr>
<tr><td>检测地点</td><td colspan="4"></td><td colspan="2">检测项目</td><td colspan="3"></td><td colspan="2">检测依据</td><td></td></tr>
<tr><td>仪器名称</td><td colspan="4"></td><td colspan="2">室温（℃）</td><td colspan="3"></td><td colspan="2">相对湿度RH（%）</td><td></td></tr>
<tr><td rowspan="5">仪器条件</td><td colspan="2">检测器：</td><td colspan="4">汽化室温度（℃）：</td><td colspan="2" rowspan="5">色谱柱温度（℃）</td><td>阶数</td><td>速率（℃/min）</td><td>温度（℃）</td><td>保留时间（min）</td></tr>
<tr><td colspan="2">柱类型：</td><td colspan="4">检测器温度（℃）：</td><td>0</td><td></td><td></td><td></td></tr>
<tr><td colspan="2">氢气（mL/min）：</td><td colspan="4">进样量（μL）：</td><td>1</td><td></td><td></td><td></td></tr>
<tr><td colspan="2">空气（mL/min）：</td><td colspan="4">柱流量（mL/min）：</td><td>2</td><td></td><td></td><td></td></tr>
<tr><td colspan="2">吹扫流量（mL/min）：</td><td colspan="4">分流比：</td><td>3</td><td></td><td></td><td></td></tr>
<tr><td colspan="13">标准溶液配制信息</td></tr>
<tr><td colspan="2">浓度（μg/mL）</td><td colspan="2">1.0</td><td colspan="2">2.0</td><td colspan="2">5.0</td><td colspan="2">10.0</td><td>20.0</td><td colspan="2">40.0</td></tr>
<tr><td rowspan="4">峰面积（μV · min）</td><td>1</td><td colspan="2"></td><td colspan="2"></td><td colspan="2"></td><td colspan="2"></td><td></td><td colspan="2"></td></tr>
<tr><td>2</td><td colspan="2"></td><td colspan="2"></td><td colspan="2"></td><td colspan="2"></td><td></td><td colspan="2"></td></tr>
<tr><td>3</td><td colspan="2"></td><td colspan="2"></td><td colspan="2"></td><td colspan="2"></td><td></td><td colspan="2"></td></tr>
<tr><td>平均</td><td colspan="2"></td><td colspan="2"></td><td colspan="2"></td><td colspan="2"></td><td></td><td colspan="2"></td></tr>
<tr><td colspan="7">标准曲线方程：</td><td colspan="6">相关性：R^2=</td></tr>
</table>

续表

样品测定结果						
样品编号	采样体积（mL）	稀释倍数	检测结果			备注
			峰面积（μV · min）	检测浓度C（μg/mL）	检测结果X（mg/kg）	
计算公式						
样品中三甲胺含量（mg/kg）			注意：结果保留2位有效数字			
安全评价结果						
检验人：			校核人：			

三、考核评价

水产品中三甲胺的测定（顶空气相色谱法）考核评分标准

技能操作二　鱼类鲜度指标K值的测定（高效液相色谱法）

资料单

一、原理

鱼类死后，其肌肉内腺苷三磷酸（ATP）依次降解为腺苷二磷酸（ADP）、腺苷酸（AMP）、肌苷酸（IMP）、次黄嘌呤核苷（HxR）和次黄嘌呤（Hx）。样品中的腺苷三磷酸及其降解产物用高氯酸提取，氢氧化钠溶液调节pH，沉淀，除去杂质，用C_{18}色谱柱分离，紫外检测器检测，外标法定量；以测得的次黄嘌呤核苷、次黄嘌呤量之和与腺苷三磷酸关联化合物总量（ATP+ADP+AMP+IMP+HxR+Hx）的百分比作为鲜度指标*K*值。

本操作参考SC/T 3048—2014《鱼类鲜度指标*K*值的测定　高效液相色谱法》。

二、试剂和材料

所用试剂除另有规定外，均为分析纯。

（1）水：试验用水应符合GB/T 6682—2008中一级水指标。

（2）磷酸（H_3PO_4）。

（3）高氯酸（$HClO_4$）。

（4）氢氧化钠（NaOH）。

（5）磷酸二氢钾（KH_2PO_4）。

（6）磷酸氢二钾（$K_2HPO_4 \cdot 3H_2O$）。

（7）10%（体积分数）高氯酸溶液：量取高氯酸50mL，用水稀释至500mL，并置于4℃冰箱中冷藏保存。

（8）5%（体积分数）高氯酸溶液：量取高氯酸25mL，用水稀释至500mL，并置于4℃冰箱中冷藏保存。

（9）10mol/L氢氧化钠溶液：称取氢氧化钠400g，适量水溶解，并转移至1000mL容量瓶中，用水定容至刻度。

（10）1.0mol/L氢氧化钠溶液：称取氢氧化钠40g，适量水溶解，并转移至1000mL容量瓶中，用水定容至刻度。

（11）0.02mol/L磷酸二氢钾溶液：准确称取2.722g磷酸二氢钾，用水溶解并加水定容至1000mL。

（12）0.02mol/L磷酸氢二钾溶液：准确称取4.566g磷酸氢二钾，用水溶解并加水定容至1000mL。

（13）腺苷三磷酸、腺苷二磷酸、腺苷酸、肌苷酸、次黄嘌呤核苷、次黄嘌呤标准品：纯度≥99.0%。

（14）标准储备液：准确称取腺苷三磷酸、腺苷二磷酸、腺苷酸、肌苷酸、次黄嘌呤核苷各10mg（精确至0.00001g），用水定容于10mL棕色容量瓶中，此溶液浓度为1.00mg/mL；准确称取次黄嘌呤5mg（精确至0.00001g），用水定容于10mL棕色容量瓶中，此溶液浓度为0.500mg/mL。各标准储备液置于4℃冰箱中冷藏保存，保存期不超过一周。

（15）混合标准工作溶液：取适量标准储备液，用流动相配置系列标准溶液，使腺苷三磷酸、腺苷二磷酸腺苷酸、肌苷酸、次黄嘌呤核苷浓度为0.200，0.500，1.00，

5.00，15.0，40.0，100μg/mL；使次黄嘌呤浓度为0.100，0.250，0.500，2.50，7.50，20.0，50.0μg/mL；使用时现配现用。

（16）流动相：0.02mol/L磷酸二氢钾溶液+0.02mol/L磷酸氢二钾溶液=1+1（体积比），用磷酸调节pH至6.0。

三、仪器和设备

（1）高效液相色谱仪，配有紫外检测器。

（2）冷冻离心机：8000r/min，4℃。

（3）涡旋振荡器。

（4）pH计：精度0.01。

（5）微孔滤膜：0.22μm，水相。

（6）分析天平：感量0.00001g。

（7）天平：感量0.01g。

（8）均质机。

四、分析步骤

1. 试样的制备

将样品去头、去鳞、去皮、去内脏，沿脊背取肌肉部分；在4℃下均质混匀。

2. 试样提取

称取均质后的样品（2.00 ± 0.02）g放入离心管内，加入10%高氯酸溶液20mL，涡旋振荡1min，在4℃下8000r/min离心10min，取出上清液。再用5%高氯酸溶液10mL，提取沉淀物中的待测物，在4℃下8000r/min离心10min。重复操作一次，合并上清液。用10mol/L氢氧化钠溶液调提取液pH近6.0，然后再用1.0mol/L氢氧化钠溶液继续调节pH至6.0~6.4。

将已调节pH后的溶液转移至经预冷的容量瓶中，用4℃水定容至50mL。在4℃下8000r/min离心10min，0.22μm微孔滤膜过滤，滤液于4℃下保存，待测。

3. 色谱参考条件

（1）色谱柱 C_{18}柱，250mm × 4.6mm（i.d.），粒径5μm；或性能相当者。

（2）流速 1.0mL/min。

（3）柱温 35℃。

（4）检测波长 254nm。

（5）进样量 20μL。

4. 色谱测定

取标准工作液和试样提取液等体积进样，按色谱参考条件测定、外标法定量，标准溶液和试样提取液中腺苷三磷酸关联化合物的响应值均应在仪器检测的线性范围内。标准品色谱图参见SC/T3048—2014附录A。

五、结果分析

1. 各组分含量计算

试样中腺苷三磷酸、腺苷二磷酸、腺苷酸、肌苷酸、次黄嘌呤核苷、次黄嘌呤含量按下式计算，计算结果保留两位有效数字。

$$M_i = \frac{C_i \times V}{m \times F_i}$$

式中 M_i——试样中腺苷三磷酸、腺苷二磷酸、腺苷酸、肌苷酸、次黄嘌呤核苷、次黄嘌呤含量，μmol/g；

C_i——校准工作溶液中腺苷三磷酸、腺苷二磷酸、腺苷酸、肌苷酸、次黄嘌呤核苷、次黄嘌呤的浓度，μg/mL；

V——最终定容体积，mL；

m——试样质量，g；

F_i——腺苷三磷酸摩尔质量551g/mol、腺苷二磷酸摩尔质量426g/mol、腺苷酸摩尔质量365g/mol、肌苷酸摩尔质量392g/mol、次黄嘌呤核苷摩尔质量268g/mol、次黄嘌呤摩尔质量136g/mol。

2. *K*值计算

将各组分含量计算所得结果分别代入下式，计算出*K*值，单位为百分率。

$$K = \frac{M_{\mathrm{HxR}} + M_{\mathrm{Hx}}}{M_{\mathrm{ATP}} + M_{\mathrm{ADP}} + M_{\mathrm{AMP}} + M_{\mathrm{IMP}} + M_{\mathrm{HxR}} + M_{\mathrm{Hx}}} \times 100$$

式中 M_{ATP}——样品中腺苷三磷酸含量，μmol/g；

M_{ADP}——样品中腺苷二磷酸含量，μmol/g；

M_{AMP}——样品中腺苷酸含量，μmol/g；

M_{IMP}——样品中肌苷酸含量，μmol/g；

M_{HxR}——样品中次黄嘌呤核苷含量，μmol/g；

M_{Hx}——样品中次黄嘌呤含量，μmol/g。

六、灵敏度、准确度和精密度

1. 线性范围

腺苷三磷酸、腺苷二磷酸、腺苷酸、肌苷酸、次黄嘌呤核苷为0.200~100μg/mL；

次黄嘌呤为0.100~50.0μg/mL。

2. 灵敏度

本方法检出限：腺苷三磷酸、腺苷二磷酸、腺苷酸、肌苷酸、次黄嘌呤核苷为5.00mg/kg；次黄嘌呤为2.50mg/kg。

本方法定量限：腺苷三磷酸、腺苷二磷酸、腺苷酸、肌苷酸、次黄嘌呤核苷为10.0mg/kg；次黄嘌呤为5.00mg/kg。

3. 准确度

腺苷三磷酸、腺苷二磷酸、腺苷酸、肌苷酸在添加浓度分别为25~800mg/kg时，回收率为70%~120%。

次黄嘌呤、次黄嘌呤核苷在添加浓度为20~600mg/kg时，回收率为70%~120%。

4. 精密度

在重复性条件下获得的两次独立测试结果的相对标准偏差≤15%。

任务单

一、任务要求

采用高效液相色谱法完成样品中腺苷三磷酸、腺苷二磷酸、腺苷酸、肌苷酸、次黄嘌呤核苷和次黄嘌呤含量的测定，掌握样品制备、提取，能规范熟练操作高效液相色谱，外标法定量对样品及标准溶液中腺苷三磷酸关联化合物的检测，能准确计算样品鲜度指标K值。

二、任务实施

（一）分组讨论，制定工作方案、确定人员分工

填写方案设计表（附表1）。

（二）试剂配制、仪器设备的准备

1. 试剂配制

填写试剂配制表（附表2）。

2. 仪器设备

填写所需仪器设备统计表（附表3）。

（三）实验操作

按照资料单中的分析步骤进行操作。

（四）填写原始数据

鱼类腺苷三磷酸关联化合物含量的检测原始数据记录单

样品名称		样品编号		样品质量（g）	
检测地点		检测项目		检测依据	
仪器名称		室温（℃）		相对湿度RH（%）	
仪器条件	色谱柱固定相		流动相的组成		
	色谱柱类型		流速（mL/min）		
	色谱柱编号		进样量（μL）		
	粒径		衰减		
	柱温		灵敏度		
	检测器波长		纸速		

腺苷三磷酸标准溶液配制信息

浓度（μg/mL）							
峰面积（μV · min）	1						
	2						
	3						
	平均						
标准曲线方程：			相关性：R^2 =				

腺苷二磷酸标准溶液配制信息

浓度（μg/mL）							
峰面积（μV · min）	1						
	2						
	3						
	平均						
标准曲线方程：			相关性：R^2 =				

续表

腺苷酸标准溶液配制信息							
浓度（μg/mL）							
峰面积（μV · min）	1						
	2						
	3						
	平均						
标准曲线方程：					相关性：R^2 =		
肌苷酸标准溶液配制信息							
浓度（μg/mL）							
峰面积（μV · min）	1						
	2						
	3						
	平均						
标准曲线方程：					相关性：R^2 =		
次黄嘌呤核苷标准溶液配制信息							
浓度（μg/mL）							
峰面积（μV · min）	1						
	2						
	3						
	平均						
标准曲线方程：					相关性：R^2 =		
次黄嘌呤标准溶液配制信息							
浓度（μg/mL）							
峰面积（μV · min）	1						
	2						
	3						
	平均						
标准曲线方程：					相关性：R^2 =		

续表

<table>
<tr><td colspan="7">样品测定结果</td></tr>
<tr><td rowspan="2">样品编号</td><td rowspan="2">采样体积（mL）</td><td rowspan="2">称取试样质量（g）</td><td colspan="3">检测结果</td><td rowspan="2">备注</td></tr>
<tr><td>峰面积（μV · min）</td><td>检测浓度C_i（μg/mL）</td><td>检测结果M_i（μmol/g）</td></tr>
<tr><td></td><td></td><td></td><td></td><td></td><td></td><td></td></tr>
<tr><td></td><td></td><td></td><td></td><td></td><td></td><td></td></tr>
<tr><td></td><td></td><td></td><td></td><td></td><td></td><td></td></tr>
<tr><td></td><td></td><td></td><td></td><td></td><td></td><td></td></tr>
<tr><td></td><td></td><td></td><td></td><td></td><td></td><td></td></tr>
<tr><td></td><td></td><td></td><td></td><td></td><td></td><td></td></tr>
<tr><td></td><td></td><td></td><td></td><td></td><td></td><td></td></tr>
<tr><td>计算公式</td><td colspan="6"></td></tr>
<tr><td colspan="3">样品K值</td><td colspan="4">注意：结果保留2位有效数字</td></tr>
<tr><td colspan="3">安全评价结果</td><td colspan="4"></td></tr>
<tr><td colspan="3">检验人：</td><td colspan="4">校核人：</td></tr>
</table>

三、考核评价

鱼类鲜度指标K值的测定（高效液相色谱法）考核评分标准

技能操作三 水产品中组胺/酪胺的测定（液相色谱法）（可以选择其中一种生物胺做考核）

资料单

一、原理

水产品常见的生物胺包括酪胺、组胺、腐胺、尸胺、苯乙胺、色胺、精胺和亚精胺等，含量最多、对人类健康影响最大的两种生物胺-组胺和酪胺，分别由组氨酸和酪氨酸直接脱羧形成。样品用5%三氯乙酸提取，正己烷去除脂肪，三氯甲烷-正丁醇（1+1）液液萃取净化后，丹磺酰氯衍生，C_{18}色谱柱分离，高效液相色谱-紫外检测器检测，内标法定量检测组胺/酪胺含量，可进行生物胺的风险评估。

本操作参考GB 5009.208—2016《食品安全国家标准　食品中生物胺的测定》操作。

二、试剂和材料

除非另有说明，本方法所用试剂均为分析纯，水为 GB/T 6682—2008规定一级水。

（1）乙腈（CH_3CN）：色谱纯。

（2）丙酮（C_3H_6O）：色谱纯。

（3）乙醚（$C_4H_{10}O$）：重蒸。

（4）正丁醇（$C_4H_{10}O$）。

（5）三氯甲烷（$CHCl_3$）。

（6）正己烷（C_6H_{14}）：色谱纯。

（7）乙酸（CH_3COOH）：色谱纯。

（8）乙酸铵（CH_3COONH_4）：色谱纯。

（9）谷氨酸钠（$C_5H_8NNaO_4$）。

（10）碳酸氢钠（$NaHCO_3$）。

（11）氯化钠（NaCl）。

（12）氢氧化钠（NaOH）。

（13）盐酸（HCl，37%）。

（14）三氯乙酸（$C_2HCl_3O_2$）。

（15）丹磺酰氯（Dansyl chloride，$C_{12}H_{12}ClNO_2S$，CAS号：605-65-2，纯度>99%）。

（16）组胺盐酸盐（Histamine dihydrochloride，$C_5H_9N_3 \cdot 2HCl$，CAS号：56-92-8）标准品（纯度>99%）。

（17）酪胺盐酸盐（Tyramine hydrochloride，$C_8H_{11}NO \cdot HCl$，CAS号：60-19-5）

标准品（纯度>98%）。

（18）丹磺酰氯衍生剂溶液：准确称取丹磺酰氯适量，以丙酮为溶剂配制浓度为10mg/mL的衍生剂用液，置4℃冰箱避光储存。

（19）5%三氯乙酸溶液：准确称取25g三氯乙酸于250mL烧杯中，用适量水完全溶解后，转移至500mL容量瓶中，定容至刻度。

（20）1mol/L盐酸溶液：准确量取8.6mL盐酸于100mL容量瓶中，用水定容至刻度。

（21）0.1mol/L盐酸溶液：准确量取1mol/L盐酸溶液10mL于100mL容量瓶中，用水定容至刻度。

（22）1.0mol/L氢氧化钠溶液：称取氢氧化钠4g，适量水溶解，并转移至100mL容量瓶中，用水定容至刻度。

（23）正丁醇/三氯甲烷（1+1）混合溶液：分别量取相同体积的正丁醇和三氯甲烷混合均匀即可。

（24）饱和碳酸氢钠溶液：称取15g碳酸氢钠，加入100mL水溶解，取上清液即为饱和溶液。

（25）50mg/mL谷氨酸钠溶液：准确称取5.0g谷氨酸钠用饱和碳酸氢钠溶液溶解并定容至100mL。

（26）含1%乙酸的0.01mol/L乙酸铵溶液：称取0.77g乙酸铵溶解于水中，转移至1000mL容量瓶中，加入10mL乙酸，用水定容至刻度。

（27）流动相A：量取100mL含1%乙酸的0.01mol/L乙酸铵溶液加入900mL乙腈。

（28）流动相B：量取900mL含1%乙酸的0.01mol/L乙酸铵溶液于加入100mL乙腈。

（29）组胺/酪胺标准储备溶液的配制：准确称取组胺/酪胺标准品适量，分别置于10mL小烧杯中，用0.1mol/L盐酸溶液溶解后转移至10mL容量瓶中，定容至刻度，混匀，配制成浓度为1000mg/L（以生物胺单体计）的标准储备溶液，置-20℃冰箱储存。保存期为6个月。

（30）组胺/酪胺标准混合使用液的配制：分别吸取1.0mL各生物胺单组分标准储备溶液，置于同一个10mL容量瓶中，用0.1mol/L盐酸稀释至刻度，混匀，配制成生物胺标准混合使用液（100mg/L）。保存期为3个月。

（31）组胺/酪胺标准系列溶液的配制：分别吸取0.10，0.25，0.50，1.0，1.50，2.50，5.0mL生物胺标准混合使用液（100mg/L），置于10mL容量瓶中，用0.1mol/L盐酸溶液稀释至刻度，混匀，使浓度分别为1.0，2.5，5.0，10.0，15.0，25.0，50.0mg/L，临用现配。

（32）内标标准储备溶液的配制：准确称取内标标准品适量，置于10mL容量瓶中，用0.1mol/L盐酸溶液溶解后稀释至刻度，混匀，配制成浓度为10mg/mL的内标标准储备溶液，置-20℃冰箱储存。保存期为6个月。

（33）内标标准中间使用液的配制：吸取1.0mL内标标准储备溶液于10mL容量瓶中，用0.1mol/L盐酸稀释至刻度，混匀，作为内标使用液（1.0mg/mL），存期为3个月。

（34）内标标准使用液的配制：吸取1.0mL内标标准中间使用液于10mL容量瓶中，用0.1mol/L盐酸稀释至刻度，混匀，作为内标使用液（100mg/L），临用现配。

三、仪器和设备

（1）高效液相色谱仪（HPLC），配有紫外检测器或二极管阵列检测器。
（2）组织匀质仪。
（3）离心机：转速≥6500r/min。
（4）涡旋振荡器。
（5）水浴装置。
（6）氮所浓缩装置。
（7）天平：感量分别为0.01g和0.00001g。
（8）pH计：精度0.01 ± 0.1pH。
（9）超纯水器。
（10）滤膜针头滤器：0.22μm。

四、分析步骤

1. 试样的制备

将样品去头、去鳞、去皮、去内脏，取可食部分约500g，均质混匀。均分成两份装入洁净容器中，密封，于-20℃保存。

2. 试样提取

准确称取已经绞碎或匀浆后的水产品10g（精确至0.01g），置于100mL具塞锥形瓶中，加入500μL内标使用液（1.0mg/mL）与样品充分混匀，加入20mL 5%三氯乙酸溶液和振荡提取30min，转移至50mL具塞离心管中，5000r/min离心10min，转移上清液至50mL容量瓶中，残渣用20mL 5%三氯乙酸溶液再提取一次，合并上清液，用5%三氯乙酸稀释至刻度，待净化。

3. 净化

（1）除脂肪　移取上述试样提取液10mL于25mL具塞试管中，加入0.5g氯化钠涡旋振荡至氯化钠完全溶解后加入10mL正己烷，涡旋振荡5min，静置分层后弃去上层有机相，下层试样溶液加入10mL正己烷再除脂一次。

（2）萃取　移取5mL上述除脂肪后的试样溶液于10mL具塞离心管中，用5mol/L氢氧化钠溶液（几滴）调节pH至12.0左右。加入5mL的正丁醇/三氯甲烷（1+1）混合溶液，涡旋振荡5min，5000r/min 离心5min，取出，静置分层后，转移上层水相于另一个10mL具塞离心管中，再萃取一次，合并萃取液，用正丁醇/三氯甲烷（1+1）稀释至刻度。取5mL萃取液加入200μL盐酸（1mol/L），混匀后40℃水浴下氮气吹干，加入1mL

盐酸（0.1mol/L）涡旋振荡，使残留物完全溶解，待衍生。

4. 衍生

（1）试样的衍生　在上述待衍生的试样溶液中依次加入1mL饱和碳酸氢钠溶液、100μL氢氧化钠溶液（1mol/L）、1mL衍生试剂，涡旋混匀1min后置于60℃恒温水浴中衍生15min，取出，分别加入100μL谷氨酸钠溶液，振荡混匀，60℃恒温反应15min。取出，冷却至室温，于每个离心管中加入1mL水，涡旋混合1min，40℃水浴下氮吹除去丙酮（约1mL），加入0.5g氯化钠涡旋振荡至氯化钠完全溶解后加入5mL乙醚，涡旋振荡2min，静置分层后，吸出上层有机相（乙醚层），再萃取一次，合并乙醚萃取液，40℃水浴下氮气吹干。加入1mL乙腈涡旋振荡使残留物完全溶解，0.22μm 滤膜针头滤器过滤于进样小瓶，待测定。

（2）标准的衍生　分别移取1mL生物胺标准系列溶液，置于10mL具塞试管中，依次加入250μL内标使用液（100mg/L），以下操作同试样的衍生步骤。

5. 色谱参考条件

（1）色谱柱　C_{18}柱，250mm × 4.6mm（i.d.），粒径5μm；或性能相当者。

（2）流动相流速　0.8mL/min。

（3）柱温　35℃。

（4）检测波长　254nm。

（5）进样量　20μL。

梯度洗脱程序见表1。

表1　梯度洗脱程序表

组成	时间（min）					
	0	22	25	32	32.01	37
流动相A（%）	60	85	100	100	60	60
流动相B（%）	40	15	0	0	40	40

6. 标准曲线的制作

将20μL系列混合标准工作液的衍生液分别注入高效液相色谱仪，测得目标化合物的峰面积，以系列混合标准工作液的浓度为横坐标，以目标化合物的峰面积与内标的峰面积的比值为纵坐标，绘制标准曲线。标准溶液的色谱图参考图1。

7. 试样溶液的测定

将试样的衍生溶液注入高效液相色谱仪中，测得峰面积，以保留时间定性。根据标准曲线得到待测液中各目标化合物的浓度。

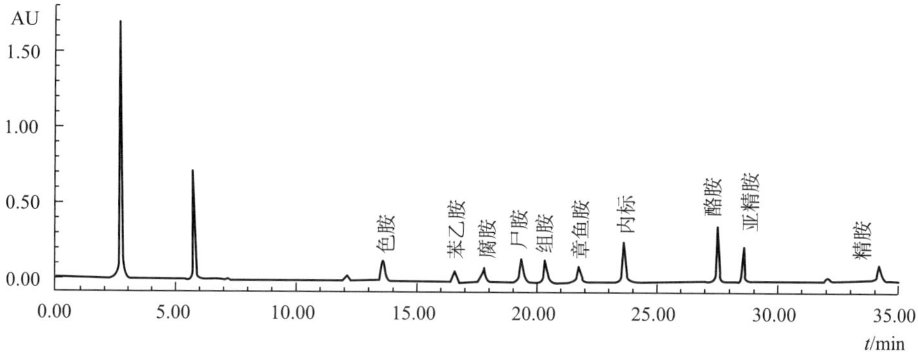

图1　9种生物胺标准溶液及内标衍生物液相色谱图

五、结果分析

试样中组胺/酪胺的含量按下式计算，计算结果保留三位有效数字。

$$X=\frac{c\times V\times f}{m}$$

式中　X——试样中被测组分的含量，mg/kg或mg/L；

c——试样溶液中被测组分的浓度，μg/L；

V——试样溶液的体积，mL；

f——稀释倍数；

m——试样质量，g。

六、灵敏度、准确度和精密度

1. 线性范围

（1）本方法检出限　水产品中组胺/酪胺的检出限均为20mg/kg。

（2）本方法定量限　水产品中组胺/酪胺的定量限均为50mg/kg。

2. 精密度

在重复性条件下获得的两次独立测试结果的绝对差值不得超过算术平均值的10%。

任务单

一、任务要求

采用高效液相色谱法完成样品中组胺/酪胺含量的测定，掌握样品制备、提取、净化、衍生，规范熟练操作高效液相色谱，内标法定量检测样品及标准溶液中组胺/酪胺的含量。

二、任务实施

（一）分组讨论，制定工作方案、确定人员分工

填写方案设计表（附表1）。

（二）试剂配制、仪器设备的准备

1. 试剂配制

填写试剂配制表（附表2）。

2. 仪器设备

填写所需仪器设备统计表（附表3）。

（三）实验操作

按照资料单中的分析步骤进行操作。

（四）填写原始数据

水产品中组胺 / 酪胺含量检测原始数据记录单

<table>
<tr><td>样品名称</td><td colspan="2"></td><td>样品编号</td><td>样品质量（g）</td><td></td></tr>
<tr><td>检测地点</td><td colspan="2"></td><td>检测项目</td><td>检测依据</td><td></td></tr>
<tr><td>仪器名称</td><td colspan="2"></td><td>室温（℃）</td><td>相对湿度RH（%）</td><td></td></tr>
<tr><td rowspan="6">仪器条件</td><td colspan="2">色谱柱固定相</td><td colspan="3">流动相的组成</td></tr>
<tr><td>色谱柱类型</td><td></td><td>流速（mL/min）</td><td colspan="2"></td></tr>
<tr><td>色谱柱编号</td><td></td><td>进样量（μL）</td><td colspan="2"></td></tr>
<tr><td>粒径</td><td></td><td>衰减</td><td colspan="2"></td></tr>
<tr><td>柱温</td><td></td><td>灵敏度</td><td colspan="2"></td></tr>
<tr><td>检测器波长</td><td></td><td>纸速</td><td colspan="2"></td></tr>
</table>

<table>
<tr><td colspan="6">组胺/酪胺标准溶液配制信息</td></tr>
<tr><td colspan="2">浓度（μg/mL）</td><td></td><td></td><td></td><td></td></tr>
<tr><td rowspan="4">峰面积（μV·min）</td><td>1</td><td></td><td></td><td></td><td></td></tr>
<tr><td>2</td><td></td><td></td><td></td><td></td></tr>
<tr><td>3</td><td></td><td></td><td></td><td></td></tr>
<tr><td>平均</td><td></td><td></td><td></td><td></td></tr>
<tr><td colspan="3">标准曲线方程：</td><td colspan="3">相关性：$R^2=$</td></tr>
</table>

续表

样品测定结果							
样品编号	采样体积V（mL）	稀释倍数	称取试样质量（g）	检测结果			备注
				峰面积（μV·min）	检测浓度c（mg/L）	X（mg/kg或mg/L）	
计算公式							
样品组胺/酪胺含量				注意：结果保留3位有效数字			
安全评价结果							
检验人：				校核人：			

三、考核评价

水产品中组胺/酪胺的测定（液相色谱法）考核评分标准

水产品加工安全评价知识点在线测试

大型水产品加工仿真

大型鱼罐头加工仿真

对虾加工工艺仿真

鱿鱼加工仿真

模块三

粮农食品安全检测与评价

通过对粮农食品中微生物、农药残留、兽药残留、添加剂及非法添加物检测与安全评价五个项目的知识资料单的学习和任务单的操作实践，了解和掌握致病菌、多种农药残留、水产品中兽药残留，以及利用高效液相色谱法和气相色谱法进行食品添加剂及非法添加物检测等知识和技能，能够准确地对粮农食品安全进行评价，培养“专注认真，热爱劳动”劳模精神，提升“诚实守信、依法检测、精益求精、勇于创新、爱岗敬业”的职业素养，增强社会使命感和责任感。

考核项目一
微生物检测安全评价

技能操作一　金黄色葡萄球菌检测

资料单

（第一法　金黄色葡萄球菌定性检验）

一、原理

葡萄球菌属实一群G^+菌，在氧气充足、温度适宜、营养丰富的条件下葡萄球菌能产生脂溶性色素，在固体培养基上色素集中在菌落上。绝大多数葡萄球菌是非致病菌，仅少数菌具有染病性，能引起人和动物各种化脓性疾病等，严重时能引起败血症。食品受到葡萄球菌的污染，在适宜条件下能产生肠毒素，引起人食物中毒。其中以金黄色葡萄球菌毒性最强，其污染食品后，由于处理不当，可引起食物中毒。

该菌产生的血浆凝固酶能使含有柠檬酸钠和葡萄糖的兔血浆凝固，它是检验该菌的一项重要指标。食品中葡萄球菌的检验按GB 4789.10—2016《食品安全国家标准 食品微生物学检验 金黄色葡萄球菌检验》的有关内容进行。

二、设备和材料

除微生物实验室常规灭菌及培养设备外，其他设备和材料如下：

（1）恒温培养箱：36℃ ± 1℃。

（2）冰箱：2~5℃。

（3）恒温水浴箱：36~56℃。

（4）天平：感量0.1g。

（5）均质器。

（6）振荡器。

（7）无菌吸管：1mL（具0.01mL刻度）、10mL（具0.1mL刻度）或微量移液器及吸头。

（8）无菌锥形瓶：容量100mL、500mL。

（9）无菌培养皿：直径90mm。

（10）涂布棒。

（11）pH计或pH比色管或精密pH试纸。

三、培养基和试剂

1. 7.5%氯化钠肉汤

（1）成分：蛋白胨10.0g；牛肉膏5.0g；氯化钠75g；蒸馏水1000mL。

（2）制法：将上述成分加热溶解，调节pH至7.4 ± 0.2，分装，每瓶225mL，121℃高压灭菌15min。

（3）培养基原理。

蛋白胨、牛肉膏：提供碳源、氮源等微生物生长的基本营养成分。

氯化钠：高浓度氯化钠起到选择作用，不能耐受高盐环境的细菌（如霍乱弧菌）在该培养基上生长受到抑制。

2. 血琼脂平板

（1）成分：豆粉琼脂（pH7.5 ± 0.2）100mL；脱纤维羊血（或兔血）5~10mL。

（2）制法：加热溶化琼脂，冷却至50℃，以无菌操作加入脱纤维羊血，摇匀，倾注平板。

（3）培养基原理。

豆粉琼脂：提供碳源、氮源等微生物生长的基本营养成分。

脱纤维血：含有丰富且营养均衡的物质，能促进营养苛求细菌的生长，金葡菌能产生溶血素，使红细胞裂解，从而在菌落周围形成透明溶血圈（β-溶血）。

3. Baird-Parker琼脂平板

（1）成分：胰蛋白胨10.0g；牛肉膏5.0g；酵母膏1.0g；丙酮酸钠10.0g；甘氨酸12.0g；氯化锂（$LiCl \cdot 6H_2O$）5.0g；琼脂20.0g；蒸馏水950mL。

（2）增菌剂的配法：30%卵黄盐水50mL与通过0.22μm孔径滤膜进行过滤除菌的1%亚碲酸钾溶液10mL混合，保存于冰箱内。

（3）制法：将各成分加到蒸馏水中，加热煮沸至完全溶解，调节pH至7.0 ± 0.2。分装每瓶95mL，121℃高压灭菌15min。临用时加热溶化琼脂，冷至50℃，每95mL加入预热至50℃的卵黄亚碲酸钾增菌剂5mL摇匀后倾注平板。培养基应是致密不透明、表面干燥的。使用前在冰箱储存不得超过48h。

（4）培养基原理。

氯化锂：抑制非葡萄球的微生物生长。

丙酮酸钠、甘氨酸：促进葡萄球菌生长。

亚碲酸钾：抑制非葡萄球的微生物生长，还可被金葡菌还原为碲盐呈黑色。

卵黄：金葡菌产生卵磷脂酶和脂酶，卵磷脂酶可降解卵黄中的卵磷脂使菌落产生透明圈，脂酶使菌落产生不透明的沉淀环。

胰蛋白胨、牛肉膏、酵母膏：提供碳源、氮源、B族维生素和生长因子等微生物生长的基本营养成分。

4. 脑心浸出液肉汤（BHI）

（1）成分：胰蛋白质胨10.0g；氯化钠5.0g；12水磷酸氢二钠（$Na_2HPO_4 \cdot 12H_2O$）2.5g；葡萄糖2.0g；牛心浸出液500mL。

（2）制法：加热溶解，调节pH至7.4 ± 0.2，分装16mm × 160mm 试管，每管5mL置121℃，15min灭菌。

5. 兔血浆

（1）3.8%柠檬酸钠无菌溶液制备：取柠檬酸钠3.8g，加蒸馏水100mL，溶解后过滤，装瓶，121℃高压灭菌15min备用。

（2）兔血浆制备：取3.8%柠檬酸钠无菌溶液一份，加兔全血4份，混好静置（或以3000r/min离心30min），使血液细胞下降，即可得血浆。

6. 磷酸盐缓冲液

（1）成分：磷酸二氢钾（KH_2PO_4）34.0g；蒸馏水500mL。

（2）制法：称取34.0g的磷酸二氢钾溶于500mL蒸馏水中，用大约175mL的1mol/L氢氧化钠溶液调节pH至7.2，用蒸馏水稀释至1000mL制成贮存液，贮存于冰箱。取贮存液1.25mL，用蒸馏水稀释至1000mL，分装于适宜容器中，121℃高压灭菌15min。

7. 营养琼脂小斜面

（1）成分：蛋白胨10.0g；牛肉膏3.0g；氯化钠5.0g；琼脂15.0~20.0g；蒸馏水1000mL。

（2）制法：将除琼脂以外的各成分溶解于蒸馏水内，加入15%氢氧化钠溶液约2mL调节pH至7.3 ± 0.2。加入琼脂，加热煮沸，使琼脂溶化，分装13mm × 130mm 试管，121℃高压灭菌15min。

8. 革兰氏染色液

略。

9. 无菌生理盐水

称取8.5g氯化钠溶于1000mL蒸馏水中，121℃高压灭菌15min。

四、检验程序

金黄色葡萄球菌定性检验程序见图1。

五、分析步骤

1. 检验前的准备

（1）食品样品制备应在洁净区（超净工作台或洁净实验室）进行。

（2）分离鉴定及阴性、阳性对照应在二级或以上生物安全实验室准备。

（3）检测人员做好个人防护，严格无菌操作。

验》中第二法为平板计数定量法，适用于金黄色葡萄球菌含量较高的食品中金黄色葡萄球菌的计数。

二、设备和材料

同第一法。

三、培养基和试剂

同第一法。

四、检验程序

金黄色葡萄球菌平板计数法检验程序见图5。

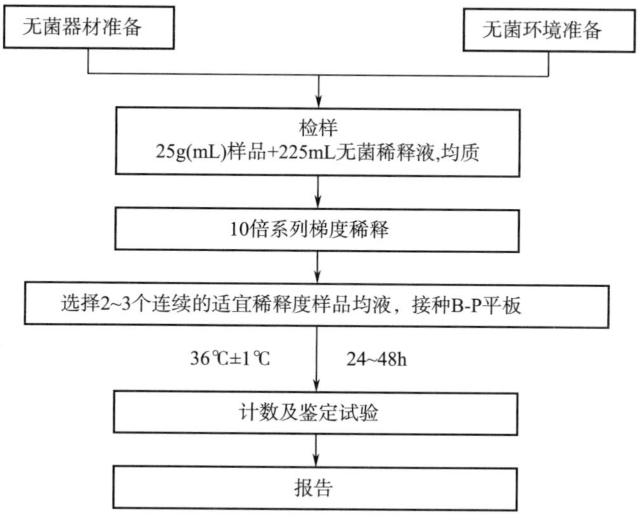

图5　金黄色葡萄球菌平板计数法检验程序

五、分析步骤

1. 检验前的准备

同方法一。

2. 样品的稀释

（1）固体和半固体样品　以无菌操作称取25g样品置于盛有225mL无菌稀释液（磷酸盐缓冲液或生理盐水）的无菌均质杯内，8000~10000r/min均质1~2min，或置于盛有

225mL无菌稀释液的无菌均质袋中，用拍击式均质器拍打1~2min，制成1：10的样品匀液。

（2）液体样品　以无菌操作用无菌刻度吸管吸取25mL样品置于盛有225mL无菌稀释液（磷酸盐缓冲液或生理盐水）的无菌锥形瓶（瓶内预置适当数量的无菌玻璃珠）中，充分混匀，制成1：10的样品匀液。

（3）以无菌操作用1mL无菌吸管或微量移液器吸取1：10样品匀液1mL，沿管壁缓慢注于盛有9mL无菌稀释液的无菌试管中（注意吸管或吸头尖端不要触及稀释液面），振摇试管或换用1支1mL无菌吸管反复吹打使其混合均匀，制成1：100的样品匀液。

（4）按上述操作程序，制备10倍系列稀释样品匀液。每递增稀释一次，换用1次1mL无菌吸管或吸头。

3. 样品的接种

（1）根据对样品污染状况的估计，选择2~3个适宜的连续稀释度样品匀液（液体样品可包括原液），在进行10倍递增稀释的同时，每个稀释度分别吸取1mL样品匀液以0.3，0.3，0.4mL接种量分别加入三块Baird-Parker平板，每完成一个稀释度的加样，立刻用无菌涂布棒涂布整个平板，注意涂布棒不要触及平板边缘。

（2）使用前，如Baird-Parker平板表面有水珠，可放在25~50℃的培养箱里干燥，直到平板表面的水珠消失。

4. 培养

涂布完成后，将平板静置10min，如样液不易吸收，可将平板正放在培养箱36℃ ± 1℃培养1h；等样品匀液吸收后翻转平板，倒置后于36℃ ± 1℃培养24~48h。

5. 典型菌落确认和计数

（1）金黄色葡萄球菌在Baird-Parker平板上呈圆形，表面光滑、凸起、湿润、菌落直径为2~3mm，颜色呈灰黑色至黑色，有光泽，常有浅色（非白色）的边缘，周围绕以不透明圈（沉淀），其外常有一清晰带。当用接种针触及菌落时具有黄油样黏稠感。有时可见到不分解脂肪的菌株，除没有不透明圈和清晰带外，其他外观基本相同。

（2）长期贮存的冷冻或脱水食品中分离的菌落，其黑色常较典型菌落浅些，且外观可能较粗糙，质地较干燥。

（3）选择有典型的金黄色葡萄球菌菌落的平板，且同一稀释度3个平板所有菌落数合计在20~200CFU之间的平板，计数典型菌落数。

（4）从典型菌落中至少选5个可疑菌落（小于5个全选）进行鉴定试验。分别做染色镜检，血浆凝固酶试验；同时划线接种到血平板36℃ ± 1℃培养18~24h后观察菌落形态。凡是血平板菌落形态、染色镜检、血浆凝固酶皆符合金黄色葡萄球菌特性的，可判定为阳性菌落。

6. 结果计算与报告

（1）计算方法

①只有一个稀释度平板的典型菌落数合计在适宜计数范围内，计数该稀释度平板上的典型菌落之和，乘以相应稀释倍数后，再乘以最后证实为金黄色葡萄球菌阳性菌

落的比例。

②若最低稀释度平板的典型菌落数之和小于20CFU，计数该稀释度平板上的典型菌落之和，乘以相应稀释倍数后，再乘以最后证实为金黄色葡萄球菌阳性菌落的比例。

③若某一稀释度平板的典型菌落数之和大于200CFU，但下一稀释度平板上没有典型菌落，计数该稀释度平板上的典型菌落之和，乘以相应稀释倍数后，再乘以最后证实为金黄色葡萄球菌阳性菌落的比例。

④若某一稀释度平板的典型菌落数之和大于200CFU，而下一稀释度平板上虽有典型菌落但总和不在20~200CFU范围内，应计数该稀释度平板上的典型菌落之和，乘以相应稀释倍数后，再乘以最后证实为金黄色葡萄球菌阳性菌落的比例。

⑤若2个连续稀释度的平板典型菌落数之和均在适宜计数范围内，按下面公式计算：

$$T=\frac{\frac{A_1B_1}{C_1}+\frac{A_2B_2}{C_2}}{1.1d}$$

式中　T——样品中金黄色葡萄球菌菌落数；

A_1——第一稀释度（低稀释倍数）典型菌落总数；

B_1——第一稀释度（低稀释倍数）鉴定为阳性的菌落数；

C_1——第一稀释度（低稀释倍数）用于鉴定试验的菌落数；

A_2——第二稀释度（高稀释倍数）典型菌落总数；

B_2——第二稀释度（高稀释倍数）鉴定为阳性的菌落数；

C_2——第二稀释度（高稀释倍数）用于鉴定试验的菌落数；

1.1——计算系数；

d——稀释因子（第一稀释度）。

（2）报告　根据计算结果，报告每g（mL）样品中金黄色葡萄球菌数，以CFU/g（mL）表示；如计算结果为0，则以小于1乘以最低稀释倍数报告。

任务单

（第二法　金黄色葡萄球菌平板计数法）

一、任务要求

查询和学习GB 4789.10—2016中关于采用第二法进行金黄色葡萄球菌平板计数的规定，掌握样品稀释、BP平板接种与培养、血平板接种与培养的方法，会进行培养基和试剂的配制，能规范熟练进行相关微生物无菌操作，能利用实验结果正确计算计数结果，准确报告样品中金黄色葡萄球菌数量。

二、任务实施

（一）分组讨论，制定工作方案、确定人员分工

填写方案设计表（附表1）。

（二）试剂配制、仪器设备的准备

1. 试剂配制

填写试剂配制表（附表2）。

2. 仪器设备

填写所需仪器设备统计表（附表3）。

（三）实验操作

按照资料单中的分析步骤进行操作。

（四）填写原始数据

金黄色葡萄球菌检验原始数据记录单

<table>
<tr><td colspan="2">样品名称</td><td colspan="3"></td><td colspan="3">样品编号</td><td></td><td>样品质量（g）</td><td></td></tr>
<tr><td colspan="2">检测地点</td><td colspan="3"></td><td colspan="3">检测项目</td><td></td><td>检测依据</td><td></td></tr>
<tr><td colspan="2">仪器名称</td><td colspan="3"></td><td colspan="3">室温（℃）</td><td></td><td>相对湿度RH（%）</td><td></td></tr>
<tr><td>样品</td><td colspan="8">不同稀释度典型菌落数</td><td>鉴定实验阳性菌落数</td><td>报告/[CFU/g（mL）]</td></tr>
<tr><td rowspan="2">1</td><td colspan="3"></td><td colspan="3"></td><td colspan="2"></td><td rowspan="2"></td><td rowspan="2"></td></tr>
<tr><td></td><td></td><td></td><td></td><td></td><td></td><td></td><td></td></tr>
<tr><td rowspan="2">2</td><td colspan="3"></td><td colspan="3"></td><td colspan="2"></td><td></td><td></td></tr>
<tr><td></td><td></td><td></td><td></td><td></td><td></td><td></td><td></td><td></td><td></td></tr>
<tr><td rowspan="2">3</td><td colspan="3"></td><td colspan="3"></td><td colspan="2"></td><td></td><td></td></tr>
<tr><td></td><td></td><td></td><td></td><td></td><td></td><td></td><td></td><td></td><td></td></tr>
<tr><td colspan="2">安全评价结果</td><td colspan="9"></td></tr>
<tr><td colspan="7">检验人：</td><td colspan="4">校核人：</td></tr>
</table>

三、考核评价

金黄色葡萄球菌平板计数法考核评分标准

资料单

（第三法　金黄色葡萄球菌MPN计数）

一、原理

GB 4789.10—2016《食品安全国家标准　食品微生物学检验　金黄色葡萄球菌检验》中第三法为MPN定量法，适用于金黄色葡萄球菌含量较低的食品中金黄色葡萄球菌的计数。

二、设备和材料

同第一法。

三、培养基和试剂

同第一法。

四、检验程序

金黄色葡萄球菌平板计数法检验程序见图6。

五、分析步骤

1. 检验前的准备

同第一法。

2. 样品的稀释

按第二法“样品稀释”进行。

3. 样品的接种

（1）根据对样品污染状况的估计，选择3个适宜稀释度的样品匀液（液体样品可包括原液），在进行10倍递增稀释的同时，每个稀释度分别接种1mL样品匀液至7.5%氯化钠肉汤管（如接种量超过1mL，则用双料7.5%氯化钠肉汤），每个稀释度接种3管。

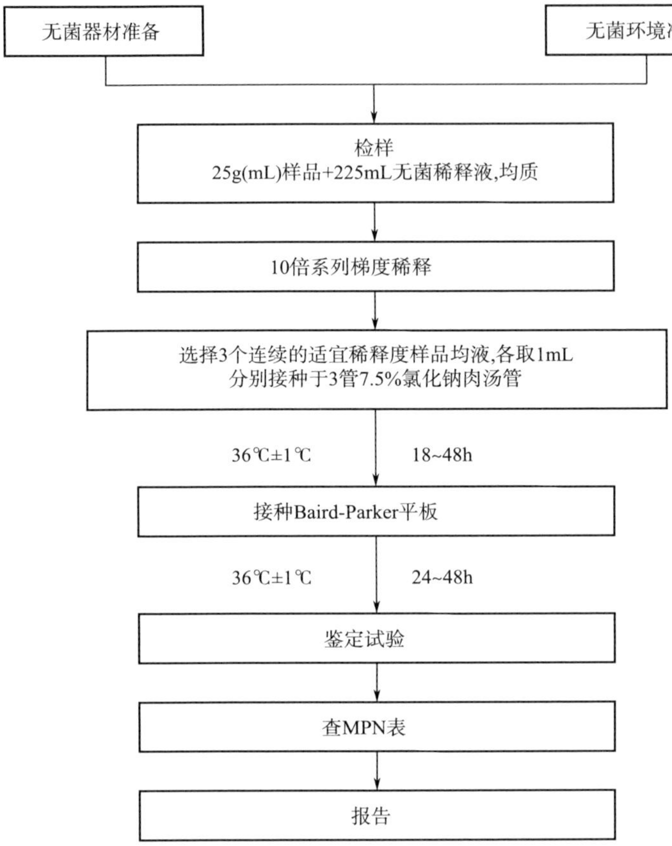

图6　金黄色葡萄球菌 MPN 法检验程序

（2）将上述接种物36℃ ± 1℃培养，18~24h。

4. 阳性管的确认

（1）用接种环从培养后的9支7.5%氯化钠肉汤管中各取培养物1环，分别移种于9块Baird-Parker平板36℃ ± 1℃培养24~48h。

（2）从每块B-P平板上各取典型和可疑菌落进行鉴定试验，分别做染色镜检、血浆凝固酶试验、血平板划线接种。凡是血平板36℃ ± 1℃培养18~24h后菌落形态、染色镜检、血浆凝固酶皆符合金黄色葡萄球菌特性的，可判定对应7.5%氯化钠肉汤管为阳性管。

5. 结果与报告

根据证实为金黄色葡萄球菌阳性的试管管数，查MPN检索表（表1），报告每g（mL）样品中金黄色葡萄球菌的最可能数，以MPN/g（mL）表示。

表1 金黄色葡萄球菌最可能数（MPN）检索表

阳性管数			MPN	95%可信限		阳性管数			MPN	95%可信限	
0.10	0.01	0.001		下限	上限	0.10	0.01	0.001		下限	上限
0	0	0	<3.0	—	9.5	2	2	0	21	4.5	42
0	0	1	3.0	0.15	9.6	2	2	1	28	8.7	94
0	1	0	3.0	0.15	11	2	2	2	35	8.7	94
0	1	1	6.1	1.2	18	2	3	0	29	8.7	94
0	2	0	6.2	1.2	18	2	3	1	36	8.7	94
0	3	0	9.4	3.6	38	3	0	0	23	4.6	94
1	0	0	3.6	0.17	18	3	0	1	38	8.7	110
1	0	1	7.2	1.3	18	3	0	2	64	17	180
1	0	2	11	3.6	38	3	1	0	43	9	180
1	1	0	7.4	1.3	20	3	1	1	75	17	200
1	1	1	11	3.6	38	3	1	2	120	37	420
1	2	0	11	3.6	42	3	1	3	160	40	420
1	2	1	15	4.5	42	3	2	0	93	18	420
1	3	0	16	4.5	42	3	2	1	150	37	420
2	0	0	9.2	1.4	38	3	2	2	210	40	430
2	0	1	14	3.6	42	3	2	3	290	90	1000
2	0	2	20	4.5	42	3	3	0	240	42	1000
2	1	0	15	3.7	42	3	3	1	460	90	2000
2	1	1	20	4.5	42	3	3	2	1100	180	4100
2	1	2	27	8.7	94	3	3	3	>1100	420	—

注：（1）本表采用3个稀释度［0.1g（mL）、0.01g（mL）、0.001g（mL）］，每个稀释度接种3管。

（2）表内所列检样量如改用1g（mL）、0.1g（mL）和0.01g（mL）时，表内数字应相应降低10倍；如改用0.01g（mL）、0.001g（mL）、0.0001g（mL）时，则表内数字应相应增高10倍，其余类推。

在MPN表中，3个稀释倍数的检测结果都是阴性时，应该按<3.0判定，这样更能反映实际情况。

6. 说明与注意事项

（1）7.5%氯化钠肉汤不具有鉴定作用，需要对每一支接种培养后的7.5%氯化钠肉汤管进行Baird-Parker平板接种、血平板接种、革兰氏染色和血浆凝固酶四个确证实验，四个确证实验皆符合金黄色葡萄球菌特性的肉汤管才能确认为阳性管。

（2）应使样品最高稀释度的三支肉汤管能达到阴性终点，避免出现>1100MPN/g（mL）的结果。

任务单

（第三法　金黄色葡萄球菌MPN计数）

一、任务要求

查询和学习GB 4789.10—2016中关于采用第三法进行金黄色葡萄球菌MPN计数的规定，掌握样品稀释、肉汤管接种与培养、阳性管确定的方法，会进行培养基和试剂的配制，能规范熟练进行相关微生物无菌操作，能根据金黄色葡萄球菌数量选择合适的计数方法，并能正确利用金黄色葡萄球菌MPN表进行检索和计算，准确报告样品中金黄色葡萄球菌数量。

二、任务实施

（一）分组讨论，制定工作方案、确定人员分工

填写方案设计表（附表1）。

（二）试剂配制、仪器设备的准备

1. 试剂配制

填写试剂配制表（附表2）。

2. 仪器设备

填写所需仪器设备统计表（附表3）。

（三）实验操作

按照资料单中的分析步骤进行操作。

（四）填写原始数据

金黄色葡萄球菌检验原始数据记录单

样品名称			样品编号			样品质量（g）			
检测地点			检测项目			检测依据			
仪器名称			室温（℃）			相对湿度RH（%）			
稀释度	10^{-n}			$10^{-(n+1)}$			$10^{-(n+2)}$		
试管编号	1	2	3	1	2	3	1	2	3
初发酵结果									
复发酵结果									
结论									
报告结果									
安全评价结果									
检验人：				校核人：					

三、考核评价

金黄色葡萄球菌MPN计数考核评分标准

技能操作二 沙门氏菌检测

资料单

一、原理

食品中沙门氏菌的检验方法参考GB 4789.4—2016《食品安全国家标准 食品微生物学检验 沙门氏菌检验》，检验一般分为五个步骤：前增菌、选择性增菌、选择性平板分离、生化筛选和血清学鉴定。

检测依据：沙门氏菌在普通显微镜下和在普通培养基中不能与大肠杆菌进行区分，但因其不发酵乳糖及蔗糖，不液化靛基质，在肠道菌鉴别培养基上会形成无色透明菌落，而易与大肠杆菌区别。由于沙门氏菌属特殊的生化特征，可借助于三糖铁、靛基质、尿素、KCN、赖氨酸等试验与肠道其他菌属进行鉴别。

二、设备和材料

除微生物实验室常规灭菌及培养设备外，其他设备和材料如下：

（1）恒温培养箱：36℃ ± 1℃。

（2）冰箱：2~5℃。

（3）电子天平：感量0.1g。

（4）均质器。

（5）振荡器。

（6）无菌吸管：1mL（具0.01mL刻度）、10mL（具0.1mL刻度）或微量移液器及吸头。

（7）无菌锥形瓶：容量500mL、250mL。

（8）无菌培养皿：直径60mm、直径90mm。

（9）无菌试管：3mm × 50mm，10mm × 75mm。

（10）pH 计或pH 比色管或精密pH 试纸。

（11）全自动微生物生化鉴定系统。

（12）无菌毛细管。

三、培养基和试剂

1. 缓冲蛋白胨水（BPW）

（1）成分：蛋白胨10.0g，氯化钠5.0g，磷酸氢二钠（含12个结晶水）9.0g，磷酸二氢钾1.5g，蒸馏水1000mL。

（2）制法：将各成分加入蒸馏水中，搅混均匀，静置约10min，煮沸溶解，调节pH至7.2 ± 0.2，高压灭菌121℃，15min。

2. 四硫磺酸钠煌绿（TTB）增菌液

（1）基础液：蛋白胨10.0g，牛肉膏5.0g，氯化钠3.0g，碳酸钙45.0g，蒸馏水1000mL。

除碳酸钙外，将各成分加入蒸馏水中，煮沸溶解，再加入碳酸钙，调节pH 至7.0 ± 0.2，高压灭菌121℃，20min。

（2）硫代硫酸钠溶液：硫代硫酸钠（含5个结晶水）50.0g，蒸馏水加至100mL，高压灭菌121℃，20min。

（3）碘溶液：碘片20.0g，碘化钾25.0g，蒸馏水加至100mL。

将碘化钾充分溶解于少量的蒸馏水中，再投入碘片，振摇玻瓶至碘片全部溶解为止，然后加蒸馏水至规定的总量，贮存于棕色瓶内，塞紧瓶盖备用。

（4）0.5%煌绿水溶液：煌绿0.5g，蒸馏水100mL。

溶解后，存放暗处，不少于1d，使其自然灭菌。

（5）牛胆盐溶液：牛胆盐10.0g，蒸馏水100mL。

加热煮沸至完全溶解，高压灭菌121℃，20min。

（6）制法：基础液900mL、硫代硫酸钠溶液100mL、碘溶液20.0mL、煌绿水溶液2.0mL、牛胆盐溶液50.0mL。

临用前，按上列顺序，以无菌操作依次加入基础液中，每加入一种成分，均应摇匀后再加入另一种成分。

3. 亚硒酸盐胱氨酸（SC）增菌液

（1）成分：蛋白胨5.0g，乳糖4.0g，磷酸氢二钠10.0g，亚硒酸氢钠4.0g，L-胱氨酸0.01g，蒸馏水1000mL。

（2）制法：除亚硒酸氢钠和L-胱氨酸外，将各成分加入蒸馏水中，煮沸溶解，冷至55℃以下，以无菌操作加入亚硒酸氢钠和1g/L L-胱氨酸溶液10mL（称取0.1g L-胱氨酸，加1mol/L氢氧化钠溶液15mL，使溶解，再加无菌蒸馏水至100mL即成，如为DL-胱氨酸，用量应加倍）。摇匀，调节pH 至7.0 ± 0.2。

4. 亚硫酸铋（BS）琼脂

（1）成分：蛋白胨10.0g，牛肉膏5.0g，葡萄糖5.0g，硫酸亚铁0.3g，磷酸氢二钠4.0g，煌绿0.025g或5.0g/L水溶液5.0mL，柠檬酸铋铵2.0g，亚硫酸钠6.0g，琼脂18.0~20.0g，蒸馏水1000mL。

（2）制法：将前三种成分加入300mL蒸馏水（制作基础液），硫酸亚铁和磷酸氢二钠分别加入20mL和30mL蒸馏水中，柠檬酸铋铵和亚硫酸钠分别加入另一20mL和30mL蒸馏水中，琼脂加入600mL蒸馏水中。然后分别搅拌均匀，煮沸溶解。冷至80℃左右时，先将硫酸亚铁和磷酸氢二钠混匀，倒入基础液中，混匀。

将柠檬酸铋铵和亚硫酸钠混匀，倒入基础液中，再混匀。调节pH 至7.5 ± 0.2，随即倾入琼脂液中，混合均匀，冷至50~55℃。加入煌绿溶液，充分混匀后立即倾注平皿。

本培养基不需要高压灭菌，在制备过程中不宜过分加热，避免降低其选择性，贮于室温暗处，超过48h会降低其选择性，本培养基宜于当天制备，第二天使用。

5. HE 琼脂（Hektoen Enteric Agar）

（1）成分：蛋白胨12.0g，牛肉膏3.0g，乳糖12.0g，蔗糖12.0g，水杨素2.0g，胆盐20.0g，氯化钠5.0g，琼脂18.0~20.0g，蒸馏水1000mL，0.4%溴麝香草酚蓝溶液16.0mL，Andrade指示剂20.0mL，甲液20.0mL，乙液20.0mL。

①甲液的配制：硫代硫酸钠34.0g、柠檬酸铁铵4.0g、蒸馏水100mL。

②乙液的配制：去氧胆酸钠10.0g、蒸馏水100mL。

③Andrade 指示剂：酸性复红0.5g、1mol/L氢氧化钠溶液16.0mL、蒸馏水100mL。将复红溶解于蒸馏水中，加入氢氧化钠溶液。数小时后如复红褪色不全，再加氢氧化钠溶液1~2mL。

（2）制法：将前面七种成分溶解于400mL蒸馏水内作为基础液；将琼脂加入于600mL蒸馏水内。然后分别搅拌均匀，煮沸溶解。加入甲液和乙液于基础液内，调节pH 至7.5 ± 0.2。加入指示剂，并与琼脂液合并，待冷至50~55℃倾注平皿。

本培养基不需高压灭菌，在制备过程中不宜过分加热，避免降低其选择性。

6. 木糖赖氨酸脱氧胆盐（XLD）琼脂

（1）成分：酵母膏3.0g，L-赖氨酸5.0g，木糖3.75g，乳糖7.5g，蔗糖7.5g，去氧胆酸钠2.5g，柠檬酸铁铵0.8g，硫代硫酸钠6.8g，氯化钠5.0g，琼脂15.0g，酚红0.08g，蒸馏水1000mL。

（2）制法：除酚红和琼脂外，将其他成分加入400mL蒸馏水中，煮沸溶解，调节pH 至7.4 ± 0.2。另将琼脂加入600mL蒸馏水中，煮沸溶解。

将上述两溶液混合均匀后，再加入指示剂，待冷至50~55℃倾注平皿。

本培养基不需要高压灭菌，在制备过程中不宜过分加热，避免降低其选择性，贮于室温暗处。本培养基宜于当天制备，第二天使用。

7. 三糖铁（TSI）琼脂

（1）成分：蛋白胨20.0g，牛肉膏5.0g，乳糖10.0g，蔗糖10.0g，葡萄糖1.0g，硫酸亚铁铵（含6个结晶水）0.2g，酚红0.025g或5.0g/L溶液5.0mL，氯化钠5.0g，硫代硫酸钠0.2g，琼脂12.0g，蒸馏水1000mL。

（2）制法：除酚红和琼脂外，将其他成分加入400mL蒸馏水中，煮沸溶解，调节pH 至7.4 ± 0.2。另将琼脂加入600mL蒸馏水中，煮沸溶解。

将上述两溶液混合均匀后，再加入指示剂，混匀，分装试管，每管约2~4mL，高压灭菌121℃ 10min或115℃ 15min，灭菌后制成高层斜面，呈橘红色。

8. 蛋白胨水、靛基质试剂

（1）蛋白胨水：蛋白胨（或胰蛋白胨）20.0g，氯化钠5.0g，蒸馏水1000mL。

将上述成分加入蒸馏水中，煮沸溶解，调节pH 至7.4 ± 0.2，分装小试管，121℃高压灭菌15min。

（2）靛基质试剂

①柯凡克试剂：将5g对二甲氨基甲醛溶解于75mL戊醇中，然后缓慢加入浓盐酸25mL。

②欧-波试剂：将1g对二甲氨基苯甲醛溶解于95mL95% 乙醇内。然后缓慢加入浓盐酸20mL。

（3）试验方法：挑取小量培养物接种，在36℃ ± 1℃培养1~2d，必要时可培养

4~5d。加入柯凡克试剂约0.5mL，轻摇试管，阳性者于试剂层呈深红色；或加入欧-波试剂约0.5mL，沿管壁流下，覆盖于培养液表面，阳性者于液面接触处呈玫瑰红色。

蛋白胨中应含有丰富的色氨酸。每批蛋白胨买来后，应先用已知菌种鉴定后方可使用。

9. 尿素琼脂（pH7.2）

（1）成分：蛋白胨1.0g，氯化钠5.0g，葡萄糖1.0g，磷酸二氢钾2.0g，0.4%酚红3.0mL，琼脂20.0g，蒸馏水1000mL，20%尿素溶液100mL。

（2）制法：除尿素、琼脂和酚红外，将其他成分加入400mL蒸馏水中，煮沸溶解，调节pH 至7.2 ± 0.2。另将琼脂加入600mL蒸馏水中，煮沸溶解。

将上述两溶液混合均匀后，再加入指示剂后分装，121℃高压灭菌15min。冷至50~55℃，加入经除菌过滤的尿素溶液。尿素的最终浓度为2%。分装于无菌试管内，放成斜面备用。

10. 氰化钾（KCN）培养基

（1）成分：蛋白胨10.0g，氯化钠5.0g，磷酸二氢钾0.225g，磷酸氢二钠5.64g，蒸馏水1000mL，0.5%氰化钾20.0mL。

（2）制法：将除氰化钾以外的成分加入蒸馏水中，煮沸溶解，分装后121℃高压灭菌15min。放在冰箱内使其充分冷却。每100mL培养基加入0.5%氰化钾溶液2.0mL（最后浓度为1：10000），分装于无菌试管内，每管约4mL，立刻用无菌橡皮塞塞紧，放在4℃冰箱内，至少可保存两个月。同时，将不加氰化钾的培养基作为对照培养基，分装试管备用。注意：氰化钾是剧毒药，使用时应小心，切勿沾染，以免中毒。夏天分装培养基应在冰箱内进行。

11. 赖氨酸脱羧酶试验培养基

（1）成分：蛋白胨5.0g，酵母浸膏3.0g，葡萄糖1.0g，蒸馏水1000mL，1.6%溴甲酚紫-乙醇溶液1.0mL，L-赖氨酸或 DL-赖氨酸0.5g/100mL或1.0g/100mL。

（2）制法：除赖氨酸以外的成分加热溶解后，分装每瓶100mL，分别加入赖氨酸。L-赖氨酸按0.5%加入，DL-赖氨酸按1%加入。调节pH 至6.8 ± 0.2。对照培养基不加赖氨酸。分装于无菌的小试管内，每管0.5mL，上面滴加一层液体石蜡，115℃高压灭菌10min。

12. 糖发酵管

（1）成分：牛肉膏5.0g，蛋白胨10.0g，氯化钠3.0g，磷酸氢二钠（含12个结晶水）2.0g，0.2%溴麝香草酚蓝溶液12.0mL，蒸馏水1000mL。

（2）制法

①葡萄糖发酵管：按上述成分配好后，调节pH 至7.4 ± 0.2。按0.5%加入葡萄糖，分装于有一个倒置小管的小试管内，121℃高压灭菌15min。

②其他各种糖发酵管：按上述成分配好后，分装每瓶100mL，121℃高压灭菌15min。另将各种糖类分别配好10%溶液，同时高压灭菌。将5mL糖溶液加入于100mL

培养基内，以无菌操作分装小试管。蔗糖不纯、加热后会自行水解者，应采用过滤法除菌。

13. 邻硝基酚β-D-半乳糖苷（ONPG）培养基

（1）成分：邻硝基酚β-D-半乳糖苷（ONPG）60.0mg，0.01mol/L磷酸钠缓冲液（pH7.5）10.0mL，1%蛋白胨水（pH7.5）30.0mL。

（2）制法：将ONPG溶于缓冲液内，加入蛋白胨水，以过滤法除菌，分装于无菌的小试管内，每管0.5mL，用橡皮塞塞紧。

14. 半固体琼脂（供动力观察、菌种保存、H 抗原位相变异试验等用）

（1）成分：牛肉膏0.3g，蛋白胨1.0g，氯化钠0.5g，琼脂0.35~0.4g，蒸馏水100mL。

（2）制法：按以上成分配好，煮沸溶解，调节pH 至7.4 ± 0.2，分装小试管。121℃高压灭菌15min。直立凝固备用。

15. 丙二酸钠培养基

（1）成分：酵母浸膏1.0g，硫酸铵2.0g，磷酸氢二钾0.6g，磷酸二氢钾0.4g，氯化钠2.0g，丙二酸钠3.0g，0.2%溴麝香草酚蓝溶液12.0mL，蒸馏水1000mL。

（2）制法：除指示剂以外的成分溶解于水，调节 pH 至6.8 ± 0.2，再加入指示剂，分装试管，121℃高压灭菌15min。

四、检验程序

沙门氏菌检验程序见图1。

五、分析步骤

（一）检验前的准备

（1）食品样品制备应在洁净区（超净工作台或洁净实验室）进行。

（2）分离鉴定及阴性、阳性对照应在二级或以上生物安全实验室准备。

（3）检测人员做好个人防护，严格无菌操作。

（4）合理摆放实验台上物品。

（二）预增菌

无菌操作称取25g（mL）样品放入盛有225mL缓冲蛋白胨水（BPW）的无菌均质杯中，以8000~10000r/min均质1~2min，或置于盛有225mL BPW的无菌均质袋中，用拍击式均质器拍打1~2min。若样品为液态，不需要均质，振荡混匀。如需调整pH，用1mol/mL无菌NaOH或HCl调pH至6.8 ± 0.2。无菌操作将样品转至500mL锥形瓶中，如使用均质袋，可直接进行培养，于36℃ ± 1℃培养8~18h。如为冷冻产品，应在45℃以下不超过15min，或2~5℃不超过18h解冻。

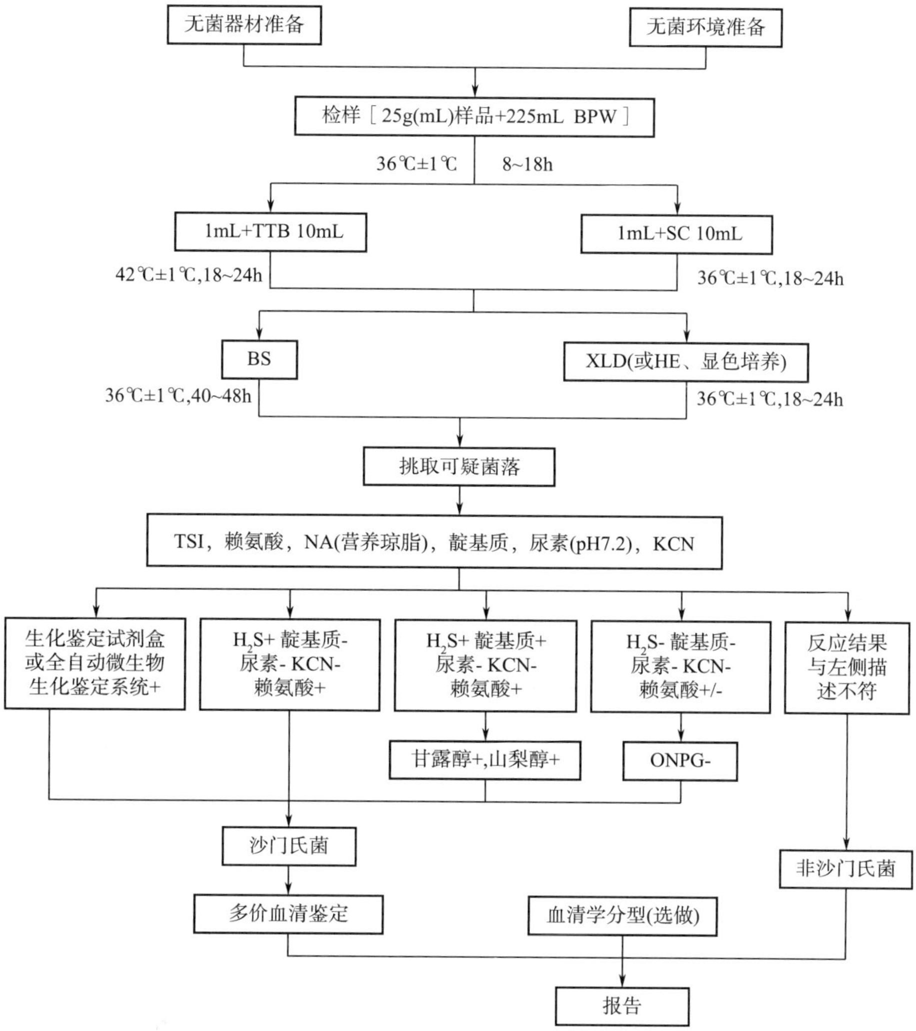

图 1　沙门氏菌检验程序

（三）增菌

轻轻摇动预增菌培养过的样品混合物，移取1mL，转种于10mL TTB 内，于42℃ ± 1℃培养18~24h。同时，另取1mL，转种于10mL SC培养基内，于36℃ ± 1℃培养18~24h。

（四）选择性平板分离

分别用直径3mm的接种环取增菌液1环，划线接种于一个BS琼脂平板和一个XLD琼脂平板（或HE琼脂平板或沙门氏菌属显色培养基平板），于36℃ ± 1℃分别培养40~48h（BS琼脂平板）或18~24h（XLD琼脂平板、HE琼脂平板、沙门氏菌属显色培养基平板），观察各个平板上生长的菌落，各个平板上的菌落特征见表1和图2。

表 1　沙门氏菌属在不同选择性琼脂平板上的菌落特征

选择性琼脂平板	沙门氏菌
BS琼脂	菌落为黑色有金属光泽、棕褐色或灰色，菌落周围培养基可呈黑色或棕色；有些菌株形成灰绿色的菌落，周围培养基不变
HE琼脂	蓝绿色或蓝色，多数菌落中心黑色或几乎全黑色；有些菌株为黄色，中心黑色或几乎全黑色
XLD琼脂	菌落呈粉红色，带或不带黑色中心，有些菌株可呈现大的带光泽的黑色中心，或呈现全部黑色的菌落；有些菌株为黄色菌落，带或不带黑色中心
沙门氏菌属显色培养基	按照显色培养基的说明进行判定

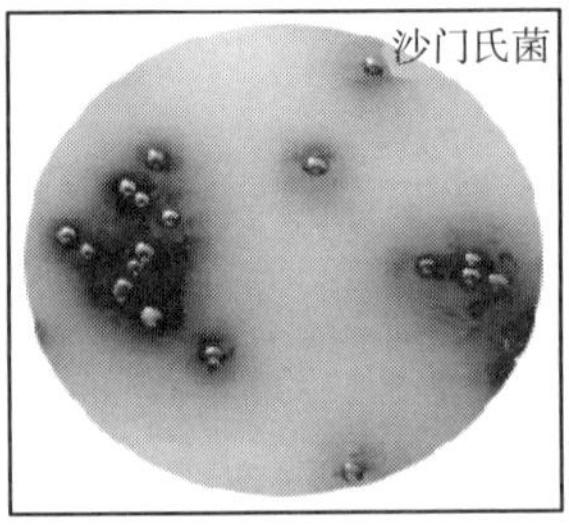

(1) BS琼脂平板

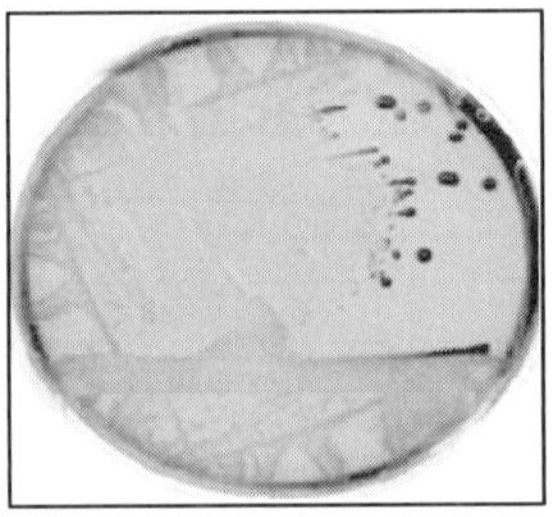
(2) HE琼脂平板

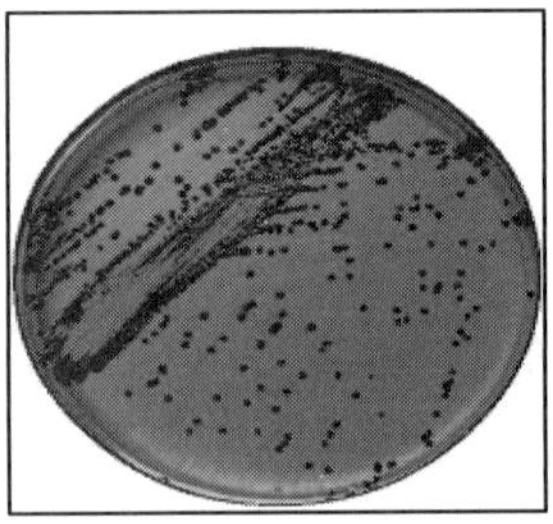
(3) XLD琼脂平板

图 2　沙门氏菌分别在 BS、HE 和 XLD 琼脂上典型菌落形态

（五）生化试验筛选

1. 三糖铁（TSI）试验

自选择性琼脂平板上分别挑取2个以上典型或可疑菌落，接种三糖铁琼脂，先在斜面划线，接种针不要灭菌直接底层穿刺（现象见图3）。

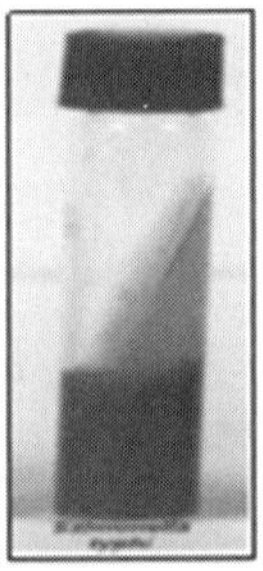
图 3　沙门氏菌典型 TSI 现象

2. 赖氨酸脱羧酶试验

接种三糖铁斜面之后，接种针不灭菌，直接接种赖氨酸脱羧酶试验培养基和营养琼脂平板，于36℃ ± 1℃培养18~24h，必要时可延长至48h。氨基酸脱羧酶阳性者（+）由于产碱，培养基应呈紫色；阴性者（-）无碱性产物，但因葡萄糖产酸而使培养基变为黄色。对照管应为黄色。按表2初步判断结果。

3. 靛基质试验、pH7.2尿素琼脂试验、氰化钾（KCN）试验

接种三糖铁琼脂和赖氨酸脱羧酶试验培养基的同时，可直接接种蛋白胨水（供做靛基质试验）、尿素琼脂（pH7.2）、氰化钾（KCN）培养基，也可在初步判断结果后从营养琼脂平板上挑取可疑菌落接种。于36℃ ± 1℃培养18~24h，必要时可延长至48h，按表3和表4判定结果。将已挑菌落的平板储存于2~5℃或室温至少保留24h，以备必要时复查。

表2　沙门氏菌属在三糖铁琼脂和赖氨酸脱羧酶试验培养基内的反应结果

三糖铁琼脂				赖氨酸脱羧酶试验培养基	初步判断
斜面	底层	产气	硫化氢		
K	A	+（-）	+（-）	+	可疑沙门氏菌属
K	A	+（-）	+（-）	-	可疑沙门氏菌属
A	A	+（-）	+（-）	+	可疑沙门氏菌属
A	A	+/-	+/-	-	非沙门氏菌
K	K	+/-	+/-	+/-	非沙门氏菌

注：K表示产碱；A表示产酸；+表示阳性；-表示阴性；+（-）表示多数阳性，少数阴性；+/-表示阳性或阴性。

表3　沙门氏菌属生化反应初步鉴别

反应序号	硫化氢（H_2S）	靛基质	pH7.2尿素	氰化钾（KCN）	赖氨酸脱羧酶
A1	+	-	-	-	+
A2	+	+	-	-	+
A3	-	-	-	-	+/-

注：+表示阳性；-表示阴性；+/-表示阳性或阴性。

表4　沙门氏菌属生化反应初步鉴别

pH7.2尿素	氰化钾（KCN）	赖氨酸脱羧酶	判定结果
-	-	-	甲型副伤寒沙门氏菌（要求血清学鉴定结果）
-	+	+	沙门氏菌Ⅳ或Ⅴ（要求符合本群生化特性）
+	-	+	沙门氏菌个别变体（要求血清学鉴定结果）

注：+表示阳性；-表示阴性。

靛基质试验结果判断：挑取少量培养物接种蛋白胨水，在36℃±1℃培养1~2d，必要时可培养4~5d。加入柯凡克试剂约0.5mL，轻摇试管，阳性者（+）于试剂层呈深红色；或加入欧-波试剂约0.5mL，沿管壁流下，覆盖于培养液表面，阳性者（+）于液面接触处呈玫瑰红色。

pH7.2尿素琼脂试验结果判断：挑取琼脂培养物接种，在36℃±1℃培养24h，观察结果。尿素酶阳性者（+）由于产碱而使培养基变为红色。

氰化钾（KCN）试验结果判断：将琼脂培养物接种于蛋白胨水内成为稀释菌液，挑取1环接种于氰化钾（KCN）培养基。并另挑取1环接种于对照培养基。在36℃±1℃培养1~2d，观察结果。如有细菌生长即为阳性（+，不抑制），经2d细菌不生长为阴性（-，抑制）。试验失败的主要原因是封口不严，氰化钾逐渐分解，产生氢氰酸气体逸出，以致药物浓度降低，细菌生长，因而造成假阳性反应。试验时对每一环节都要特别注意。

反应序号A1：典型反应判定为沙门氏菌属。如尿素、KCN和赖氨酸脱羧酶3项中有1项异常，可判定为沙门氏菌。如有2项异常为非沙门氏菌。

反应序号A2：补做甘露醇和山梨醇试验（即糖发酵试验），沙门氏菌靛基质阳性变体两项试验结果均为阳性，但需要结合血清学鉴定结果进行判定。

反应序号A3：补做ONPG。ONPG阴性为沙门氏菌，同时赖氨酸脱羧酶阳性，甲型副伤寒沙门氏菌为赖氨酸脱羧酶阴性。

糖发酵试验：从琼脂斜面上挑取小量培养物接种，于36℃±1℃培养，一般2~3d。迟缓反应需观察14~30d。

ONPG试验结果判断：自琼脂斜面上挑取培养物1满环接种于36℃±1℃培养1~3h和24h观察结果。如果β-半乳糖苷酶产生，则于1~3h变黄色，如无此酶则24h不变色。

4. 沙门氏菌生化群的鉴别

必要时按表5进行沙门氏菌生化群的鉴别。

表5 沙门氏菌属各生化群的鉴别

项目	Ⅰ	Ⅱ	Ⅲ	Ⅳ	Ⅴ	Ⅵ
卫矛醇	+	+	-	-	+	-
山梨醇	+	+	+	+	+	-
水杨苷	+	-	-	+	-	-
ONPG	+	-	+	-	+	-
丙二酸盐	-	+	+	-	-	-
KCN	-	-	-	+	+	-

注：+表示阳性；-表示阴性。

如选择生化鉴定试剂盒或全自动微生物生化鉴定系统，可根据三糖铁和赖氨酸脱羧酶试验的初步判断结果，从营养琼脂平板上挑取可疑菌落，用生理盐水制备成浊度适当的菌悬液，使用生化鉴定试剂盒或全自动微生物生化鉴定系统进行鉴定。

丙二酸钠试验结果判断：用新鲜的琼脂培养物接种，于36℃±1℃培养48h，观察结果。阳性者由绿色变为蓝色。

（六）血清学鉴定

1. 检查培养物有无自凝性

一般采用1.2%~1.5%琼脂培养物作为玻片凝集试验用的抗原。首先排除自凝集反应，在洁净的玻片上滴加一滴生理盐水，将待试培养物混合于生理盐水滴内，使成为均一性的混浊悬液，将玻片轻轻摇动30~60s，在黑色背景下观察反应（必要时用放大镜观察），若出现可见的菌体凝集，即认为有自凝性，反之无自凝性。对无自凝的培养物参照下面方法进行血清学鉴定。

2. 多价菌体抗原（O）鉴定

在玻片上划出2个约1cm×2cm的区域，挑取1环待测菌，各放1/2环于玻片上的每一区域上部，在其中一个区域下部加1滴多价菌体（O）抗血清，在另一区域下部加入1滴生理盐水，作为对照。再用无菌的接种环或针分别将两个区域内的菌苔研成乳状液。将玻片倾斜摇动混合1min，并对着黑暗背景进行观察，任何程度的凝集现象皆为阳性反应。O血清不凝集时，将菌株接种在琼脂量较高的（如2%~3%）培养基上再检查；如果是由于Vi抗原的存在而阻止了O凝集反应时，可挑取菌苔于1mL生理盐水中做成浓菌液，于酒精灯火焰上煮沸后再检查。

3. 多价鞭毛抗原（H）鉴定

操作同多价菌体抗原（O）鉴定。H 抗原发育不良时，将菌株接种在0.55%~0.65%半固体琼脂平板的中央，待菌落蔓延生长时，在其边缘部分取菌检查；或将菌株通过接种装有0.3%~0.4%半固体琼脂的小玻管1~2次，自远端取菌培养后再检查。

（七）血清学分型（选做）

根据血清学鉴定结果，可选做沙门氏菌血清学分型试验。

六、结果与报告

综合生化试验和血清学鉴定的结果，报告25g（mL）样品中检出或未检出沙门氏菌。

任务单

一、任务要求

查询和学习GB 4789.4—2016中关于食品中沙门氏菌检测方法的规定，掌握样品制备与预增菌、增菌操作、初步鉴定、生化鉴定和血清学鉴定的方法，会进行培养基和试剂的配制，能规范熟练进行相关微生物无菌操作，能正确判定各鉴定试验结果，并准确报告样品中沙门氏菌的检出情况。

二、任务实施

（一）分组讨论，制定工作方案、确定人员分工

填写方案设计表（附表1）。

（二）试剂配制、仪器设备的准备

1. 试剂配制

填写试剂配制表（附表2）。

2. 仪器设备

填写所需仪器设备统计表（附表3）。

（三）实验操作

按照资料单中的分析步骤进行操作。

（四）填写原始数据

沙门氏菌检验原始数据记录单

样品名称		样品编号		样品质量（g）	
检测地点		检测项目		检测依据	
仪器名称		室温（℃）		相对湿度RH（%）	

预增菌与增菌
25g（mL）样品处理后放入225mL BPW，培养温度___℃、时间___h，取1mL接种于10mLTTB内，培养温度___℃、时间___h，另取1mL接种于10mL SC内，培养温度___℃、时间___h
选择性平板分离

接自TTB增菌液		接自SC增菌液	
BS上菌落特征	XLD上菌落特征	BS上菌落特征	XLD上菌落特征
现象：	现象：	现象：	现象：
判定：	判定：	判定：	判定：

生化试验与血清学鉴定				
硫化氢	靛基质	pH7.2尿素	氰化钾	赖氨酸脱羧酶
现象：	现象：	现象：	现象：	现象：
判定：	判定：	判定：	判定：	判定：
血清学鉴定：				
实验结果				
检验人：			校核人：	

三、考核评价

沙门氏菌检测考核
评分标准

技能操作三　单增李斯特菌检测

资料单

一、原理

单核细胞增生李斯特菌（*L.monocytogenes*）为革兰氏阳性短杆菌，有的菌体略弯曲，两端钝圆，大小约为（0.4~0.5）μm×（0.5~2.0）μm。多单在，有时是V字形排列。无芽孢，不产生荚膜。在陈旧培养物中或粗糙型菌落的菌体长度可达6~20μm或更长的丝状。在20~25℃培养时可产生2~4根鞭毛而运动，但在37℃培养时鞭毛发育不良，无运动性。罐藏单增李斯特菌的检验方法参考GB 4789.30—2016《食品安全国家标准　食品微生物学检验　单核细胞增生李斯特氏菌检验》。

二、设备和材料

除微生物实验室常规灭菌及培养设备外，其他设备和材料如下：

（1）温培养箱：30℃±1℃、36℃±1℃。

（2）均质器。

（3）显微镜：10×~100×。

（4）电子天平：感量0.1g。

（5）锥形瓶：100mL、500mL。

（6）无菌吸管：1mL（具0.01mL刻度）、10mL（具0.1mL刻度）。

（7）无菌平皿：直径90mm。

（8）无菌试管：16mm×160mm。

（9）离心管：30mm×100mm。

（10）无菌注射器：1mL。

（11）冰箱：2~5℃。

（12）金黄色葡萄球菌（ATCC25923）。

（13）马红球菌（*Rhodococcus equi*）。

（14）单增李斯特氏菌（*Listeria monocytogenes*）。

（15）伊氏李斯特氏菌（*Listeria ivanovii*）。

（16）斯氏李斯特氏菌（*Listeria seeligeri*）。

（17）英诺克李斯特氏菌（*Listeria innocua*）。

（18）小白鼠：ICR体重18~22g。

（19）全自动微生物生化鉴定系统。

三、培养基和试剂

1. 含0.6%酵母浸膏的胰酪胨大豆肉汤（TSB-YE）

（1）成分：胰胨17.0g，多价胨3.0g，酵母膏6.0g，氯化钠5.0g，磷酸氢二钾2.5g，葡萄糖2.5g，蒸馏水1000mL。

（2）制法：将上述各成分加热搅拌溶解，调节pH 至7.2±0.2，分装，121℃高压灭菌15min，备用。

2. 含0. 6%酵母浸膏的胰酪胨大豆琼脂（TSA-YE）

（1）成分：胰胨17.0g，多价胨3.0g，酵母膏6.0g，氯化钠5.0g，磷酸氢二钾2.5g，葡萄糖2.5g，琼脂15.0g，蒸馏水1000mL。

（2）制法：将上述各成分加热搅拌溶解，调节pH 至7.2±0.2，分装，121℃高压灭菌15min，备用。

3. 李氏增菌肉汤LB（LB_1，LB_2）

（1）成分：胰胨5.0g，多价胨5.0g，酵母膏5.0g，氯化钠20.0g，磷酸二氢钾1.4g，磷酸氢二钠12.0g，七叶苷1.0g，蒸馏水1000mL。

（2）制法：将上述成分加热溶解，调节pH 至7.2±0.2，分装，121℃高压灭菌15min，备用。

4. 1%盐酸吖啶黄（acriflavine HCl）溶液

李氏Ⅰ液（LB_1）225mL中加入1%萘啶酮酸（用0.05mol/L氢氧化钠溶液配制）0.5mL，1% 吖啶黄（用无菌蒸馏水配制）0.3mL。

5. 1%萘啶酮酸钠盐（naladixic acid）溶液

李氏Ⅱ液（LB_2）200mL中加入1%萘啶酮酸0.4mL，1%吖啶黄0.5mL。

6. PALCAM琼脂

（1）成分：酵母膏8.0g，葡萄糖0.5g，七叶苷0.8g，柠檬酸铁铵0.5g，甘露醇10.0g，酚红0.1g，氯化锂15.0g，酪蛋白胰酶消化物10.0g，心胰酶消化物3.0g，玉米淀粉1.0g，肉胃酶消化物5.0g，氯化钠5.0g，琼脂15.0g，蒸馏水1000mL。

（2）制法：将上述成分加热溶解，调节pH 至7.2±0.2，分装，121℃高压灭菌

15min，备用。

7. 革兰氏染液

（1）结晶紫染色液：结晶紫1.0g，95%乙醇20mL，1%草酸铵水溶液80mL。

将结晶紫完全溶解于乙醇中，然后与草酸铵溶液混合。

（2）革兰氏碘液：碘1.0g，碘化钾2.0g，蒸馏水300mL。

将碘与碘化钾先进行混合，加入蒸馏水少许，充分振摇，待完全溶解后，再加蒸馏水至300mL。

（3）沙黄复染液：沙黄0.25g，95%乙醇10mL，蒸馏水90mL。

将沙黄溶解于乙醇中，然后用蒸馏水稀释。

（4）染色法：涂片用水焰固定后滴加结晶紫染液，作用1min，水洗。滴加革兰氏碘液，作用1min，水洗。滴加95%乙醇脱色，约15~30s，直至染色液被洗掉，不要过分脱色，水洗。滴加复染液，复染1min，水洗、待干、镜检。

8. SIM 动力培养基

（1）成分：胰胨20.0g，多价胨6.0g，硫酸铁铵0.2g，硫代硫酸钠0.2g，琼脂3.5g，蒸馏水1000mL。

（2）制法：将上述各成分加热混匀，调节pH 至7.2 ± 0.2，分装小试管，121℃高压灭菌15min，备用。

9. 缓冲葡萄糖蛋白胨水［甲基红（MR）和V-P试验用］

（1）成分：多价胨7.0g，葡萄糖5.0g，磷酸氢二钾5.0g，蒸馏水1000mL。

（2）制法：溶化后调节pH 至7.0 ± 0.2，分装试管，每管1mL，121℃高压灭菌15min，备用。

10. 5%~8%羊血琼脂

（1）成分：蛋白胨1.0g，牛肉膏0.3g，氯化钠0.5g，琼脂1.5g，蒸馏水100mL，脱纤维羊血5~8mL。

（2）制法：除新鲜脱纤维羊血外，加热溶化上述各组分，121℃高压灭菌15min，冷到50℃，以无菌操作加入新鲜脱纤维羊血，摇匀，倾注平板。

11. 糖发酵管

（1）成分：牛肉膏5.0g，蛋白胨10.0g，氯化钠3.0g，磷酸氢二钠（$Na_2HPO_4 \cdot 12H_2O$）2.0g，0.2%溴麝香草酚蓝溶液12.0mL，蒸馏水1000mL。

（2）制法：葡萄糖发酵管按上述成分配好后，按0.5%比例加入葡萄糖，分装于有一个倒置小管的小试管内，调节pH 至7.4，115℃高压灭菌15min，备用。其他各种糖发酵管可按上述成分配好后，分装每瓶100mL，115℃高压灭菌15min。另将各种糖类分别配好10%溶液，同时高压灭菌。将5mL糖溶液加入于100mL培养基内，以无菌操作分装于含倒置小管的小试管中。

12.过氧化氢酶试剂

（1）试剂：3%过氧化氢溶液，临用时配制。

（2）试验方法：用细玻璃棒或一次性接种针挑取单个菌落，置于洁净玻璃平皿内，滴加3%过氧化氢溶液2滴，观察结果。

13. 李斯特氏菌显色培养基

四、检验程序

单增李斯特菌检验程序见图1。

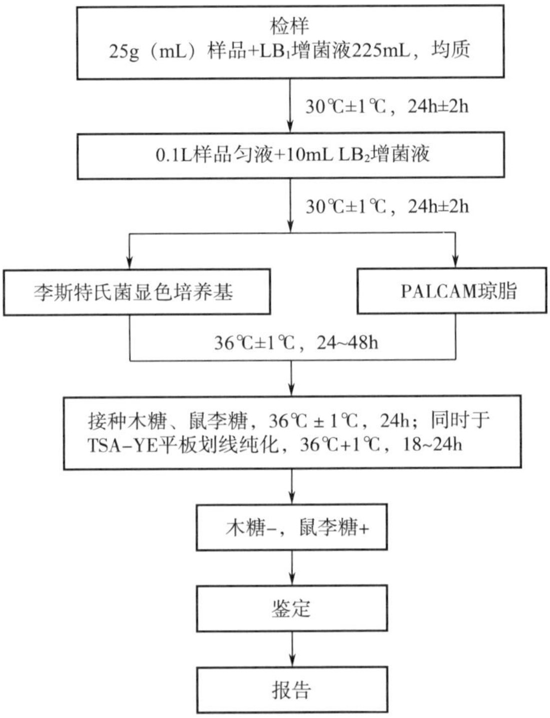

图1　单增李斯特菌检验程序

五、分析步骤

（一）检验前的准备

（1）食品样品制备应在洁净区（超净工作台或洁净实验室）进行。

（2）分离鉴定及阴性、阳性对照应在二级或以上生物安全实验室准备。

（3）检测人员做好个人防护，严格无菌操作。

（4）合理摆放实验台上物品。

（二）增菌

以无菌操作取样品25g（mL）加入到含有225mL LB_1 增菌液的均质袋中，在拍击式均质器上连续均质1~2min；或放入盛有225mL LB_1 增菌液的均质杯中，8000~10000r/min

均质1~2min。于30℃ ± 1℃培养24h ± 2h，移取0.1mL，转种于10mL LB_2增菌液内，于30℃ ± 1℃培养24h ± 2h。

（三）分离

取 LB_2二次增菌液划线接种于李斯特氏菌显色平板和PALCAM琼脂平板，于36℃ ± 1℃培养24~48h，观察各个平板上生长的菌落。典型菌落在PALCAM琼脂平板上为小的圆形灰绿色菌落，周围有棕黑色水解圈，有些菌落有黑色凹陷；在李斯特氏菌显色平板上的菌落特征，参照产品说明进行判定。

（四）初筛

自选择性琼脂平板上分别挑取3~5个典型或可疑菌落，分别接种在木糖、鼠李糖发酵管，于36℃ ± 1℃培养24h ± 2h；同时在TSA-YE平板上划线纯化，于36℃ ± 1℃培养18~24h。选择木糖阴性、鼠李糖阳性的纯培养物继续进行鉴定。

（五）鉴定

（1）染色镜检　李斯特氏菌为革兰氏阳性短杆菌，大小为（0.4~0.5μm）×（0.5~2.0μm）；用生理盐水制成菌悬液，在油镜或相差显微镜下观察，该菌出现轻微旋转或翻滚样的运动。

（2）动力试验　挑取纯培养的单个可疑菌落穿刺半固体或SIM动力培养基，于25~30℃培养48h，李斯特氏菌有动力，在半固体或SIM培养基上方呈伞状生长，如伞状生长不明显，可继续培养5d，再观察结果。

（3）生化鉴定　挑取纯培养的单个可疑菌落，进行过氧化氢酶试验，过氧化氢酶阳性反应的菌落继续进行糖发酵试验和MR-VP试验。单核细胞增生李斯特氏菌的主要生化特征见表1。

表 1　单核细胞增生李斯特氏菌的主要生化特征表

菌种	溶血反应	葡萄糖	麦芽糖	MR-VP	甘露醇	鼠李糖	木糖	七叶苷
单核细胞增生李斯特氏菌（*L. monocytogenes*）	+	+	+	+/+	-	+	-	+
格氏李斯特氏菌（*L. grayi*）	-	+	+	+/+	+	-	-	+
斯氏李斯特氏菌（*L. seeligeri*）	+	+	+	+/+	-	-	+	+
威氏李斯特氏菌（*L. welshinieri*）	-	+	+	+/+	-	V	+	+

续表

菌种	溶血反应	葡萄糖	麦芽糖	MR-VP	甘露醇	鼠李糖	木糖	七叶苷
伊氏李斯特氏菌（*L. ivanovii*）	+	+	+	+/+	-	-	+	+
英诺克李斯特氏菌（*L. innocua*）	-	+	+	+/+	-	V	-	+

注：+表示阳性；一表示阴性；V表示反应不定。

（4）溶血试验　将羊血琼脂平板底面划分为20~25个小格，挑取纯培养的单个可疑菌落刺种（或划线接种）到血平板上，每格刺种一个菌落，并刺种阳性对照菌（单增李斯特氏菌和伊氏李斯特氏菌）和阴性对照菌（英诺克李斯特氏菌），穿刺时尽量接近底部，但不要触到底面，同时避免琼脂破裂，36℃±1℃培养24~48h，于明亮处观察，单增李斯特氏菌呈现狭窄、清晰、明亮的溶血圈，斯氏李斯特氏菌在刺种点周围产生弱的透明溶血圈，英诺克李斯特氏菌无溶血圈，伊氏李斯特氏菌产生宽的、轮廓清晰的β-溶血区域，若结果不明显，可置4℃冰箱24~48h再观察。

（5）协同溶血试验（cAMP）（可选项目）　在羊血琼脂平板上平行划线接种金黄色葡萄球菌和马红球菌，挑取纯培养的单个可疑菌落垂直划线接种于平行线之间，垂直线两端不要触及平行线，于36℃±1培养24~48h。单核细胞增生李斯特氏菌在靠近金黄色葡萄球菌的接种端出现2mm的β-溶血增强区域，斯氏李斯特氏菌的溶血也微弱增强；5%~8%的单核细胞增生李斯特氏菌在马红球菌一端有溶血增强现象，而伊氏李斯特氏菌在靠近马红球菌的接种端出现5~10mm“箭头状”β-溶血增强，英诺克李斯特氏菌不产生溶血现象。若结果不明显，可置4℃冰箱24~48h再观察。

（六）小鼠毒力试验（可选项目）

将符合上述特性的纯培养物接种于TSB-YE中，于36℃±1℃培养24h，4000r/min离心5min，弃上清液，用无菌生理盐水制备成浓度为10^{10}CFU/mL的菌悬液，取此菌悬液对3~5只小鼠进行腹腔注射，每只0.5mL，同时观察小鼠死亡情况。接种致病株的小鼠于2~5d内死亡。试验设单增李斯特氏菌致病株和灭菌生理盐水对照组。单核细胞增生李斯特氏菌、伊氏李斯特氏菌对小鼠有致病性。

六、结果与报告

综合以上生化试验和溶血试验的结果，报告25g（mL）样品中检出或未检出单核细胞增生李斯特氏菌。

任务单

一、任务要求

查询和学习GB 4789.30—2016中关于进行单增李斯特菌的定性检测方法的规定，了掌握样品增菌、分离、初筛和鉴定等检验步骤的操作方法，会进行培养基和试剂的配制，能规范熟练进行相关微生物无菌操作，能正确判定各鉴定试验结果，并准确报告样品中单增李斯特菌的检出情况。

二、任务实施

（一）分组讨论，制定工作方案、确定人员分工

填写方案设计表（附表1）。

（二）试剂配制、仪器设备的准备

1. 试剂配制

填写试剂配制表（附表2）。

2. 仪器设备

填写所需仪器设备统计表（附表3）。

（三）实验操作

按照资料单中的分析步骤进行操作。

（四）填写原始数据

单增李斯特菌定性检验原始数据记录单

<table>
<tr><td>样品名称</td><td colspan="2"></td><td>样品编号</td><td colspan="2"></td><td>样品质量（g）</td><td></td></tr>
<tr><td>检测地点</td><td colspan="2"></td><td>检测项目</td><td colspan="2"></td><td>检测依据</td><td></td></tr>
<tr><td>仪器名称</td><td colspan="2"></td><td>室温（℃）</td><td colspan="2"></td><td>相对湿度RH（%）</td><td></td></tr>
<tr><td>增菌</td><td colspan="7">无菌操作将25g（mL）样品处理后放入225mL LB₁增菌液，温度　℃，培养　h后，取0.1mL接种于10mL LB₂增菌液内，温度　℃，培养　h</td></tr>
<tr><td colspan="8">分离</td></tr>
<tr><td rowspan="2">PALCAM培养基</td><td colspan="3">现象:</td><td rowspan="2">显色培养基</td><td colspan="3">现象:</td></tr>
<tr><td colspan="3">判定:</td><td colspan="3">判定:</td></tr>
</table>

续表

初筛					
木糖发酵管	现象:	鼠李糖发酵管	现象:	TSA-YE培养基	现象:
	判定:		判定:		判定:
鉴定					
染色镜检	现象:	动力实验	现象:	过氧化氢酶试验	现象:
	判定:		判定:		判定:
糖发酵试验	现象:	MR-VP试验	现象:	溶血试验	现象:
	判定:		判定:		判定:
实验结果	样品中　　　单核细胞增生李斯特氏菌				
检验人:			校核人:		

三、考核评价

单增李斯特菌检测
考核评分标准

技能操作四　商业无菌检测

资料单

一、原理

商业无菌指食品经过适度的热杀菌后，不含有致病的微生物，也不含有在通常温度下能在其中繁殖的非致病性微生物的状态。罐藏食品在加工过程中，若要达到罐藏食品彻底灭菌，则灭菌温度要达到121℃以上，此时会使罐藏食品加速香味消散、色泽和坚实度改变及营养成分损失。为了保持产品正常的感官性状和营养价值，在进行加热杀菌时，不可能使罐藏食品完全无菌，只强调杀死病原菌、产毒菌，实质上只是达到商业无菌状态即可，即只要杀灭罐内所有的肉毒梭菌芽孢和其他致病菌以及在正常的贮存和销售条件下能引起内容物变质的嗜热菌。

经高压蒸汽杀菌，罐内残留的微生物大都是耐热性的芽孢，如果罐头贮存温度不超过43℃，通常不会引起内容物变质。罐内残留的这些非致病性微生物在一定的保存期限内，一般不会生长繁殖，但是如果罐内条件发生变化，贮存条件发生改变，这部分微生物就会生长繁殖，造成罐藏食品变质。此外，罐头经杀菌后，若封罐不严则容易造成漏罐，致使微生物污染，来源包括外部微生物污染和内部微生物污染。

罐藏食品商业无菌检验的方法参考GB 4789.26—2013《食品安全国家标准　食品微生物学检验　商业无菌检验》。

二、设备和材料

除微生物实验室常规灭菌及培养设备外，其他设备和材料如下：

（1）恒温培养箱：30℃ ± 1℃；36℃ ± 1℃；55℃ ± 1℃。

（2）冰箱：2~5℃。

（3）恒温水浴箱：55℃ ± 1℃。

（4）均质器及无菌均质袋、均质杯或乳钵。

（5）电位pH计（精确度 pH0.05单位）。

（6）显微镜：10 ~100倍。

（7）开罐器和罐头打孔器。

（8）电子秤或台式天平。

（9）超净工作台或百级洁净实验室。

三、培养基和试剂

（1）无菌生理盐水：将8.5g氯化钠溶于1000mL蒸馏水中，121℃高压灭菌15min。

（2）结晶紫染色液：将1.0g结晶紫完全溶解于20.0mL 95%乙醇中，再与80.0mL 1%草酸铵溶液混合。

（3）二甲苯。

（4）含4%碘的乙醇溶液：4g 碘溶于100mL 的70%乙醇溶液。

四、检验程序

商业无菌检验程序见图1。

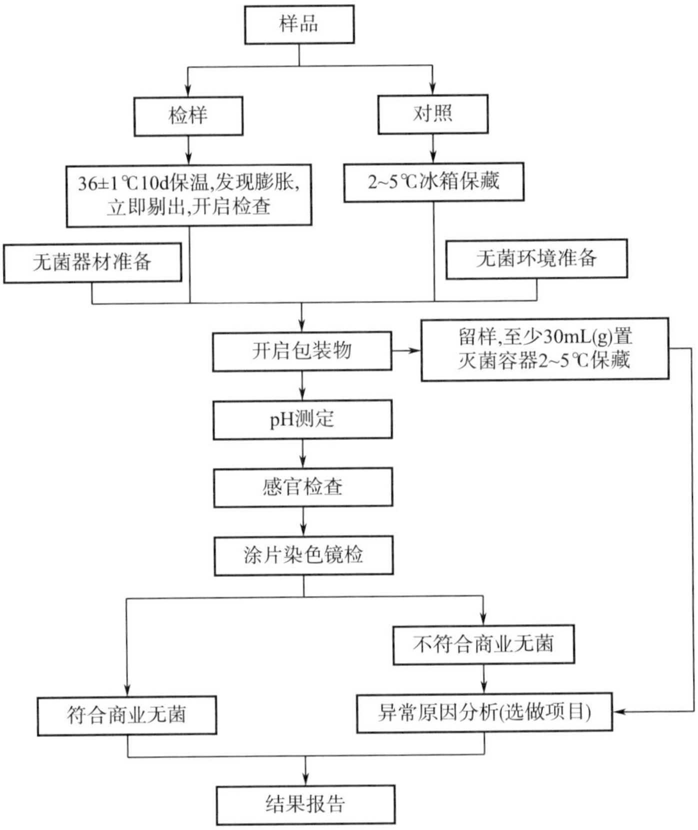

图 1　商业无菌检验程序

五、分析步骤

1. 样品装备

去除表面标签，在包装容器表面用防水的油性记号笔做好标记，并记录容器、编号、产品性状、泄漏情况、是否有小孔或锈蚀、压痕、膨胀及其他异常情况。

2. 称重

1kg及以下的包装物精确到1g，1kg以上的包装物精确到2g，10kg以上的包装物精确到10g，并记录。

3. 保温

每个批次取1个样品置2~5℃冰箱保存作为对照，将其余样品在36℃ ± 1℃下保温10d。

保温过程中应每天检查，如有膨胀或泄漏现象，应立即剔出，开启检查。如无异常，保温10d后，再次称重并记录，比较保温前与后重量变化。若变轻，则表明发生样品泄漏。将所有样品置于室温直至开启检查。

4. 开启

（1）如有膨胀的样品，则将样品先置于2~5℃冰箱内冷藏数小时后再开启。

（2）未膨胀样品用冷水和洗涤剂清洗待检样品的光滑面。水冲洗后用无菌毛巾擦干。以含4%碘的乙醇溶液浸泡消毒15min后用无菌毛巾擦干，在密闭罩内点燃至表面残余的碘乙醇溶液全部燃烧完。膨胀样品以及采用易燃包装材料包装的样品不能灼烧，以含4%碘的乙醇溶液浸泡消毒光滑面30min后用无菌毛巾擦干。

（3）在超净工作台或百级洁净实验室中开启。带汤汁的样品开启前应适当振摇。使用无菌开罐器在消毒后的罐头光滑面开启一个适当大小的口，开罐时不得伤及卷边结构，每一个罐头食品单独使用一个开罐器，不得交叉使用。如样品为软包装，可以使用灭菌剪刀开启，不得损坏接口处。立即在开口上方嗅闻气味，并记录。

严重膨胀样品开启时和开启后可能会发生爆炸，喷出有毒物。可以采取在膨胀样品上盖一条灭菌毛巾或者用一个无菌漏斗倒扣在样品上等预防措施来防止这类危险的发生。

5. 留样

开启后，用灭菌吸管或其他适当工具以无菌操作取出内容物至少30mL（g）至灭菌容器内，保存2~5℃冰箱中，在需要时可用于进一步试验，待该批样品得出检验结论后可弃去。开启后的样品和容器可进行适当的保存，以备日后容器检查时使用。

6. 感官检查

在光线充足、空气清洁无异味的检验室中，将样品内容物倾入白色搪瓷盘内，对产品的组织、形态、色泽和气味等进行观察和嗅闻，按压食品检查产品性状，鉴别食品有无腐败变质的迹象，同时观察包装容器内部和外部的情况，并记录。

7. pH测定

（1）样品处理　先将液态制品混匀备用，有固相和液相的制品则取混匀的液相部分备用。对于稠厚或半稠厚制品以及难以从中分出汁液的制品（如：糖浆、果酱、果冻、油脂等），取一部分样品在均质器或研钵中研磨，如果研磨后的样品仍太稠厚，加入等量的无菌蒸馏水，混匀备用。

（2）测定　利用pH计对制备样品进行测定，将pH计的温度校正器调节到被测液的温度后对样品测定pH，如果pH计没有温度校正系统，则应把被测试样液的温度调到20℃±2℃的范围之内，再测定pH。同一个制备试样至少进行两次测定。两次测定结果之差应不超过0.1pH单位。取两次测定的算术平均值作为结果，报告精确到0.05pH单位。

（3）分析结果　与同批中冷藏保存对照样品相比，比较是否有显著差异。pH相差0.5及以上判为显著差异。

8. 涂片染色镜检

（1）涂片　取样品内容物进行涂片。带汤汁的样品可用接种环挑取汤汁涂于载玻片上，固态食品可直接涂片或用少量灭菌生理盐水稀释后涂片，待干后用火焰固定。油脂性食品涂片自然干燥并火焰固定后，用二甲苯流洗，自然干燥。

（2）染色镜检　对涂片用结晶紫染色液进行单染色，干燥后镜检，至少观察5个视野，记录菌体的形态特征以及每个视野的菌数。与同批冷藏保存对照样品相比，判断是否有明显的微生物增殖现象。菌数有百倍或百倍以上的增长则判为明显增殖。

六、结果判定

（1）样品经保温试验未出现泄漏；保温后开启，经感官检验、pH测定、涂片镜检，确证无微生物增殖现象，则可报告该样品为商业无菌。

（2）样品经保温试验出现泄漏；保温后开启，经感官检验、pH测定、涂片镜检，确证有微生物增殖现象，则可报告该样品为非商业无菌。

（3）若需核查样品出现膨胀、pH或感官异常、微生物增殖等原因，可取样品内容物的留样进行接种培养并报告。若需判定样品包装容器是否出现泄漏，可取开启后的样品进行密封性检查并报告。

任务单

一、任务要求

查询和学习GB 4789.26—2013中关于进行商业无菌检验方法的规定，了解商业无菌的概念，指导低酸性罐藏食品和酸性罐装食品的定义，了解罐藏食品的原因以及微生物污染来源，能规范熟练进行商业无菌检验的操作，能利用试验结果，正确对商业无菌检验结果进行判定并进行规范记录。

二、任务实施

（一）分组讨论，制定工作方案、确定人员分工

填写方案设计表（附表1）。

（二）试剂配制、仪器设备的准备

1. 试剂配制

填写试剂配制表（附表2）。

2. 仪器设备

填写所需仪器设备统计表（附表3）。

（三）实验操作

按照资料单中的分析步骤进行操作。

（四）填写原始数据

商业无菌检验原始数据记录单

样品名称		样品编号		样品质量（g）	
检测地点		检测项目		检测依据	
仪器名称		室温（℃）		相对湿度RH（%）	

检 验 准 备

1. 仪器设备

电热恒温培养箱（30℃ ± 1℃）编号： 电子天平编号：

电热恒温培养箱（36℃ ± 1℃）编号： 显微镜编号：

电热恒温培养箱（55℃ ± 1℃）编号： 均质器编号：

电热恒温水浴箱（55℃ ± 1℃）编号： pH计编号：

超净工作台编号： 冰箱编号：

2. 培养基配制：见《培养基及试剂配制记录》 年 月 日

<table>
<tr><td colspan="2">检验步骤</td><td colspan="5">保温样品□30℃ ± 1℃，10d</td><td colspan="5">对照样品□2~5℃，10d</td></tr>
<tr><td colspan="2">外观检查</td><td colspan="5"></td><td colspan="5"></td></tr>
<tr><td colspan="2">保温前称重（g）</td><td colspan="5"></td><td colspan="5"></td></tr>
<tr><td colspan="2">保温前观察现象</td><td colspan="5"></td><td colspan="5"></td></tr>
<tr><td colspan="2">保温如果称重（g）</td><td colspan="5"></td><td colspan="5"></td></tr>
<tr><td rowspan="6">开罐检查</td><td>组织</td><td colspan="5"></td><td colspan="5"></td></tr>
<tr><td>形态</td><td colspan="5"></td><td colspan="5"></td></tr>
<tr><td>色泽</td><td colspan="5"></td><td colspan="5"></td></tr>
<tr><td>气味</td><td colspan="5"></td><td colspan="5"></td></tr>
<tr><td>内壁</td><td colspan="5"></td><td colspan="5"></td></tr>
<tr><td>鉴别</td><td colspan="10">有□ 无□ 腐败变质的迹象</td></tr>
<tr><td colspan="2" rowspan="2">pH测定两次
□ 等量蒸馏水混匀</td><td colspan="2">pH1</td><td colspan="2">pH2</td><td>平均值</td><td colspan="2">pH1</td><td colspan="2">pH2</td><td>平均值</td></tr>
<tr><td colspan="2"></td><td colspan="2"></td><td></td><td colspan="2"></td><td colspan="2"></td><td></td></tr>
<tr><td rowspan="3">染色镜检
5个视野</td><td>球菌（个）</td><td></td><td></td><td></td><td></td><td></td><td></td><td></td><td></td><td></td><td></td></tr>
<tr><td>杆菌（个）</td><td></td><td></td><td></td><td></td><td></td><td></td><td></td><td></td><td></td><td></td></tr>
<tr><td colspan="11">与对照样品相比，有□ 无□ 明显的微生物增殖现象，数量比：_____</td></tr>
<tr><td colspan="2">结果判定</td><td colspan="5"></td><td colspan="5">□接种培养和密封性检查见附页</td></tr>
</table>

检验人： 校核人：

三、考核评价

商业无菌检测考核评分标准

微生物检测安全评价知识点在线测试

微生物检测仿真

考核项目二 农药残留量检测安全评价

技能操作一　有机磷农药多残留的测定（气相色谱单柱法）

资料单

一、原理

试样用乙腈提取，提取液经固相萃取或分散固相萃取净化，使用带火焰光度检测器的气相色谱仪检测，根据色谱峰的保留时间定性，外标法定量。

本操作参考GB 23200.116—2019《食品安全国家标准　植物源性食品中90种有机磷类农药及其代谢物残留量的测定　气相色谱法》。

二、试剂和材料

除非另有说明，在分析中仅使用分析纯的试剂，水为GB/T 6682—2008规定的一级水。

1. 试剂

（1）乙腈（CH_3CN，CAS号：75-05-8）。

（2）丙酮（C_3H_6O，CAS 号：67-64-1）：色谱纯。

（3）甲苯（C_7H_8，CAS号：108-88-3）：色谱纯。

（4）无水硫酸镁（$MgSO_4$，CAS号：7487-88-9）。

（5）氯化钠（NaCl，CAS号：7647-14-5）。

（6）乙酸钠（CH_3COONa，CAS号：127-09-3）。

2. 溶液配制

乙腈-甲苯溶液（3+1，体积比）：量取100mL甲苯加入300mL乙腈中，混匀。

3. 标准品

常见有机磷类农药标准品：以毒死蜱、马拉硫磷、水胺硫磷等为例，纯度96%；或直接购买国家标准物质中心提供有标准物质证书的标准溶液1000mg/L或100mg/L。

4. 标准溶液配制

（1）标准储备溶液（1000mg/L）：准确称取10mg（精确至0.1mg）有机磷类农药及其代谢物各标准品，用丙酮溶解并分别定容到10mL。标准储备溶液避光且低于-18℃保存，有效期一年。或直接购买国家标准物质中心提供有标准物质证书的标准溶液。

（2）混合标准溶液（10mg/L）：多种有机磷类农药及其代谢物分别准确吸取一定量的单个农药储备溶液（以毒死蜱、马拉硫磷、水胺硫磷等为例）于50mL容量瓶中，用丙酮定容至刻度。混合标准溶液，避光0~4℃保存，有效期一个月。

5. 材料

（1）固相萃取柱：石墨化炭黑填料（GCB）500mg/氨基填料（NH_2）500mg，6mL。

（2）乙二胺-*N*-丙基硅烷硅胶（PSA）：40~60μm。

（3）十八烷基甲硅烷改性硅胶（C_{18}）：40~60μm。

（4）陶瓷均质子：2cm（长）×1cm（外径）。

（5）微孔滤膜（有机相）：0.22μm×25mm。

三、仪器和设备

（1）气相色谱仪：配有火焰光度检测器（FPD磷滤光片）。

（2）分析天平：感量0.1mg和0.01g。

（3）高速匀浆机：转速不低于15000r/min。

（4）离心机：转速不低于4200r/min。

（5）组织捣碎机。

（6）旋转蒸发仪。

（7）氮吹仪：可控温。

（8）涡旋振荡器。

（9）摇床振荡器。

四、分析步骤

1. 试样制备

（1）蔬菜和水果的取样量按照相关标准规定执行，食用菌样品随机取样1kg。样品取样部位按GB 2763—2019的规定执行。对于个体较小的样品，取样后全部处理；对于个体较大的基本均匀样品，可在对称轴或对称面上分割或切成小块后处理；对于细长、扁平或组分含量在各部分有差异的样品，可在不同部位切取小片或截成小段后处理；取后的样品将其切碎，充分混匀，用四分法取样或直接放入组织捣碎机中捣碎成匀浆，放入聚乙烯瓶中。

（2）取谷类样品500g，粉碎后使其全部可通过425μm的标准网筛，放入聚乙烯瓶或袋中。

（3）取油料作物、茶叶、坚果和调味料各500g，粉碎后充分混匀，放入聚乙烯瓶或袋中。

（4）植物油类搅拌均匀，放入聚乙烯瓶中。

（5）制备好的样品如需要保存，应于-20~-16℃条件下备用。

2. 提取和净化

（1）蔬菜、水果和食用菌　称取20g（精确到0.01g）试样于150mL 烧杯中，加入40.00mL乙腈，用高速匀浆机15000r/min匀浆2min，提取液过滤至装有5~7g氯化钠的100mL具塞量筒中，盖上塞子，剧烈振荡1min，在室温下静置30min。准确吸取10mL上清液于具塞刻度试管中，80℃水浴中氮吹蒸发近干，加入5.00mL丙酮溶解残余物，涡旋混匀0.5min，用微孔滤膜过滤，待测。

（2）油料作物和坚果　称取10g（精确到0.01g）试样于150mL烧杯中，加入20mL水，混匀后，静置30min，再加入50mL乙腈，用高速匀浆机15000r/min匀浆2min，提取液过滤至装有5~7g氯化钠100mL具塞量筒中，盖上塞子，剧烈振荡1min，在室温下静置30min。准确吸取8mL上清液于15mL刻度离心管中，加入900mg无水硫酸镁、150mg PSA、150mg C_{18}，涡旋0.5min，4200r/min离心5min，准确吸取5mL上清液加入到10mL刻度离心管中，80℃水浴中氮吹蒸发近干，准确加入1.00mL丙酮，涡旋混匀0.5min，用微孔滤膜过滤，待测。

（3）谷物　称取10g（精确到0.01g）试样于150mL具塞锥形瓶中，加入20mL水浸润30min，加入50mL乙腈，在振荡器上以转速为200r/min振荡30min，提取液过滤至装有5~7g氯化钠的100mL具塞量筒中，盖上塞子，剧烈振荡1min，在室温下静置30min。准确吸取10mL上清液于具塞刻度管中，80℃水浴中氮吹蒸发近干，准确加入2.00mL丙酮，涡旋混匀0.5min，用微孔滤膜过滤，待测。

（4）茶叶和调味料　称取5g（精确到0.01g）试样于150mL烧杯中，加入20mL水浸润30min，加入50mL乙腈，用高速匀浆机15000r/min高速匀浆2min，提取液过滤至装有5~7g氯化钠的100mL具塞量筒中，盖上塞子，剧烈振荡1min，在室温下静置30min。准确吸取10mL上清液于100mL烧杯中，80℃水浴氮吹蒸发近干，加入2mL乙腈-甲苯溶液（3+1，体积比）溶解残余物，待净化。

将固相萃取柱用5mL乙腈-甲苯溶液预淋洗。当液面到达筛板顶部时，立即加入上述待净化溶液，用100mL旋转蒸发瓶收集洗脱液，用2mL乙腈-甲苯溶液刷洗烧杯后过柱，并重复一次。再用15mL乙腈-甲苯溶液洗脱柱子，收集的洗脱液于40℃水浴中旋转蒸发近干，用5mL丙酮冲洗茄形瓶并转移到10mL离心管中，50℃水浴中氮吹蒸发近干，准确加入1.00mL丙酮，涡旋混匀0.5min，用微孔滤膜过滤，待测。

（5）植物油　称取3g（精确至0.01g）试样于50mL塑料离心管中，加入5mL水、15mL乙腈，并加入6g无水硫酸镁、1.5g醋酸钠及1颗陶瓷均质子，剧烈振荡1min，4200r/min离心5min。

准确吸取8mL上清液到内有900mg无水硫酸镁、150mg C_{18}的15mL离心管中，涡旋0.5min，4200r/min离心5min，准确吸取5mL上清液放入10mL刻度离心管中，80℃水浴中氮吹蒸发近干，准确加入1.00mL丙酮，涡旋混匀0.5min，用微孔滤膜过滤，待测。

3. 测定

（1）仪器参考条件（可根据仪器品牌、型号、农残品种和色谱柱不同进行调整）

①色谱柱：（14%-氰丙基-苯基）-甲基聚硅氧烷毛细管柱（DB-1701），30m×0.25mm×0.25μm或相当者；

②色谱柱温度：50℃保持1min，然后以30℃/min程序升温至180℃，再以8℃/min升温至270℃，保持5min；

③载气：氮气，纯度≥99.999%，流速为1.2mL/min；

④进样口温度：230℃；

⑤检测器温度：250℃；

⑥进样量：1μL；

⑦进样方式：不分流进样；

⑧燃气：氢气，纯度≥99.999%，流速为75mL/min；助燃气：空气，流速为100mL/min。

（2）标准曲线　将混合标准中间溶液用丙酮稀释成质量浓度为0.005，0.001，0.05，0.1，1mg/L的系列标准溶液，参考色谱条件测定。以农药质量浓度为横坐标、色谱的峰面积积分值为纵坐标，绘制标准曲线。

（3）定性及定量

①定性测定：以目标农药的保留时间定性。被测试样中目标农药色谱峰的保留时间与相应标准色谱峰的保留时间相比较，相差应在±0.05min之内。

②定量测定：以外标法定量。

③试样溶液的测定：将混合标准工作溶液和试样溶液依次注入气相色谱仪中，保留时间定性，测得目标农药色谱峰面积，根据公式，得到各农药组分含量。待测样液中农药的响应值应在仪器检测的定量测定线性范围之内，超过线性范围时，应根据测定浓度进行适当倍数稀释后再进行分析。

五、结果分析

试样中被测农药残留量以质量分数X计，单位以毫克每千克（mg/kg）表示，按下式计算。

$$X = \frac{V_1 \times V_3 \times A}{V_2 \times A_s \times m} \times \rho$$

式中　X——样品中被测组分含量，mg/kg；

V_1——提取溶剂总体积，mL；

V_2——提取液分取体积，mL；

V_3——待测溶液定容体积，mL；

ρ ——标准溶液中农药的质量浓度，mg/L；

A ——样品溶液中被测农药的峰面积；

A_s——农药标准溶液中被测农药的峰面积；

m ——试样质量，g。

计算结果以重复性条件下获得的2 次独立测定结果的算术平均值表示，保留2位有效数字。当结果超过1mg/kg时，保留3位有效数字。

六、精密度

在重复性条件下获得的两次独立测定结果的绝对差值不得超过算术平均值的20%。结果保留2位有效数字。

任务单

一、任务要求

采用气相色谱法完成样品中多种有机磷（以毒死蜱、马拉硫磷、水胺硫磷等为例）农药残留含量的测定，掌握样品制备、提取、净化方法，会进行混合标准溶液、标准曲线溶液的配制，能规范熟练操作气相色谱仪，能利用气相色谱仪对样品及标准溶液中多种有机磷进行检测，能准确计算样品中有机磷农药残留的含量。

二、任务实施

（一）分组讨论，制定工作方案、确定人员分工

填写方案设计表（附表1）。

（二）试剂配制、仪器设备的准备

1. 试剂配制

填写试剂配制表（附表2）。

2. 仪器设备

填写所需仪器设备统计表（附表3）。

（三）实验操作

按照资料单中的分析步骤进行操作。

（四）填写原始数据

食品中多种有机磷农药残留含量的检测原始数据记录单

<table>
<tr><td colspan="2">检测依据</td><td colspan="2"></td><td colspan="2">环境温/湿度</td><td colspan="2"></td></tr>
<tr><td colspan="2">检测地点</td><td colspan="2"></td><td colspan="2">检测时间</td><td colspan="2"></td></tr>
<tr><td colspan="2">检测仪器及型号</td><td colspan="2"></td><td colspan="2">检测器</td><td colspan="2"></td></tr>
<tr><td rowspan="7">仪器条件设置</td><td>进样量（μL）</td><td colspan="2"></td><td colspan="2">进样方式</td><td colspan="2"></td></tr>
<tr><td>色谱柱型号及规格</td><td colspan="6"></td></tr>
<tr><td>色谱柱程序升温</td><td colspan="6"></td></tr>
<tr><td>进样口温度（℃）</td><td colspan="2"></td><td colspan="2">检测器温度（℃）</td><td colspan="2"></td></tr>
<tr><td>载气</td><td colspan="2"></td><td colspan="2">流速（mL/min）</td><td colspan="2"></td></tr>
<tr><td>燃气</td><td colspan="2"></td><td colspan="2">流速（mL/min）</td><td colspan="2"></td></tr>
<tr><td>助燃气</td><td colspan="2"></td><td colspan="2">流速（mL/min）</td><td colspan="2"></td></tr>
<tr><td rowspan="4">标准曲线制备</td><td>标准物质名称</td><td colspan="6">标准曲线线性关系及相关系数</td></tr>
<tr><td></td><td colspan="6"></td></tr>
<tr><td></td><td colspan="6"></td></tr>
<tr><td></td><td colspan="6"></td></tr>
<tr><td colspan="2">样品编号</td><td colspan="3"></td><td colspan="3"></td></tr>
<tr><td colspan="2">称样量（m/g）</td><td colspan="3"></td><td colspan="3"></td></tr>
<tr><td colspan="2">提取液总体积V_1（mL）</td><td colspan="6"></td></tr>
<tr><td colspan="2">净化液体积V_2（mL）</td><td colspan="6"></td></tr>
<tr><td colspan="2">定容体积V_3（mL）</td><td colspan="6"></td></tr>
<tr><td colspan="2">检测项目名称</td><td colspan="2"></td><td colspan="2"></td><td colspan="2"></td></tr>
<tr><td colspan="2">标准物质保留时间（min）</td><td colspan="2"></td><td colspan="2"></td><td colspan="2"></td></tr>
<tr><td colspan="2">标准物质质量浓度 ρ（mg/L）</td><td colspan="2"></td><td colspan="2"></td><td colspan="2"></td></tr>
<tr><td colspan="2">标准溶液峰面积 A_s</td><td colspan="2"></td><td colspan="2"></td><td colspan="2"></td></tr>
<tr><td colspan="2">样品保留时间（min）</td><td></td><td></td><td></td><td></td><td></td><td></td></tr>
<tr><td colspan="2">样品峰面积 A</td><td></td><td></td><td></td><td></td><td></td><td></td></tr>
<tr><td colspan="2">样品中有机磷含量 X（mg/kg）</td><td></td><td></td><td></td><td></td><td></td><td></td></tr>
<tr><td colspan="2">X平均值（mg/kg）</td><td colspan="2"></td><td colspan="2"></td><td colspan="2"></td></tr>
<tr><td colspan="2">相对相差（%）</td><td colspan="2"></td><td colspan="2"></td><td colspan="2"></td></tr>
<tr><td colspan="2">计算公式</td><td colspan="6">$X=$</td></tr>
<tr><td rowspan="2">安全评价结果</td><td>是否超标</td><td colspan="2">□是 □否</td><td colspan="2">□是 □否</td><td colspan="2">□是 □否</td></tr>
<tr><td>判断依据</td><td colspan="2"></td><td colspan="2"></td><td colspan="2"></td></tr>
</table>

检验人：　　　　　　　　　　校核人：

三、考核评价

有机磷农药多残留的测定（气相色谱单柱法）考核评分标准

技能操作二　有机氯和拟除虫菊酯类农药多残留的测定（气相色谱单柱法）

资料单

一、原理

试样中有机氯类、拟除虫菊酯类农药用乙腈提取，提取液经过滤、浓缩后，采用固相萃取柱分离、净化，淋洗液经浓缩后，被注入气相色谱，农药组分经毛细管柱分离，用电子捕获检测器检测。保留时间定性，外标法定量。

本操作参考NY/T 761—2008《蔬菜水果中有机磷、有机氯、拟除虫菊酯和氨基甲酸酯类农药多残留的测定》。

二、试剂和材料

除非另有说明，在分析中仅使用分析纯的试剂，水为GB/T 6682—2008规定的一级水。

1. 试剂

（1）乙腈（CH_3CN，CAS号：75-05-8）。

（2）丙酮（C_3H_6O，CAS号：67-64-1）：色谱纯。

（3）正己烷（C_6H_{14}，CAS号：92112-69-1）：色谱纯。

（4）氯化钠（NaCl，CAS号：7647-14-5），140℃烘烤4h。

2. 农药标准品

常见有机氯及拟除虫菊酯类农药标准品：以七氯、甲氰菊酯和联苯菊酯等为例，纯度96%以上；或直接购买国家标准物质中心提供有标准物质证书的标准溶液1000mg/L或100mg/L。

3. 标准溶液配制

（1）标准储备溶液（1000mg/L）：准确称取10mg（精确至 0.1mg）有机氯及拟除虫菊酯类农药各标准品，用正己烷溶解并分别定容到10mL。标准储备溶液避光且低于-18℃保存，有效期一年。或直接购买国家标准物质中心提供有标准物质证书的标准溶液。

（2）混合标准溶液（10mg/L）：有机氯及拟除虫菊酯类农药分别准确吸取一定量的单个农药储备溶液（以七氯、甲氰菊酯和联苯菊酯等为例）于10mL容量瓶中，用正己烷定容至刻度。混合标准溶液，避光0~4℃保存，有效期一个月。

4. 材料

（1）固相萃取柱：弗罗里矽柱（1000mg，6mL）。

（2）铝箔。

（3）微孔滤膜（有机相）：0.22μm × 25mm。

三、仪器和设备

（1）气相色谱仪：配有电子捕获检测器（ECD）。

（2）分析天平：感量0.1mg和0.01g。

（3）高速匀浆机：转速不低于15000r/min。

（4）食品加工器。

（5）涡旋混合器。

（6）氮吹仪，可控温。

四、分析步骤

1. 试样制备

蔬菜和水果的取样量按照相关标准规定执行，取可食部分，经缩分后，将其切碎，充分混匀放入食品加工器粉碎，制成待测样。如需要保存，制备好的样品放入分装容器中，应于-20~ -16℃条件下备用。

2. 提取和净化

（1）提取　准确称取25.0g（精确到0.01g）试样于150mL 烧杯中，加入50.00mL乙腈，用高速匀浆机15000r/min匀浆2min，提取液过滤至装有5~7g氯化钠的100mL具塞量筒中，盖上塞子，剧烈振荡1min，在室温下静置30min，使乙腈相和水相分层。

（2）净化　准确吸取10mL上清液于100mL 烧杯中，80℃水浴中氮吹蒸发近干，加入2mL正己烷溶解残余物，盖上铝箔，备用。

将弗罗里矽柱依次用5.0mL丙酮+正己烷（10+90）、5.0mL正己烷预淋洗，5mL丙酮+正己烷（10+90）淋洗，当溶剂液面到达柱吸附层表面时，立即倒入上述待净化溶液，用15mL刻度离心管接收洗脱液，5.0mL丙酮+正己烷（10+90）冲洗烧杯后淋洗弗罗里矽柱，并重复一次，将盛有淋洗液的离心管置于氮吹仪上，用水浴温度50℃，氮吹蒸发至小于5mL，用正己烷定容至5.0mL涡旋0.5min，用微孔滤膜过滤，待测。

3. 测定

（1）仪器参考条件（可根据仪器品牌、型号、农残品种和色谱柱不同进行调整）

①色谱柱：100%聚苯基甲基硅氧烷石英毛细管柱（DB-1柱或HP-1柱），30m × 0.25mm × 0.25μm或相当者（如DB-5柱或HP-5柱）；

②色谱柱温度：150℃保持2min，然后以6℃/min 程序升温至270℃，保持8min；

③载气：氮气，纯度≥99.999%，流速为1mL/min；辅助气：氮气，纯度≥99.999%，流速为60mL/min；

④进样口温度：200℃；

⑤检测器温度：320℃；

⑥进样量：1.0μL；

⑦进样方式：分流进样，分流比：10：1。

（2）混合标准工作溶液　将混合标准中间溶液用正己烷稀释成质量浓度为0.01mg/L或0.1mg/L的标准工作溶液，参考色谱条件测定。

（3）定性及定量

①定性测定：以目标农药的保留时间定性。被测试样中目标农药色谱峰的保留时间与相应标准色谱峰的保留时间相比较，相差应在 ± 0.05min之内。

②定量测定：以外标法定量。

③试样溶液的测定：将混合标准工作溶液和试样溶液依次注入气相色谱仪中，保留时间定性，测得目标农药色谱峰面积，与标准溶液峰面积比较定量，再根据公式，得到各农药组分含量。

五、结果分析

试样中被测农药残留量以质量分数X计，单位以毫克每千克（mg/kg）表示，按下式计算。

$$X = \frac{V_1 \times V_3 \times A}{V_2 \times A_s \times m} \times \rho$$

式中　X——样品中被测组分含量，mg/kg；

V_1——提取溶剂总体积，mL；

V_2——提取液分取体积，mL；

V_3——待测溶液定容体积，mL；

ρ——标准溶液中农药的质量浓度，mg/L；

A——样品溶液中被测农药的峰面积；

A_s——农药标准溶液中被测农药的峰面积；

m——试样质量，g。

计算结果以重复性条件下获得的2 次独立测定结果的算术平均值表示，保留2位有效数字。当结果超过1mg/kg时，保留3位有效数字。

六、精密度

在重复性条件下获得的两次独立测定结果的绝对差值不得超过算术平均值的20%。保留2位有效数字。

任务单

一、任务要求

采用气相色谱法完成样品中有机氯和菊酯类农药多残留（以七氯、甲氰菊酯和联苯菊酯等为例）的含量测定，掌握样品制备、提取、净化方法，会进行混合标准溶液配制，能规范熟练操作气相色谱仪，能利用气相色谱仪对样品及标准溶液中多种有机氯和菊酯类农药残留进行检测，能准确计算样品中有机氯和菊酯类农药残留的含量。

二、任务实施

（一）分组讨论，制定工作方案、确定人员分工

填写方案设计表（附表1）。

（二）试剂配制、仪器设备的准备

1. 试剂配制

填写试剂配制表（附表2）。

2. 仪器设备

填写所需仪器设备统计表（附表3）。

（三）实验操作

按照资料单中的分析步骤进行操作。

（四）填写原始数据

食品中多种有机氯和菊酯类农药残留含量的检测原始数据记录单

<table>
<tr><td colspan="2">检测依据</td><td colspan="2"></td><td colspan="2">环境温/湿度</td><td colspan="2"></td></tr>
<tr><td colspan="2">检测地点</td><td colspan="2"></td><td colspan="2">检测时间</td><td colspan="2"></td></tr>
<tr><td colspan="2">检测仪器及型号</td><td colspan="2"></td><td colspan="2">检测器</td><td colspan="2"></td></tr>
<tr><td rowspan="6">仪器条件设置</td><td>进样量（μL）</td><td colspan="2"></td><td colspan="2">进样方式</td><td colspan="2"></td></tr>
<tr><td>色谱柱型号及规格</td><td colspan="2"></td><td colspan="2">分流比</td><td colspan="2"></td></tr>
<tr><td>色谱柱程序升温</td><td colspan="6"></td></tr>
<tr><td>进样口温度（℃）</td><td colspan="2"></td><td colspan="2">检测器温度（℃）</td><td colspan="2"></td></tr>
<tr><td>载气</td><td colspan="2"></td><td colspan="2">流速（mL/min）</td><td colspan="2"></td></tr>
<tr><td>辅助气</td><td colspan="2"></td><td colspan="2">流速（mL/min）</td><td colspan="2"></td></tr>
<tr><td colspan="2">样品编号</td><td colspan="3"></td><td colspan="3"></td></tr>
<tr><td colspan="2">称样量m（g）</td><td colspan="3"></td><td colspan="3"></td></tr>
<tr><td colspan="2">提取液总体积V_1（mL）</td><td colspan="6"></td></tr>
<tr><td colspan="2">净化液体积V_2（mL）</td><td colspan="6"></td></tr>
<tr><td colspan="2">定容体积V_3（mL）</td><td colspan="6"></td></tr>
<tr><td colspan="2">检测项目名称</td><td colspan="2"></td><td colspan="2"></td><td colspan="2"></td></tr>
<tr><td colspan="2">标准物质保留时间（min）</td><td colspan="2"></td><td colspan="2"></td><td colspan="2"></td></tr>
<tr><td colspan="2">标准物质质量浓度 ρ（mg/L）</td><td colspan="2"></td><td colspan="2"></td><td colspan="2"></td></tr>
<tr><td colspan="2">标准溶液峰面积A_s</td><td colspan="2"></td><td colspan="2"></td><td colspan="2"></td></tr>
<tr><td colspan="2">样品保留时间（min）</td><td></td><td></td><td></td><td></td><td></td><td></td></tr>
<tr><td colspan="2">样品峰面积A</td><td></td><td></td><td></td><td></td><td></td><td></td></tr>
<tr><td colspan="2">样品中农残含量X（mg/kg）</td><td></td><td></td><td></td><td></td><td></td><td></td></tr>
<tr><td colspan="2">X平均值（mg/kg）</td><td colspan="2"></td><td colspan="2"></td><td colspan="2"></td></tr>
<tr><td colspan="2">相对相差（%）</td><td colspan="2"></td><td colspan="2"></td><td colspan="2"></td></tr>
<tr><td colspan="2">计算公式</td><td colspan="6">$X=$</td></tr>
<tr><td rowspan="2">安全评价结果</td><td>是否超标</td><td colspan="2">□是　□否</td><td colspan="2">□是　□否</td><td colspan="2">□是　□否</td></tr>
<tr><td>判断依据</td><td colspan="2"></td><td colspan="2"></td><td colspan="2"></td></tr>
</table>

检验人：　　　　　　　　　　　　校核人：

三、考核评价

有机氯和拟除虫菊酯类农药多残留的测定（气相色谱单柱法）考核评分标准

技能操作三 氨基甲酸酯类农药多残留的测定（液相色谱-柱后衍生法）

资料单

一、原理

试样用乙腈提取，提取液经过滤浓缩后，采用固相萃取或分散固相萃取净化，淋洗液经浓缩后，使用带荧光检测器和柱后衍生系统的高效液相色谱仪检测，外标法定量。

本操作参考GB 23200.112—2018《食品安全国家标准 植物源性食品中9种氨基甲酸酯类农药及其代谢物残留量的测定 液相色谱-柱后衍生法》。

二、试剂和材料

除非另有说明，在分析中仅使用分析纯的试剂，水为 GB/T 6682—2008规定的一级水。

1. 试剂

（1）乙腈（CH_3CN，CAS号：75-05-8）。

（2）甲醇（CH_3OH，CAS号：67-56-1）：色谱纯。

（3）二氯甲烷（CH_2Cl_2，CAS号：75-09-2）：色谱纯。

（4）甲苯（C_7H_8，CAS号：108-88-3）：色谱纯。

（5）氯化钠（NaCl，CAS号：7617-14-5）。

（6）邻苯二甲醛（$C_8H_6O_2$，CAS号：643-79-8）。

（7）2-二甲胺基乙硫醇盐酸盐（$C_4H_{12}ClNS$，CAS号：13242-44-9），或相当者。

（8）无水硫酸镁（$MgSO_4$，CAS号：7487-88-9）。

（9）醋酸钠（CH_3COONa，CAS号：6131-90-4）。

（10）氢氧化钠（NaOH，CAS号：1310-73-2）。

（11）十水四硼酸钠（$Na_2B_4O_7 \cdot 10H_2O$，CAS号：1303-96-4）。

2. 溶液配制

（1）甲醇-二氯甲烷溶液（1+99，体积比）：量取10mL甲醇加入990mL二氯甲烷中，混匀。

（2）乙腈-甲苯溶液（3+1，体积比）：量取100mL甲苯加入300mL乙腈中，混匀。

（3）氢氧化钠溶液（0.05mol/L）：称取2.0g氢氧化钠，用水溶解并定容至1000mL，混匀。

（4）十水四硼酸钠溶液（4g/L）：称取4.0g十水四硼酸钠，用水溶解并定容至100mL，混匀。

（5）OPA试剂：称取50.0mg邻苯二甲醛，溶于5mL甲醇中，混匀；再称取1.0g 2-二甲胺基乙硫醇盐酸盐，溶于5mL十水四硼酸钠溶液，混匀；将上述2种溶液倒入490mL十水四硼酸钠溶液，混匀。

3. 标准品

氨基甲酸酯类农药及其代谢物标准品（以克百威、三羟基克百威、速灭威为例），纯度≥95%。

4. 标准溶液配制

（1）标准储备溶液（1000mg/L）：准确称取10mg（精确至0.1mg）各农药标准品，用甲醇溶解并分别定容到10mL。标准储备溶液避光-18℃保存，有效期1年。

（2）混合标准溶液：准确吸取一定量的单个农药储备溶液于10mL容量瓶中，用甲醇定容至刻度混合标准溶液，避光0~4℃保存，有效期1个月。

5. 材料

（1）固相萃取柱1：氨基填料（NH_2）500mg，6mL。

（2）固相萃取柱2：石墨化炭黑填料（GCB）500mg，氨基填料（NH_2）500mg，6mL。

（3）乙二胺-*N*-丙基硅烷硅胶（PSA）：40~60μm。

（4）十八烷基甲硅烷改性硅胶（C_{18}）：40~60μm。

（5）陶瓷均质子：2cm（长）×1cm（外径）。

（6）微孔滤膜（有机相）：0.22μm×25mm。

三、仪器和设备

（1）液相色谱仪配有柱后衍生反应装置和荧光检测器（FLD）。

（2）分析天平：感量0.1mg和0.01g。

（3）高速匀浆机：转速不低于15000r/min。

（4）高速离心机：转速不低于4200r/min。

（5）组织捣碎机。

（6）旋转蒸发仪。

（7）氮吹仪：可控温。

（8）涡旋振荡器。

四、分析步骤

1. 试样制备

（1）蔬菜和水果的取样量按照相关标准的规定执行，食用菌样品随机取样1kg。样品取样部位按照GB 2763—2021的规定执行。对于个体较小的样品，取样后全部处理；对于个体较大的基本均匀样品，可在对称轴或对称面上分割或切成小块后处理；对于细长、扁平或组分含量在各部分有差异的样品，可在不同部位切取小片或截成小段后处理取后的样品将其切碎，充分混匀，用四分法取样或直接放入组织捣碎机中捣碎成匀浆，放入聚乙烯瓶中。

（2）取谷类样品500g，粉碎后使其全部可通过425μm的标准网筛，放入聚乙烯瓶或袋中。

（3）取油料作物茶叶、坚果和香辛料各500g，粉碎后充分混匀，放入聚乙烯瓶或袋中。

（4）植物油类搅拌均匀，放入聚乙烯瓶中。

试样于-18℃条件下保存。

2. 提取和净化

（1）蔬菜、水果和食用菌　称取20g（精确到0.01g）试样于150mL烧杯中，加入40mL乙腈，用高速匀浆机15000r/min匀浆2min，提取液过滤至装有5~7g氯化钠的100mL具塞量筒中，盖上塞子，剧烈振荡1min，在室温下静置30min。准确吸取10mL上清液于100mL烧杯中，80℃水浴中氮吹蒸发近干，加入2mL甲醇溶解残余物，待净化。

将固相萃取柱 1 用4.0mL甲醇-二氯甲烷溶液（1+99）预淋洗，当溶剂液面到达柱筛板顶部时，立即倒入上述待净化溶液，用10mL刻度离心管接收洗脱液，用2.0mL甲醇-二氯甲烷溶液（1+99）冲洗烧杯后过柱，并重复一次，将盛有淋洗液的离心管置于氮吹仪上，用水浴温度50℃，氮吹蒸发近干，准确加入2.50mL甲醇，涡旋0.5min，用微孔滤膜过滤，待测。

（2）谷物　称取10g（精确到0.01g）试样于250mL具塞锥形瓶中，加入20mL水混匀后静置30min，加入50mL乙腈，在振荡器上以转速为200r/min 振荡提取30min，提取液过滤至装有5~7g氯化钠的100mL具塞量筒中，盖上塞子，剧烈振荡1min，在室温下静置30min。准确吸取10mL上清液，80℃水浴中氮吹蒸发近干，加入2mL甲醇溶解残余物，待净化。

将固相萃取柱用4.0mL甲醇-二氯甲烷溶液（1+99）预淋洗，当溶剂液面到达柱筛板顶部时，立即倒入上述待净化溶液，用10mL刻度离心管接收洗脱液，用2.0mL甲醇-二氯甲烷溶液（1+99）冲洗烧杯后过柱，并重复一次，将盛有淋洗液的离心管置于氮吹仪上，用水浴温度50℃，氮吹蒸发近干，准确加入2.50mL甲醇，涡旋0.5min，用微孔滤膜过滤，待测。

（3）茶叶和香辛料　称取5g（精确到0.01g）试样于150mL烧杯中，加入20mL水浸润30min，加入50mL乙腈，用高速匀浆机15000r/min高速匀浆2min，提取液过滤至装有5~7g氯化钠的100mL具塞量筒中，盖上塞子，剧烈振荡1min，在室温下静置30min。准确吸取10mL上清液，80℃水浴氮吹蒸发近干，加入2mL乙腈-甲苯溶液（3+1，体积比）溶解残余物，待净化。

将固相萃取柱2用5mL乙腈-甲苯溶液预淋洗。当液面到达筛板顶部时，立即加入上述待净化溶液，用100mL旋转蒸发瓶收集洗脱液，用2mL乙腈-甲苯溶液刷洗烧杯后过柱，并重复一次。再用25mL乙腈-甲苯溶液洗脱柱子，收集的洗脱液于40℃水浴中旋转蒸发近干，用5mL甲醇冲洗旋转蒸发瓶并转移到10mL离心管中，50℃水浴中氮吹蒸发近干，准确加入1.00mL甲醇，涡旋混匀，用微孔滤膜过滤，待测。

（4）油料作物和坚果　称取10g（精确到0.01g）试样于150mL烧杯中，加入20mL水，混匀后，静置30min，再加入50mL乙腈，用高速匀浆机15000r/min匀浆2min，提取液过滤至装有5~7g氯化钠100mL具塞量筒中，盖上塞子，剧烈振荡1min，在室温下静置30min。

准确吸取8mL上清液于内含1200mg无水硫酸镁、400mgPSA、400mg C_{18}的15mL塑料离心管中，涡旋混匀1min，再以4200r/min离心5min，准确吸取5mL上清液加入到10mL离心管中，50℃水浴中氮吹蒸发近干，准确加入2.00mL甲醇，涡旋混匀0.5min，用微孔滤膜过滤，待测。

（5）植物油　称取3g（精确至0.01g）试样于50mL塑料离心管中，加入5mL水、15mL乙腈，并加入6g无水硫酸镁、1.5g醋酸钠及1颗陶瓷均质子，剧烈振荡1min，4200r/min离心5min。

准确吸取8mL上清液于内含1200mg无水硫酸镁、400mgPSA、400mg C_{18}的15mL塑料离心管中，涡旋混匀1min，再以4200r/min离心5min，准确吸取5mL上清液加入到10mL离心管中，50℃水浴中氮吹蒸发近干，准确加入1.00mL甲醇，涡旋混匀0.5min，用微孔滤膜过滤，待测。

3. 测定

（1）仪器参考条件（可根据仪器品牌、型号、农残品种和色谱柱不同进行调整）

①色谱柱：C_{18}柱或C_8柱，250mm × 4.6mm（内径）× 5μm（粒径）或相当者。

②柱温：42℃。

③荧光检测器：激发波长（λ_{ex}）：330nm，发射波长（λ_{em}）：465nm。

④流动相及梯度洗脱参考条件见表1（根据检测的氨基甲酸酯农药类型和色谱柱类型需要调整）。

表1　流动相及梯度洗脱条件

时间（min）	流速（mL/min）	流动相A：水（%）	流动相B：甲醇（%）
0.00	1.0	85	15
2.00	1.0	75	25
6.50	1.0	75	25
10.50	1.0	60	40
28.00	1.0	60	40
33.00	1.0	20	80
35.00	1.0	20	80
35.10	1.0	0	100
37.00	1.0	0	100
37.10	1.0	85	15

⑤柱后衍生：0.05mol/L氢氧化钠溶液，流速0.3mL/min；OPA试剂，流速0.3mL/min；水解温度，100℃；衍生温度，室温。

⑥进样体积：10μL。

（2）标准工作曲线　精确吸取一定量的混合标准溶液，逐级用甲醇稀释成质量浓度为0.01，0.05，0.1，0.5，1mg/L的系列标准溶液，参考色谱条件测定。以农药质量浓度为横坐标、色谱的峰面积积分值为纵坐标，绘制标准曲线。

（3）定性及定量

①定性测定：以目标农药的保留时间定性。被测试样中目标农药色谱峰的保留时间与相应标准色谱峰的保留时间相比较，相差应在±0.05min之内。

②定量测定：以外标法定量。

③试样溶液的测定：将混合标准工作溶液和试样溶液依次注入液相色谱仪中，保留时间定性，测得目标农药色谱峰面积，根据公式，得到各农药组分含量。待测样液中农药的响应值应在仪器检测的定量测定线性范围之内，超过线性范围时，应根据测定浓度进行适当倍数稀释后再进行分析。

五、结果分析

试样中被测农药残留量以质量分数 X 计，单位以毫克每千克（mg/kg）表示，按下式计算。

$$X = \frac{V_1 \times V_3 \times A}{V_2 \times A_s \times m} \times \rho$$

式中 X——样品中被测组分含量，mg/kg；

V_1——提取溶剂总体积，mL；

V_2——提取液分取体积，mL；

V_3——待测溶液定容体积，mL；

ρ——标准溶液中农药的质量浓度，mg/L；

A——样品溶液中被测农药的峰面积；

A_s——农药标准溶液中被测农药的峰面积；

m——试样质量，g。

计算结果以重复性条件下获得的2次独立测定结果的算术平均值表示，保留2位有效数字。当结果超过1mg/kg时，保留3位有效数字。

六、精密度

在重复性条件下获得的两次独立测定结果的绝对差值不得超过算术平均值的20%。保留2位有效数字。

任务单

一、任务要求

采用液相色谱柱后衍生法完成样品中氨基甲酸酯类农药多残留（以克百威、三羟基克百威、速灭威等为例）的含量测定，掌握样品制备、提取、净化方法，会进行混合标准溶液、标准曲线溶液的配制，能规范熟练操作液相色谱仪，能利用液相色谱仪对样品及标准溶液中多种氨基甲酸酯类农药进行检测，能准确计算样品中氨基甲酸酯类农药残留的含量。

二、任务实施

（一）分组讨论，制定工作方案、确定人员分工

填写方案设计表（附表1）。

（二）试剂配制、仪器设备的准备

1. 试剂配制

填写试剂配制表（附表2）。

2. 仪器设备

填写所需仪器设备统计表（附表3）。

（三）实验操作

按照资料单中的分析步骤进行操作。

（四）填写原始数据

食品中多种氨基甲酸酯类农药残留含量的检测原始数据记录单

检测依据			环境温/湿度	
检测地点			检测时间	
检测仪器及型号			检测器	
仪器条件设置	进样量（μL）		激发波长	
			发射波长	
	色谱柱型号及规格		柱温	
	流动相梯度洗脱程序			
	时间（min）	流速（mL/min）	流动相A：（ ）%	流动相B：（ ）%
	柱后衍生试剂1		流速（mL/min）	
	柱后衍生试剂2		流速（mL/min）	
	水解温度℃		衍生温度（℃）	
标准曲线制备	标准物质名称	标准曲线线性关系及相关系数		

续表

样品编号						
称样量m（g）						
提取液总体积V_1（mL）						
净化液体积V_2（mL）						
定容体积V_3（mL）						
检测项目名称						
标准物质保留时间（min）						
标准物质质量浓度ρ（mg/L）						
标准溶液峰面积A_s						
样品保留时间（min）						
样品峰面积A						
样品中农残含量X（mg/kg）						
X平均值（mg/kg）						
相对相差（%）						
计算公式	$X=$					
安全评价结果：是否超标	□是 □否		□是 □否		□是 □否	
安全评价结果：判断依据						
检验人：			校核人：			

三、考核评价

氨基甲酸酯类农药多残留的测定（液相色谱－柱后衍生法）考核评分标准

农药残留量检测安全评价知识点在线测试

考核项目三
兽药残留检测安全评价

技能操作一 水产品中硝基呋喃类代谢物残留检测（高效液相色谱法）

资料单

一、原理

试样中残留的硝基呋喃类代谢物用三氯乙酸-甲醇溶液提取，经衍生、乙酸乙酯萃取、固相萃取柱净化后，用紫外检测器进行检测，外标法定量。

本操作参考农业部1077号公告-2—2008《水产品中硝基呋喃类代谢物残留量的测定 高效液相色谱法》。

二、试剂和材料

本标准所用试剂应无干扰峰。除另有特别说明外，所用试剂均为分析纯。试验用水应符合GB/T 6682—2008一级水的要求。

（1）乙腈：色谱纯。

（2）30%乙腈溶液：30mL乙腈与70mL水混合溶解。

（3）甲醇：色谱纯。

（4）5%甲醇溶液：5mL甲醇与95mL水混合溶解。

（5）乙酸乙酯：色谱纯。

（6）异丙醇：色谱纯。

（7）庚烷磺酸钠：色谱级。

（8）异辛烷：色谱纯。

（9）冰乙酸：色谱纯。

（10）酸性氧化铝：100~200目。

（11）硅胶C_{18}键合材料：100~200目。

（12）吸附型离子交换树脂：100~200目。

（13）提取剂1：酸性氧化铝、硅胶C_{18}键合材料和吸附型离子交换树脂按30∶40∶30比例混合。

（14）三氯乙酸：优级纯。

（15）提取剂2：三氯乙酸-甲醇溶液，称取55.4g三氯乙酸溶于500mL水中，加入500mL甲醇混合。

（16）邻氯苯甲醛：色谱纯。

（17）衍生化试剂：吸取100μL邻氯苯甲醛，溶解于5mL冰乙酸和20mL甲醇混合液中。

（18）氢氧化钠。

（19）10mol/L氢氧化钠：称取固体氢氧化钠40g，加水溶解冷却后，定容到100mL。

（20）1mol/L氢氧化钠：称取固体氢氧化钠4g，加水溶解冷却后，定容到100mL。

（21）净化柱：C_{18}-CN混合柱，200mg，3mL；或性能相当者。

（22）0.05%庚烷磺酸钠溶液：称取0.500g庚烷磺酸钠，加1000mL水溶解。

（23）标准品：氨基脲（SEM）、3-氨基-2-唑烷基酮（AOZ）、5-甲基吗啉-3-氨基-2-唑烷基酮（AMOZ）、1-氨基-2-内酰脲（AHD），纯度≥99%。

（24）标准储备溶液：准确称量AMOZ、AHD、AOZ、SEM各10mg，用甲醇分别定容于100mL容量瓶中，配制成100μg/mL的标准储备液。-18℃冰箱中保存，有效期6个月。

（25）混合标准工作溶液：使用前取上述“标准储备溶液”，用甲醇稀释成所需浓度。

三、仪器和设备

（1）高效液相色谱仪：配紫外检测器。

（2）天平：感量0.01g。

（3）分析天平：感量0.00001g。

（4）离心机：6000r/min。

（5）旋转蒸发仪。

（6）可水浴加热超声波清洗机或恒温水浴摇床。

（7）氮吹仪。

（8）涡旋混合器。

（9）固相萃取仪。

（10）匀浆机。

四、分析步骤

1. 试样制备

（1）鱼类　至少取3尾鱼清洗后，去头、骨、内脏，取肌肉等可食部分绞碎混合均匀后备用；试样量为400g，分为两份，其中一份用于检验，另一份作为留样。

（2）虾类　至少取10尾清洗后，去虾头、虾皮、肠腺，得到整条虾肉分绞碎混合均匀后备用；试样量为400g，分为两份，其中一份用于检验，另一份作为留样。

（3）蟹类　至少取5只蟹清洗后，取可食部分（肉及性腺），绞碎混合均匀后备用；

试样量为400g，分为两份，其中一份用于检验，另一份作为留样。

（4）贝类　将样品清洗后开壳剥离，收集全部的软组织和体液匀浆；试样量为700g，分为两份，其中一份用于检验，另一份作为留样。

（5）藻类　将样品去除砂石等杂质后，均质；试样量为400g，分为两份，其中一份用于检验，另一份作为留样。

（6）龟鳖类产品　至少取3只清洗后，取可食部分，绞碎混合均匀后备用；试样量为400g，分为两份，其中一份用于检验，另一份作为留样。

2. 提取

准确称取已捣碎的样品10g（±0.05g），置于50mL离心管中，加入7g提取剂1及10mL提取剂2，涡旋混合后于40℃摇床振摇或超声30min，于6000r/min离心10min，取出上清液于另一50mL离心管中；再加入10mL提取剂2，重复提取一遍，合并提取液。

3. 衍生化

于上述提取液中，加入衍生化试剂0.5mL混匀后，于40℃摇床振摇或超声60min，取出冷至室温。

4. 萃取

将冷却后的上清液用10mol/L和1mol/L的氢氧化钠调pH到7.0（±0.1），加入15mL乙酸乙酯萃取，4000r/min离心10min后，取出乙酸乙酯层于梨形瓶中，再加入10mL乙酸乙酯，重复上述操作两次，合并乙酸乙酯层，于35℃水浴中减压旋转蒸发至干，加入5%的甲醇溶液5mL溶解残渣。

5. 净化

将净化柱依次用5mL甲醇、5mL水活化后，加入上述萃取液以1~2mL/min速度过柱，待样液全部过完后加5mL水淋洗，抽干，弃去流出液，用2mL甲醇以1~2mL/min速度洗脱，接收全部洗脱液，40℃氮气吹干。残留物用1.0mL30%乙腈溶液及2mL异辛烷溶解，振荡混匀，6000r/min离心10min，取下层乙腈水层过0.22μm有机相微孔滤膜，供高效液相仪器测定。

6. 工作曲线

移取适量AMOZ、AHD、AOZ、SEM混合标准溶液，添加到10mL提取剂2中，使其浓度分别为0.5，1.0，5.0，10.0，50.0ng/mL，按样品测定步骤处理，用高效液相色谱仪测定，绘制标准工作曲线。或采用与待测物相近浓度的标样进行单点测定。

7. 色谱测定

（1）液相色谱参考条件

①色谱柱：SB-CN柱，250mm×4.6mm（i.d.），粒度5μm；或性能相当者。

②流动相：乙腈+异丙醇+乙酸乙酯+冰乙酸+0.05%庚烷磺酸钠溶液（5+10+5+0.1+80）。

③流速：1.0mL/min。

④柱温：30℃。

⑤检测波长：280nm。

⑥进样量：50μL。

（2）测定方法　标准工作溶液和样液中的AMOZ、AHD、AOZ、SEM响应值均应在线性范围之内。在上述条件下，空白试样、标准溶液和加标样品的色谱图见图1~图3。

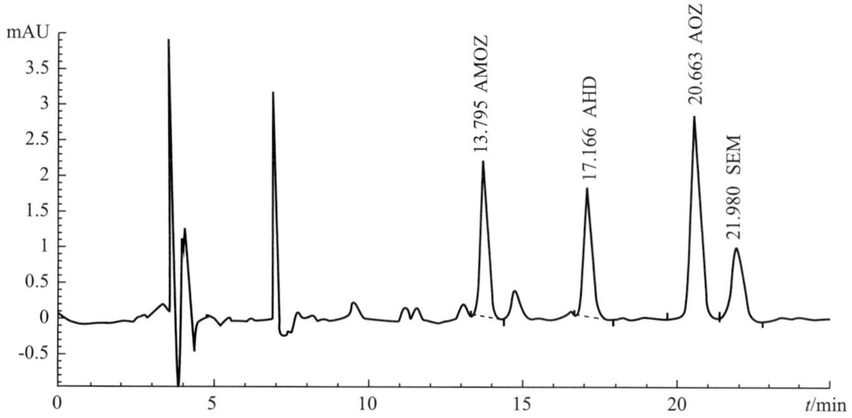

图1　100ng/mL 硝基呋喃类代谢物混合标准溶液色谱图

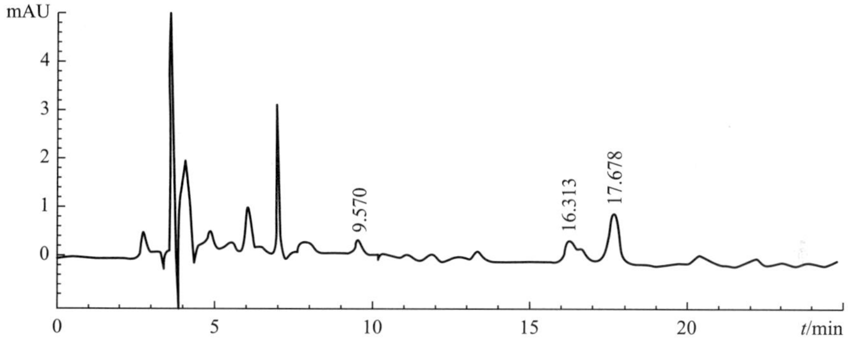

图2　空白虾样品色谱图

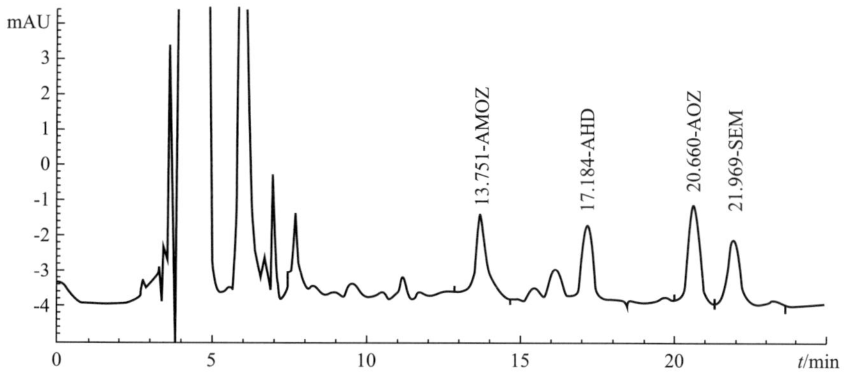

图3　空白虾样品添加 10μg/kg 硝基呋喃类代谢物色谱图

8. 空白试验

除不加试料外，采用完全相同的步骤进行平行操作。

五、结果分析

样品中AMOZ、AHD、AOZ、SE的含量按下式进行计算。

$$X=\frac{C\times V}{m}$$

式中 X——样品中被测物含量，μg/kg；

C——上机测定时的标准溶液中被测物的含量，ng/mL；

V——样品最终定容体积，mL；

m——样品质量，g。

计算结果需扣除空白值，结果保留三位有效数字。

六、灵敏度、准确度和精密度

1. 灵敏度

本方法AMOZ、AHD、AOZ、SEM的检出限为0.5μg/kg，最低定量限均为1.0μg/kg。

2. 准确度

本方法在0.5~50ng/mL范围内，AMOZ、AHD、AOZ、SEM的回收率均为70%~110%。

3. 精密度

本方法批内和批间相对标准偏差≤15%。

任务单

一、任务要求

采用高效液相色谱法完成样品中硝基呋喃类代谢物残留含量的测定，掌握样品制备、提取、净化方法，会进行标准溶液、标准使用液的配制，能规范熟练操作样品前处理设备与高效液相色谱仪，能利用高效液相色谱仪对样品及标准溶液中硝基呋喃类代谢物进行检测，能准确计算样品中硝基呋喃类代谢物残留的含量。

二、任务实施

（一）分组讨论，制定工作方案、确定人员分工

填写方案设计表（附表1）。

（二）试剂配制、仪器设备的准备

1. 试剂配制

填写试剂配制表（附表2）。

3. 仪器设备

填写所需仪器设备统计表（附表3）。

（三）实验操作

按照资料单中的分析步骤进行操作。

（四）填写原始数据

水产品中硝基呋喃类代谢物残留检测原始记录表

<table>
<tr><td>检测项目</td><td colspan="4"></td><td colspan="2">方法依据</td><td colspan="2"></td></tr>
<tr><td>方法检出限</td><td colspan="4"></td><td colspan="2">环境条件</td><td colspan="2">℃ %RH</td></tr>
<tr><td>仪器条件</td><td colspan="8">仪器名称：
色 谱 柱： 柱 温： 进样量：
流动相条件：
检测器及参数：</td></tr>
<tr><td>样品名称</td><td></td><td colspan="2">样品编号</td><td colspan="2"></td><td colspan="2">样品状态</td><td></td></tr>
<tr><td>检测编号</td><td></td><td></td><td></td><td></td><td></td><td></td><td></td><td></td></tr>
<tr><td>取样量m（g）</td><td></td><td></td><td></td><td></td><td></td><td></td><td></td><td></td></tr>
<tr><td>定容体积V（mL）</td><td></td><td></td><td></td><td></td><td></td><td></td><td></td><td></td></tr>
<tr><td>进样液C_{AOZ}（ng/mL）</td><td></td><td></td><td></td><td></td><td></td><td></td><td></td><td></td></tr>
<tr><td>样品中含量X_{AOZ}（μg/kg）</td><td></td><td></td><td></td><td></td><td></td><td></td><td></td><td></td></tr>
<tr><td>进样液C_{AMOZ}（ng/mL）</td><td></td><td></td><td></td><td></td><td></td><td></td><td></td><td></td></tr>
<tr><td>样品中含量X_{AMOZ}（μg/mL）</td><td></td><td></td><td></td><td></td><td></td><td></td><td></td><td></td></tr>
<tr><td>进样液C_{SEM}（ng/mL）</td><td></td><td></td><td></td><td></td><td></td><td></td><td></td><td></td></tr>
<tr><td>样品中含量X_{SEM}（μg/kg）</td><td></td><td></td><td></td><td></td><td></td><td></td><td></td><td></td></tr>
</table>

续表

<table>
<tr><td colspan="2">进样液C_{AHD}（ng/mL）</td><td></td><td></td><td></td><td></td><td></td><td></td><td></td><td></td></tr>
<tr><td colspan="2">样品中含量X_{AHD}（μg/kg）</td><td></td><td></td><td></td><td></td><td></td><td></td><td></td><td></td></tr>
<tr><td colspan="2">样品中药物残留含量（μg/kg）</td><td colspan="4">$\bar{X}_{AOZ}$:
$\bar{X}_{SEM}$:</td><td colspan="4">$\bar{X}_{AMOZ}$:
$\bar{X}_{AHD}$:</td></tr>
<tr><td colspan="2">精密度S评估（≤15%）</td><td colspan="4">S_{AOZ}:
S_{SEM}:</td><td colspan="4">S_{AMOZ}:
S_{AHZ}:</td></tr>
<tr><td>校准曲线水平点含量（μg/kg）</td><td colspan="4"></td><td>曲线方程及R^2值</td><td colspan="4"></td></tr>
<tr><td>计算公式</td><td colspan="9"></td></tr>
<tr><td>安全评价结果</td><td colspan="9"></td></tr>
<tr><td>检测人</td><td colspan="2"></td><td>校核人</td><td colspan="2"></td><td>审核人</td><td colspan="3"></td></tr>
<tr><td>日 期</td><td colspan="2"></td><td>日 期</td><td colspan="2"></td><td>日 期</td><td colspan="3"></td></tr>
</table>

三、考核评价

水产品中硝基呋喃类代谢物残留检测（高效液相色谱法）考核评分标准

技能操作二 水产品中青霉素类药物多残留检测（高效液相色谱法）

资料单

一、原理

试料中残留的青霉素类药物，用乙腈提取，HLB柱净化，1，2，4-三氮唑和氯化汞溶液衍生，高效液相色谱-紫外测定，外标法定量。

本操作参考GB 29682—2013《食品安全国家标准 水产品中青霉素类药物多残留量

的测定　高效液相色谱法》。

二、试剂和材料

以下所用的试剂，除特别注明外均为分析纯试剂，水为符合GB/T 6682—2008规定的一级水。

（1）青霉素G、苯唑西林、双氯青霉素和乙氧萘青霉素标准品：含量≥98%。

（2）甲醇。

（3）乙腈。

（4）五水硫代硫酸钠。

（5）二水磷酸二氢钠。

（6）无水磷酸氢二钠。

（7）硫酸铵。

（8）氢氧化钠。

（9）正己烷。

（10）1，2，4-三氮唑。

（11）氯化汞（Ⅱ）。

（12）HLB固相萃取柱：60mg/3mL，或相当者。

（13）流动相A：取五水硫代硫酸钠3.9g，用水溶解，再加入二水磷酸二氢钠10.2g、无水磷酸氢二钠4.9g、硫酸铵6.8g，用水溶解，并稀释至1000mL，滤膜过滤。

（14）氯化汞（Ⅱ）溶液：取氯化汞（Ⅱ）0.27g，用水溶解并稀释至10mL，现配现用。

（15）5mol/L氢氧化钠溶液：取氢氧化钠20g，用水溶解并稀释至100mL。

（16）衍生化试剂：取1，2，4-三氮唑13.78g，用水60mL溶解，加氯化汞溶液10mL，用5mol/L氢氧化钠溶液调节pH至9.0，用水稀释到100mL。2~8℃避光保存，有效期3个月。

（17）1mg/mL青霉素类药物标准储备液：精密称取青霉素G、苯唑西林、双氯青霉素和乙氧萘青霉素的标准品各10mg，分别于10mL量瓶中，用水溶解并稀释至刻度，配制成浓度为1mg/mL的青霉素G、苯唑西林、双氯青霉素和乙氧萘青霉素标准储备液，分装，立刻于-20℃以下避光保存，有效期1个月。使用时不得反复冻融。

（18）10μg/mL青霉素G标准工作液：精密量取1mg/mL青霉素G标准储备液1.0mL，于100mL量瓶中，用水溶解并稀释至刻度，配制成浓度为10μg/mL的青霉素G标准工作液，分装，立刻于-20℃以下避光保存，有效期1个月。使用时不得反复冻融。

（19）10μg/mL苯唑西林、双氯青霉素和乙氧萘青霉素混合标准工作液：精密量取1mg/mL苯唑西林、双氯青霉素和乙氧萘青霉素标准储备液各1.0mL，于100mL量瓶中，用水溶解并稀释至刻度，配制成浓度为10μg/mL的苯唑西林、双氯青霉素和乙氧萘青霉素混合标准工作液，分装，立刻于-20℃以下避光保存，有效期1个月。使用时不得反复冻融。

三、仪器和设备

（1）高效液相色谱仪：配紫外检测器。
（2）分析天平：感量0.00001g。
（3）天平：感量0.01g。
（4）冷冻高速离心机。
（5）恒温水浴锅。
（6）涡旋混合器。
（7）固相萃取装置。
（8）组织匀浆机。
（9）氮气吹干装置。
（10）离心管：50mL。
（11）滤膜：0.45μm。

四、分析步骤

1. 试料的制备与保存

（1）试料的制备　鱼去鳞、去皮，沿背部取肌肉组织，或取鱼肌肉+皮组织，绞碎，并使均质。

取均质后的供试样品，作为供试试料。取均质后的空白样品，作为空白试料。

取均质后的空白样品，添加适宜浓度的标准工作液，作为空白添加试料。

（2）试料的保存　−20℃以下保存。

2. 提取

称取试料5g ± 0.05g，于50mL离心管中，加乙腈15mL，混匀，加正己烷5mL，涡旋混匀，6000r/min离心15min，弃正己烷层液，取下层液，于另一离心管中。残渣中再加乙腈10mL、正己烷5mL，涡旋混匀，6000r/min离心15min，弃正己烷层液，合并两次下层液，于40℃水浴旋转蒸干，用水5mL溶解残余物，备用。

3. 净化

HLB柱依次用甲醇3mL和水3mL活化，取备用液过柱，用水1mL淋洗，乙腈3mL洗脱，收集洗脱液，于45~50℃水浴氮气吹干。用流动相1.0mL溶解残余物，涡旋混匀，备用。

4. 衍生化

准确量取备用液500μL，于1.5mL聚丙烯离心管中，加衍生化试剂500μL，涡旋混匀，于65℃水浴反应10min，快速冰浴冷却，于4℃10000r/min离心10min，取上清液，供高效液相色谱测定。

5. 测定

（1）色谱条件

①色谱柱：C_{18}（250mm×4.6mm，粒径5μm），或相当者。

②流动相：流动相A+乙腈（65+35，体积比）。

③流速：1mL/min。

④紫外检测波长：325nm。

⑤ 柱温：30℃。

⑥进样量：50μL。

（2）标准曲线的制备　分别精密量取10μg/mL青霉素G标准工作液及10μg/mL苯唑西林、双氯青霉素和乙氧萘青霉素混合标准工作液适量，用流动相稀释，配制成青霉素G浓度为20，50，100，200，400，800，1600μg/L，苯唑西林、双氯青霉素和乙氧萘青霉素浓度为100，200，400，800，1600，3200，6400μg/L的系列青霉素类药物混合标准溶液，各取500μL，按衍生化步骤操作，供高效液相色谱测定。以测得峰面积为纵坐标，对应的标准溶液浓度为横坐标，绘制标准曲线。求回归方程和相关系数。

（3）测定法　取试样溶液和相应的标准溶液，作单点或多点校准，按外标法，以峰面积计算。标准溶液及试样溶液中青霉素类药物响应值应在仪器检测的线性范围之内。在上述色谱条件下，标准溶液和空白添加试样溶液的高效液相色谱图见图 1 ~图3。

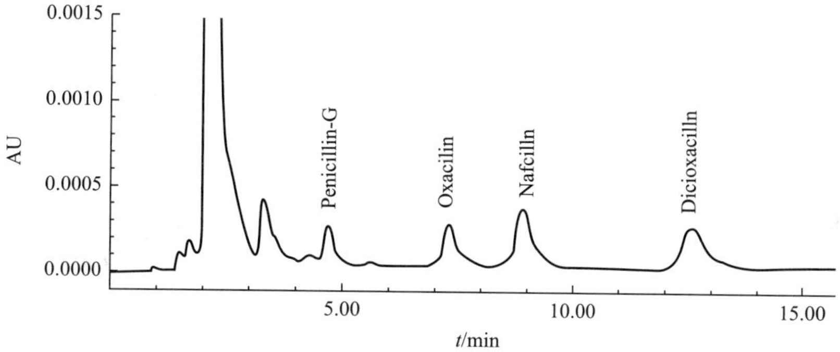

图 1　青霉素类药物标准溶液色谱图
（青霉素 G 20μg/L，苯唑西林、双氯青霉素和乙氧萘青霉素各 100μg/L）

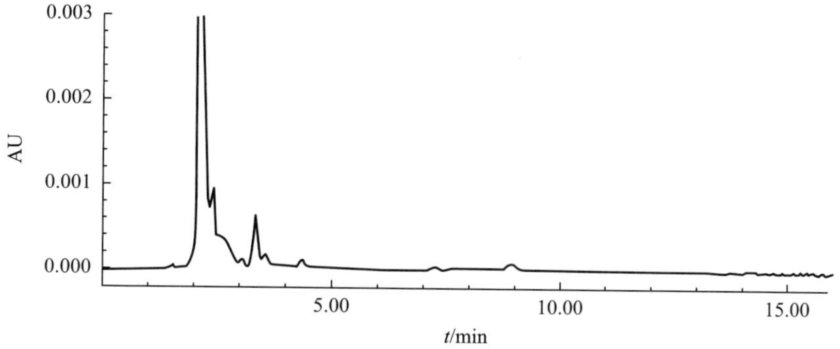

图 2　鲤肌肉组织空白试样色谱图

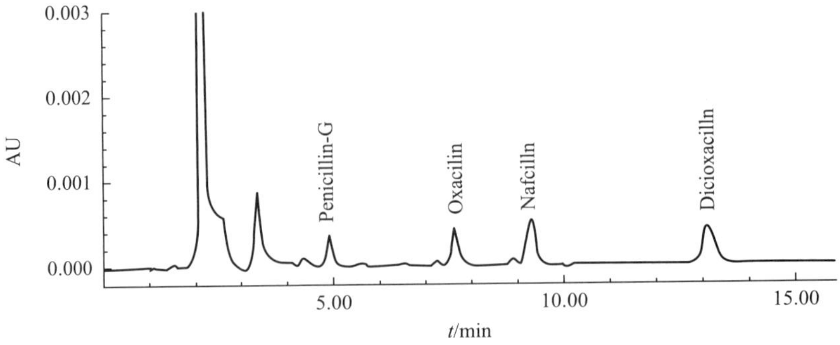

图3　鲤肌肉组织空白添加青霉素类药物试样色谱图
（青霉素G 10μg/kg，苯唑西林、双氯青霉素和乙氧萘青霉素各 50μg/kg）

6. 空白试验

除不加试料外，采用完全相同的步骤进行平行操作。

五、结果分析

试料中青霉素类药物的残留量按下式进行计算。

$$X = \frac{A \times c_s \times V}{A_s \times m}$$

式中　X——供试试料中相应的青霉素类药物残留量，μg/kg；

A——试样溶液中相应的青霉素类药物衍生物峰面积；

c_s——标准工作液中相应的青霉素类药物浓度，μg/L；

V——衍生化后所得溶液总体积，mL；

A_s——标准工作液中相应的青霉素类药物衍生物峰面积；

m——供试试料质量，g。

计算结果需扣除空白值，测定结果用平行测定的算术平均值表示，保留三位有效数字。

六、灵敏度、准确度和精密度

1. 灵敏度

本方法青霉素G的检测限为3μg/kg，定量限为10μg/kg，苯唑西林、双氯青霉素、乙氧萘青霉素的检测限为10μg/kg，定量限为50μg/kg。

2. 准确度

本方法在10~600μg/kg添加浓度水平上的回收率为70%~110%。

3. 精密度

本方法批内相对标准偏差≤20%，批间相对标准偏差≤20%。

任务单

一、任务要求

采用高效液相色谱法完成样品中青霉素类药物多残留含量的测定，掌握样品制备、提取、净化、衍生化方法，会进行标准溶液、标准使用液、混合标准使用液的配制，能规范熟练操作样品前处理设备与高效液相色谱仪，能利用高效液相色谱仪对样品及标准溶液中青霉素类药物多残留进行检测，能准确计算样品中各种青霉素类药物残留的含量。

二、任务实施

（一）分组讨论，制定工作方案、确定人员分工

填写方案设计表（附表1）。

（二）试剂配制、仪器设备的准备

1. 试剂配制

填写试剂配制表（附表2）。

2. 仪器设备

填写所需仪器设备统计表（附表3）。

（三）实验操作

按照资料单中的分析步骤进行操作。

（四）填写原始数据

水产品中青霉素类药物残留检测原始记录表

检测项目		方法依据		
方法检出限		环境条件	℃	%RH
仪器条件	仪器名称： 色谱柱： 流动相条件： 检测器及参数：	柱 温：		进样量：

续表

<table>
<tr><td>样品名称</td><td colspan="2"></td><td colspan="2">样品编号</td><td colspan="2"></td><td>样品状态</td><td></td></tr>
<tr><td>检测编号</td><td></td><td></td><td></td><td></td><td></td><td></td><td></td><td></td></tr>
<tr><td>取样量m（g）</td><td></td><td></td><td></td><td></td><td></td><td></td><td></td><td></td></tr>
<tr><td>定容体积V（mL）</td><td></td><td></td><td></td><td></td><td></td><td></td><td></td><td></td></tr>
<tr><td>标准工作液$c_{\text{青霉素}}$（ng/mL）</td><td></td><td></td><td></td><td></td><td></td><td></td><td></td><td></td></tr>
<tr><td>标准工作液峰面积$A_{\text{青霉素}}$</td><td></td><td></td><td></td><td></td><td></td><td></td><td></td><td></td></tr>
<tr><td>样品峰面积$A_{\text{青霉素}}$</td><td></td><td></td><td></td><td></td><td></td><td></td><td></td><td></td></tr>
<tr><td>样品中含量$X_{\text{青霉素}}$（μg/kg）</td><td></td><td></td><td></td><td></td><td></td><td></td><td></td><td></td></tr>
<tr><td>标准工作液$c_{\text{苯唑西林}}$（μg/L）</td><td></td><td></td><td></td><td></td><td></td><td></td><td></td><td></td></tr>
<tr><td>标准工作液峰面积$A_{\text{苯唑西林}}$</td><td></td><td></td><td></td><td></td><td></td><td></td><td></td><td></td></tr>
<tr><td>样品峰面积$A_{\text{苯唑西林}}$</td><td></td><td></td><td></td><td></td><td></td><td></td><td></td><td></td></tr>
<tr><td>样品中含量$X_{\text{苯唑西林}}$（μg/kg）</td><td></td><td></td><td></td><td></td><td></td><td></td><td></td><td></td></tr>
<tr><td>标准工作液$c_{\text{双氯青霉素}}$（μg/L）</td><td></td><td></td><td></td><td></td><td></td><td></td><td></td><td></td></tr>
<tr><td>标准工作液峰面积$A_{\text{双氯青霉素}}$</td><td></td><td></td><td></td><td></td><td></td><td></td><td></td><td></td></tr>
<tr><td>样品峰面积$A_{\text{双氯青霉素}}$</td><td></td><td></td><td></td><td></td><td></td><td></td><td></td><td></td></tr>
<tr><td>样品中含量$X_{\text{双氯青霉素}}$（μg/mL）</td><td></td><td></td><td></td><td></td><td></td><td></td><td></td><td></td></tr>
<tr><td>标准工作液$c_{\text{乙氧萘青霉素}}$（μg/L）</td><td></td><td></td><td></td><td></td><td></td><td></td><td></td><td></td></tr>
<tr><td>标准工作液峰面积$A_{\text{乙氧萘青霉素}}$</td><td></td><td></td><td></td><td></td><td></td><td></td><td></td><td></td></tr>
<tr><td>样品峰面积$A_{\text{乙氧萘青霉素}}$</td><td></td><td></td><td></td><td></td><td></td><td></td><td></td><td></td></tr>
<tr><td>样品中含量$X_{\text{乙氧萘青霉素}}$（μg/mL）</td><td></td><td></td><td></td><td></td><td></td><td></td><td></td><td></td></tr>
<tr><td>样品中药物残留含量（μg/mL）</td><td colspan="4">$\bar{X}_{\text{青霉素}}$：
$\bar{X}_{\text{双氯青霉素}}$：</td><td colspan="4">$\bar{X}_{\text{苯唑西林}}$：
$\bar{X}_{\text{乙氧萘青霉素}}$：</td></tr>
<tr><td>精密度S评估（≤15%）</td><td colspan="4">$S_{\text{青霉素}}$：
$S_{\text{双氯青霉素}}$：</td><td colspan="4">$S_{\text{苯唑西林}}$：
$S_{\text{乙氧萘青霉素}}$：</td></tr>
<tr><td>校准曲线水平点含量（μg/mL）</td><td colspan="4"></td><td>曲线方程及R^2值</td><td colspan="3"></td></tr>
<tr><td>计算公式</td><td colspan="8"></td></tr>
<tr><td>安全评价结果</td><td colspan="8"></td></tr>
<tr><td>检测人</td><td></td><td>校核人</td><td colspan="2"></td><td>审核人</td><td colspan="3"></td></tr>
<tr><td>日 期</td><td></td><td>日 期</td><td colspan="2"></td><td>日 期</td><td colspan="3"></td></tr>
</table>

三、考核评价

水产品中青霉素类药物多残留检测（高效液相色谱法）考核评分标准

技能操作三 水产品中氯霉素、甲砜霉素、氟甲砜霉素残留检测（气相色谱法）

资料单

一、原理

样品用乙酸乙酯提取，正己烷去脂，经C_{18}固相萃取柱净化，硅烷化试剂衍生化后，用配有电子捕获检测器的气相色谱仪测定，外标法定量。

本操作参考农业部958号公告-13-2007《水产品中氯霉素、甲砜霉素、氟甲砜霉素残留量的测定 气相色谱法》。

二、试剂和材料

除非另有说明，本方法所用试剂均为分析纯或更高纯度，水符合GB/T 6682—2008规定的一级水。

（1）乙腈：色谱纯。

（2）甲醇：色谱纯。

（3）正己烷：优级纯。

（4）乙酸乙酯：色谱纯。

（5）氯化钠：分析纯。

（6）4%氯化钠溶液：称取40g氯化钠，用水溶解，定容至1000mL。

（7）氯霉素（CAP）、甲砜霉素（TAP）、氟甲砜霉素（FF）标准品：纯度≥99%。

（8）氯霉素标准储备液：准确称取0.01g（精确到0.0001g）氯霉素，加少量乙腈溶解，用乙腈定容至100mL棕色容量瓶中，保存于4℃冰箱中（保存期不超过3个月）。该氯霉素标准储备液浓度为100μg/mL。

（9）甲砜霉素标准储备液：精确称取0.01g（精确到0.0001g）甲砜霉素，加少量乙腈溶解，用乙腈定容至100mL棕色容量瓶中，保存于4℃冰箱中（保存期不超过3个月）。该甲砜霉素标准储备液浓度为100μg/mL。

（10）氟甲砜霉素标准储备液：精确称取0.01g（精确到0.0001g）氟甲砜霉素，加少量乙腈溶解，用乙腈定容至100mL棕色容量瓶中，保存于4℃冰箱中（保存期不超过3个月）。该氟甲砜霉素标准储备液浓度为100μg/mL。

（11）氯霉素、甲砜霉素、氟甲砜霉素标准工作液：分别取氯霉素、甲砜霉素、氟甲砜霉素标准储备液，用乙腈稀释成浓度范围分别为0.001~0.1μg/mL、0.005~0.5μg/mL、0.005~0.5μg/mL的混合标准工作液，即氯霉素、甲砜霉素、氟甲砜霉素浓度比例以1：5：5为宜。

（12）衍生化试剂：*N*，*O*–双（三甲基硅烷基）三氟乙酰胺（BSTFA）：三甲基氯硅烷（TMCS）（99+1）。

三、仪器和设备

（1）气相色谱仪，配^{63}Ni电子捕获检测器。

（2）高速组织捣碎机：转速不低于20000r/min。

（3）旋转蒸发仪。

（4）离心机。

（5）涡旋混合器。

（6）电子天平：感量0.0001g。

（7）氮吹仪。

（8）SPE固相萃取装置。

（9）固相萃取柱：3mL，C_{18}柱或相当者。

（10）移液器：20~200μL，200~1000μL。

（11）梨形瓶：125mL。

（12）具塞离心管：50mL。

（13）反应瓶：规格3mL。

四、分析步骤

1. 样品预处理

鱼，去鳞，沿脊背取肌肉和皮；虾，去头、去壳、去附肢，取可食肌肉部分；贝类，去壳，取可食部分；蟹、甲鱼等，取可食肌肉部分。样品切为不大于0.5cm×0.5cm×0.5cm的小块后混匀，高速组织捣碎机充分匀浆，密封，标明标记。−18℃以下冷冻保存备用。

2. 提取

称取匀浆样品5g（精确到0.01g），置于50mL具塞玻璃离心管中，加入20mL乙酸乙酯，在涡旋混合器上涡旋振荡5min，提取氯霉素、甲砜霉素和氟甲砜霉素，4000r/min离心10min，将上清液转移到125mL梨形瓶中。重复操作一次，合并乙酸乙酯提取液于125mL梨形瓶中，置40℃旋转蒸发仪上蒸发至干。

3. 净化和浓缩

向梨形瓶中加入1mL甲醇涡旋混合溶解残留物，再向梨形瓶中加入25mL 4%氯化钠溶液振荡1min后，将其转移到50mL具塞离心管中，然后向离心管中加入15mL正己烷，涡旋振荡1min，充分混合提取脂肪，4000r/min离心10min，除去上层正己烷。向水相中加15mL正己烷，重复提取1次，弃去正己烷。

给每个样品准备一根C_{18}柱，依次用5mL甲醇和10mL水活化柱子，弃掉洗涤液，紧接着吸取待测样品水溶液过柱，弃掉流出液。再用5mL水洗涤柱，弃掉流出液。用3mL乙腈将柱中的氯霉素、氟甲砜霉素和甲砜霉素洗脱于3mL反应瓶中，置50℃氮吹仪上吹干。以上步骤必须连续做完，切莫让吸附剂变干，过柱的流速保持约每秒一滴。吹干后的提取物，应迅速进行下一步衍生化操作或置80℃烘箱中20min再冷却，确保提取物干燥。

4. 衍生化

（1）试样的衍生化　向吹干的提取物中，加入100μL BSTFA-TMCS衍生化试剂，立即盖塞，并涡旋振荡混合10s，在65℃恒温箱中反应30min。置50℃氮吹仪上将衍生化溶液刚好吹干为止。加入1mL正己烷，涡旋混合10s。取1μL进样测定。

（2）标准工作液的衍生化　取适量氯霉素、甲砜霉素、氟甲砜霉素混合标准工作液于3mL反应瓶中，置50℃氮吹仪上吹干。然后按“试样的衍生化”的步骤操作。

5. 色谱条件

（1）色谱柱：5%苯基和95%聚二甲基硅氧烷。

（2）进样方式：不分流进样。

（3）载气：氮气，纯度99.999%。

（4）柱流速：2.5mL/min，尾吹为：25mL/min。

（5）检测器温度310℃；进样口温度230℃。

（6）柱温程序：起始80℃保持1min，以20℃/min，升至150℃，保持2min；然后以20℃/min，升至200℃，保持5min；再以50℃/min，升至280℃，保持10min，直至样品的组分全部流出。

（7）进样量：1.0μL。

6. 样品测定

根据样品中氯霉素、甲砜霉素、氟甲砜霉素残留量，选定标准工作溶液浓度范围。标准工作溶液和样品中氯霉素、甲砜霉素、氟甲砜霉素响应值均应在仪器检测线性范围内。取1.0μL衍生化的样液和标液进样测定，在规定的色谱条件下，氯霉素保留时间约为18.87min，氟甲砜霉素保留时间约为19.78min，甲砜霉素保留时间约为21.08min，色谱图参见图1~图3，外标法定量。

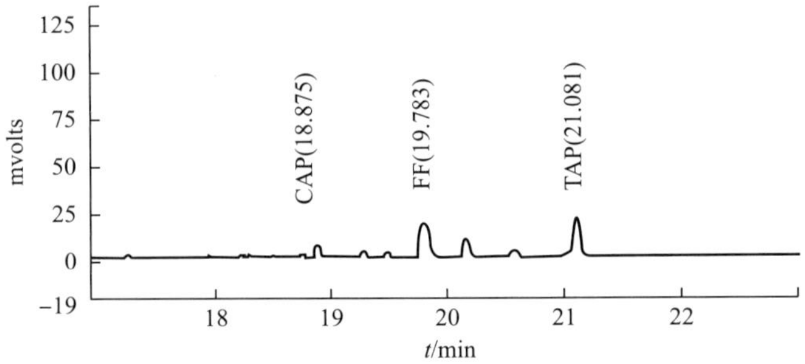

图 1　氯霉素、甲砜霉素、氟甲砜霉素标准溶液色谱图

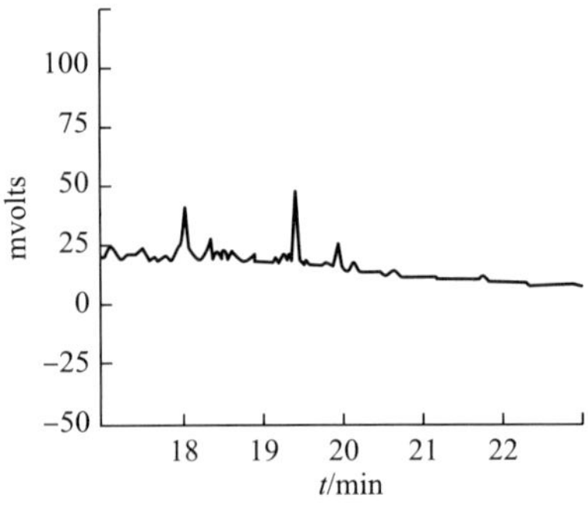

图 2　尼罗罗非鱼组织样品空白气相色谱图

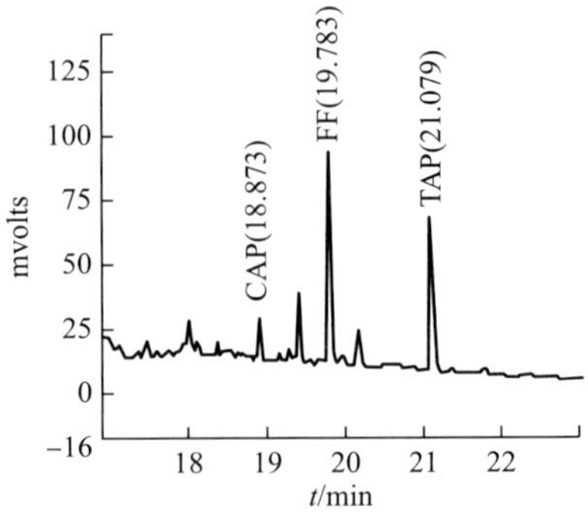

图 3　尼罗罗非鱼组织加标样品气相色谱图

7. 空白试验

同时测定试剂空白样品，方法按测定步骤进行。

五、结果计算与表述

样品中氯霉素、甲砜霉素、氟甲砜霉素的残留量按下式进行计算。

$$C_i = C_s \times \frac{A_i \times V \times 1000}{A_s \times m}$$

式中　C_i——样品中氯霉素、甲砜霉素、氟甲砜霉素残留量，μg/kg；

C_s——标准衍生物溶液相当于氯霉素、甲砜霉素、氟甲砜霉素的含量，μg/mL；

A_i——样液中氯霉素、甲砜霉素、氟甲砜霉素的峰面积；

V——样品最终定容体积，mL；

A_s——标准工作溶液中氯霉素、甲砜霉素、氟甲砜霉素峰面积；

m——样品的质量，g。

计算结果应扣除空白值，结果保留两位小数。

六、线性范围、灵敏度、准确度、精密度

1. 线性范围

氯霉素线性范围为0.001~0.1μg/mL；甲砜霉素线性范围为0.005~0.5μg/mL；氟甲砜霉素线性范围为0.005~0.5μg/mL。

2. 灵敏度

氯霉素的检出限为0.3μg/kg，甲砜霉素的检出限为1.0μg/kg，氟甲砜霉素的检出限为1.0μg/kg。

3. 准确度

氯霉素在添加浓度为0.3~5.0μg/kg，甲砜霉素和氟甲砜霉素在添加浓度为1.0~10.0μg/kg时，回收率皆为70%~110%。

4. 精密度

本方法批内和批间变异系数皆≤15%。

任务单

一、任务要求

采用气相色谱法完成样品中氯霉素、甲砜霉素、氟甲砜霉素残留量的测定，掌握样品制备、提取、净化、衍生化方法，会进行标准溶液、标准使用液、混合标准使用液的配制，能规范熟练操作样品前处理设备与气相色谱仪，能利用气相色谱仪对样品及标准溶液中氯霉素、甲砜霉素、氟甲砜霉素残留进行检测，能准确计算样品中氯霉素、甲砜霉素、氟甲砜霉素药物的残留量。

二、任务实施

（一）分组讨论，制定工作方案、确定人员分工

填写方案设计表（附表1）。

（二）试剂配制、仪器设备的准备

1. 试剂配制

填写试剂配制表（附表2）。

2. 仪器设备

填写所需仪器设备统计表（附表3）。

（三）实验操作

按照资料单中的分析步骤进行操作。

（四）填写原始数据

水产品中氯霉素、甲砜霉素、氟甲砜霉残留检测原始记录表

检测项目				方法依据				
方法检出限				环境条件	℃　　%RH			
仪器条件	仪器名称： 进样方式及分流比：　　进样量： 色谱柱：　　柱温： 载气：　　柱流速： 检测器及参数：							
样品名称		样品编号		样品状态				
检测编号								
取样量m（g）								
定容体积V（mL）								
标准溶液$C_{s\text{-}CAP}$（μg/mL）								
标准溶液峰面积$A_{s\text{-}CAP}$								
样品峰面积A_{CAP}								
样品中含量C_{CAP}（μg/kg）								
标准溶液$C_{s\text{-}TAP}$（μg/mL）								
标准溶液峰面积$A_{s\text{-}TAP}$								
样品峰面积A_{TAP}								
样品中含量C_{TAP}（μg/kg）								
标准溶液$C_{s\text{-}FF}$（μg/mL）								
标准溶液峰面积$A_{s\text{-}FF}$								
样品峰面积A_{FF}								
样品中含量C_{FF}（μg/kg）								

续表

<table>
<tr><td>样品中药物残留含量（μg/kg）</td><td colspan="5">$\bar{C}_{CAP}$：　　$\bar{C}_{TAP}$：
$\bar{C}_{FF}$：</td></tr>
<tr><td>精密度S评估（≤15%）</td><td colspan="5">S_{CAP}：　　S_{TAP}：
S_{FF}：</td></tr>
<tr><td>校准曲线水平点含量（μg/kg）</td><td colspan="3"></td><td>曲线方程及R^2值</td><td></td></tr>
<tr><td>计算公式</td><td colspan="5"></td></tr>
<tr><td>安全评价结果</td><td colspan="5"></td></tr>
<tr><td>检测人</td><td></td><td>校核人</td><td></td><td>审核人</td><td></td></tr>
<tr><td>日　期</td><td></td><td>日　期</td><td></td><td>日　期</td><td></td></tr>
</table>

三、考核评价

水产品中氯霉素、甲砜霉素、氟甲砜霉素残留检测（气相色谱法）考核评分标准

兽药残留检测安全评价知识点在线测试

考核项目四 食品添加剂检测安全评价

技能操作一 食品中甜蜜素的测定（气相色谱法）

资料单

一、原理

食品中环己基氨基磺酸钠（甜蜜素）采用气相色谱法测定。食品中的环己基氨基磺酸钠用水提取，在硫酸介质中环己基氨基磺酸钠与亚硝酸反应，生成环己醇亚硝酸酯，利用气相色谱氢火焰离子化检测器进行分离及分析，保留时间定性，外标法定量。

本操作参考GB 5009.97—2016《食品安全国家标准　食品中环己基氨基磺酸钠的测定》。

二、试剂和材料

除非另有说明，本方法所用试剂均为分析纯，水为GB/T 6682—2008规定的二级水。

（1）正庚烷［$CH_3(CH_2)_5CH_3$］。

（2）氯化钠（NaCl）。

（3）石油醚：沸程为30~60℃。

（4）氢氧化钠（NaOH）。

（5）硫酸（H_2SO_4）。

（6）亚铁氰化钾［$K_4Fe(CN)_6 \cdot 3H_2O$］。

（7）硫酸锌［$ZnSO_4 \cdot 7H_2O$］。

（8）亚硝酸钠（$NaNO_2$）。

（9）环己基氨基磺酸钠标准品（$C_6H_{12}NSO_3Na$）：纯度≥99%。

（10）氢氧化钠溶液（40g/L）：称取20g氢氧化钠，溶于水并稀释至500mL，混匀。

（11）硫酸溶液（200g/L）：量取54mL硫酸小心缓缓加入400mL水中，后加水至500mL，混匀。

（12）亚铁氰化钾溶液（150g/L）：称取折合15g亚铁氰化钾，溶于水稀释至100mL，混匀。

（13）硫酸锌溶液（300g/L）：称取折合30g硫酸锌的试剂，溶于水并稀释至100mL，混匀。

（14）亚硝酸钠溶液（50g/L）：称取25g亚硝酸钠，溶于水并稀释至500mL，混匀。

（15）环己基氨基磺酸标准储备液（5.00mg/mL）：精确称取0.5612g环己基氨基磺酸钠标准品，用水溶解并定容至100mL，混匀，此溶液1.00mL相当于环己基氨基磺酸5.00mg（环己基氨基磺酸钠与环己基氨基磺酸的换算系数为0.8909）。置于1~4℃冰箱保存，可保存12个月。

（16）环己基氨基磺酸标准使用液（1.00mg/mL）：准确移取20.0mL环己基氨基磺酸标准储备液用水稀释并定容至100mL，混匀。置于1~4℃冰箱保存，可保存6个月。

三、仪器和设备

（1）气相色谱仪：配有氢火焰离子化检测器（FID）。

（2）涡旋混合器。

（3）离心机：转速≥4000r/min。

（4）超声波振荡器。

（5）样品粉碎机。

（6）10μL微量注射器。

（7）恒温水浴锅。

（8）天平：感量1mg、0.1mg。

四、分析步骤

1. 试样溶液的制备

（1）液体试样处理

①普通液体试样：摇匀后称取25.0g试样（如需要可过滤），用水定容至50mL备用。

②含二氧化碳的试样：称取25.0g试样于烧杯中，60℃水浴加热30min以除二氧化碳，放冷，用水定容至50mL备用。

③含酒精的试样：称取25.0g试样于烧杯中，用氢氧化钠溶液调至弱碱性pH7~8，60℃水浴加热30min以除酒精，放冷，用水定容至50mL备用。

（2）固体、半固体试样处理

①低脂、低蛋白样品（果酱、果冻、水果罐头、果丹类、蜜饯凉果、浓缩果汁、面包、糕点、饼干、复合调味料、带壳熟制坚果和籽类、腌渍的蔬菜等）：称取打碎、混匀的样品3.00~5.00g于50mL离心管中，加30mL水，振摇，超声提取20min，混匀，离心（3000r/min）10min，过滤，用水分次洗涤残渣，收集滤液并定容至50mL，混匀备用。

②高蛋白样品（酸乳、雪糕、冰淇淋等乳制品及豆制品、腐乳等）：冰棒、雪糕、冰淇淋等分别放置于250mL烧杯中，待融化后搅匀称取；称取样品3.00~5.00g于

50mL离心管中，加30mL水，超声提取20min，加2mL亚铁氰化钾溶液，混匀，再加入2mL硫酸锌溶液，混匀，离心（3000r/min）10min，过滤，用水分次洗涤残渣，收集滤液并定容至50mL，混匀备用。

③高脂样品（奶油制品、海鱼罐头、熟肉制品等）：称取打碎、混匀的样品3.00~5.00g于50mL离心管中，加入25mL石油醚，振摇，超声提取3min，再混匀，离心（1000r/min以上）10min，弃石油醚，再用25mL石油醚提取一次，弃石油醚，60℃水浴挥发去除石油醚，残渣加30mL水，混匀，超声提取20min，加2mL亚铁氰化钾溶液，混匀，再加入2mL硫酸锌溶液，混匀，离心（3000r/min）10min，过滤，用水洗涤残渣，收集滤液并定容至50mL，混匀备用。

（3）衍生化　准确移取已制备好的试样溶液10.0mL于50mL带盖离心管中。离心管置试管架上冰浴中5min后，准确加入5.00mL正庚烷，加入2.5mL亚硝酸钠溶液，2.5mL硫酸溶液，盖紧离心管盖，摇匀，在冰浴中放置30min，其间振摇3~5次；加入2.5g氯化钠，盖上盖后置涡旋混合器上振动1min（或振摇60~80次），低温离心（3000r/min）10min分层或低温静置20min至澄清分层后取上清液放置1~4℃冰箱冷藏保存以备进样用。

2. 标准溶液系列的制备及衍生化

准确移取1.00mg/mL环己基氨基磺酸标准溶液0.50，1.00，2.50，5.00，10.0，25.0mL于50mL容量瓶中，加水定容。配成标准溶液系列浓度为0.01，0.02，0.05，0.10，0.20，0.50mg/mL。临用时配制以备衍生化用。

准确移取标准系列溶液10.0mL 同上述（3）衍生化。

3 .测定

（1）仪器参考条件

①色谱柱：弱极性石英毛细管柱（内涂5%苯基甲基聚硅氧烷，30m × 0.53mm × 1.0μm）或等效柱。

②柱温升温程序：初温55℃保持3min，10℃/min升温至90℃保持0.5min，20℃/min升温至200℃保持3min。

③进样口：温度230℃；进样量1μL，不分流/分流进样，分流比1∶5（分流比及方式可根据色谱。

④检测器：氢火焰离子化检测器（FID），温度260℃。

⑤载气：高纯氮气，流量12.0mL/min，尾吹20mL/min。

⑥氢气：30mL/min；空气330mL/min（载气、氢气、空气流量大小可根据仪器条件进行调整）。

（2）色谱分析　分别吸取1μL经衍生化处理的标准系列各浓度溶液上清液，注入气相色谱仪中，可测得不同浓度被测物的响应值峰面积，以浓度为横坐标，以环己醇亚硝酸酯和环己醇两峰面积之和为纵坐标，绘制标准曲线。

在完全相同的条件下进样1μL经衍生化处理的试样待测液上清液，保留时间定性，测得峰面积，根据标准曲线得到样液中的组分浓度；试样上清液响应值若超出线性范围，应用正庚烷稀释后再进样分析。平行测定次数不少于两次。

五、结果分析

试样中环己基氨基磺酸含量按下式进行计算：

$$X_1 = \frac{c}{m} \times V$$

式中　X_1——试样中环己基氨基磺酸的含量，g/kg；

c——由标准曲线计算出定容样液中环己基氨基磺酸的浓度，mg/mL；

m——试样质量，g；

V——试样的最后定容体积，mL。

计算结果以重复性条件下获得的两次独立测定结果的算术平均值表示，结果保留三位有效数字。

六、精密度

在重复性条件下获得的两次独立测定结果的绝对差值不得超过算术平均值的10%。

任务单

一、任务要求

采用气相色谱法完成样品中环己基氨基磺酸钠（甜蜜素）含量的测定，掌握样品制备、提取、衍生化方法，会进行标准溶液、标准使用液的配制，能规范熟练操作气相色谱仪，能利用气相色谱仪对样品及标准溶液中甜蜜素进行检测，能准确计算样品中甜蜜素的含量。

二、任务实施

（一）分组讨论，制定工作方案、确定人员分工

填写方案设计表（附表1）。

（二）试剂配制、仪器设备的准备

1. 试剂配制

填写试剂配制表（附表2）。

2. 仪器设备

填写所需仪器设备统计表（附表3）。

（三）实验操作

按照资料单中的分析步骤进行操作。

（四）填写原始数据

食品中甜蜜素含量的测定原始数据记录单

<table>
<tr><td>样品名称</td><td colspan="2"></td><td>样品编号</td><td colspan="2"></td><td>检测项目</td><td colspan="3"></td></tr>
<tr><td>检测依据</td><td colspan="2"></td><td>仪器名称</td><td colspan="2"></td><td>检测器名称</td><td colspan="3"></td></tr>
<tr><td>检测地点</td><td colspan="2"></td><td>室温（℃）</td><td colspan="2"></td><td>相对湿度
RH（%）</td><td colspan="3"></td></tr>
<tr><td>样品质量（g）</td><td colspan="4"></td><td colspan="2">定容体积（mL）</td><td colspan="3"></td></tr>
<tr><td rowspan="4">分析数据</td><td>序号</td><td>1</td><td>2</td><td>3</td><td>4</td><td>5</td><td>6</td><td>样1</td><td>样2</td></tr>
<tr><td>体积（mL）</td><td></td><td></td><td></td><td></td><td></td><td></td><td></td><td></td></tr>
<tr><td>浓度
（mg/mL）</td><td></td><td></td><td></td><td></td><td></td><td></td><td></td><td></td></tr>
<tr><td>峰面积</td><td></td><td></td><td></td><td></td><td></td><td></td><td></td><td></td></tr>
<tr><td>计算公式</td><td colspan="9"></td></tr>
<tr><td>样品中甜蜜素
含量（g/kg）</td><td colspan="9">注意：结果保留3位有效数字</td></tr>
<tr><td>安全评价结果</td><td colspan="9"></td></tr>
<tr><td colspan="5">检验人：</td><td colspan="5">校核人：</td></tr>
</table>

三、考核评价

食品中甜蜜素的测
定（气相色谱法）
考核评分标准

技能操作二 食品中防腐剂的测定（高效液相色谱法）

资料单

一、原理

食品中防腐剂苯甲酸、山梨酸采用高效液相色谱法测定。样品经水提取，高脂肪样品经正己烷脱脂、高蛋白样品经蛋白沉淀剂沉淀蛋白，采用液相色谱分离、紫外检测器检测，外标法定量。

本操作参考GB 5009.28—2016《食品安全国家标准 食品中苯甲酸、山梨酸和糖精钠的测定》。

二、试剂和材料

除非另有规定，本方法所用试剂均为分析纯。水为GB/T 6682—2008规定的一级水。

（1）氨水（$NH_3 \cdot H_2O$）。

（2）亚铁氰化钾［$K_4Fe(CN)_6 \cdot 3H_2O$］。

（3）乙酸锌［$Zn(CH_3COO)_2 \cdot 2H_2O$］。

（4）无水乙醇（CH_3CH_2OH）。

（5）正己烷（C_6H_{14}）。

（6）甲醇（CH_3OH）：色谱纯。

（7）乙酸铵（CH_3COONH_4）：色谱纯。

（8）甲酸（HCOOH）：色谱纯。

（9）苯甲酸钠（C_6H_5COONa），纯度≥99.0%；或苯甲酸（C_6H_5COOH），纯度≥99.0%，或经国家认证并授予标准物质证书的标准物质。

（10）山梨酸钾（$C_6H_7KO_2$），纯度≥99.0%；或山梨酸（$C_6H_8O_2$）纯度≥99.0%，或经国家认证并授予标准物质证书的标准物质。

（11）氨水溶液（1+99）：取氨水1mL，加到99mL水中，混匀。

（12）亚铁氰化钾溶液（92g/L）：称取106g亚铁氰化钾，加入适量水溶解，用水定容至1000mL。

（13）乙酸锌溶液（183g/L）：称取220g乙酸锌溶于少量水中，加入30mL冰醋酸，用水定容至1000mL。

（14）乙酸铵溶液（20mmol/L）：称取1.54g乙酸铵，加入适量水溶解，用水定容至1000mL，经0.22μm水相微孔滤膜过滤后备用。

（15）甲酸-乙酸铵溶液（2mmol/L甲酸+20mmol/L乙酸铵）：称取1.54g乙酸铵，加入适量水溶解，再加入75.2μL甲酸，用水定容至1000mL，经0.22μm水相微孔滤膜过滤后备用。

（16）苯甲酸、山梨酸标准储备溶液（1000mg/L）：分别准确称取苯甲酸钠（标准品，纯度≥99.0%）、山梨酸钾（标准品，纯度≥99.0%）0.118 g和0.134g（精确至0.0001g），用水溶解并分别定容至100mL。于4℃贮存，保存期为6个月。当使用苯甲酸和山梨酸标准品时，需要用甲醇溶解并定容。或购买经国家认证并授予标准物质证书的标准物质溶液。

（17）苯甲酸、山梨酸混合标准中间溶液（200mg/L）：分别准确吸取苯甲酸、山梨酸标准储备溶液各10.0mL于50mL容量瓶中，用水定容。于4℃贮存，保存期为3个月。

（18）苯甲酸、山梨酸混合标准系列工作溶液：分别准确吸取苯甲酸、山梨酸混合标准中间溶液0，0.05，0.25，0.50，1.00，2.50，5.00，10.00mL，用水定容至10mL，配制成质量浓度分别为0，1.00，5.00，10.0，20.0，50.0，100，200mg/L的混合标准系列工作溶液。临用现配。

（19）水相微孔滤膜：0.22 μm。

（20）塑料离心管：50mL。

三、仪器和设备

（1）高效液相色谱仪：配紫外检测器。

（2）分析天平：感量为0.001g和0.0001g。

（3）涡旋混合器。

（4）离心机：转速>8000r/min。

（5）组织匀浆机。

（6）恒温水浴锅。

（7）超声波发生器。

四、分析步骤

1. 试样制备

取多个预包装的饮料、液态乳等均匀样品直接混合；非均匀的液态、半固态样品用组织匀浆机匀浆；固体样品用研磨机充分粉碎并搅拌均匀；奶酪、黄油、巧克力等采用50~60℃加热熔融，并趁热充分搅拌均匀。取其中的200g装入玻璃容器中，密封，液体试样于4℃保存，其他试样于-18℃保存。

2. 试样提取

（1）一般性试样　准确称取约2g（精确至0.001g）试样于50mL具塞离心管中，加水约25mL，涡旋混匀，于50℃水浴超声20min，冷却至室温后加亚铁氰化钾溶液2mL和乙酸锌溶液2mL，混匀，于8000r/min离心5min，将水相转移至50mL容量瓶中，于残渣中加水20mL，漩涡混匀后超声5min，于8000r/min离心5min，将水相转移到同一50mL容量瓶中，并用水定容至刻度，混匀。取适量上清液过0.22μm滤膜，待液相色谱测定。

（2）含胶基的果冻、糖果等试样　准确称取约2g（精确至0.001g）试样于50mL具塞离心管中，加水约25mL，漩涡混匀，于70℃水浴加热溶解试样，于50℃水浴超声20min，之后的操作同“一般性试样”。

（3）油脂、巧克力、奶油、油炸食品等高油脂试样　准确称取约2g（精确至0.001g）试样于50mL具塞离心管中，加正己烷10mL，于60℃水浴加热约5min，并不时轻摇以溶解脂肪，然后加氨水溶液（1+99）25mL、乙醇1mL，漩涡混匀，于50℃水浴超声20min，之后的操作同“一般性试样”。

3. 仪器参考条件

色谱柱：C_{18}柱（柱长250mm，内径4.6mm，粒径5μm），或等效色谱柱。

流动相：甲醇+乙酸铵溶液=5+95。

流速：1mL/min。

检测波长：230nm。

进样量：10μL。

当存在干扰峰或需要辅助定性时，可以采用加入甲酸的流动相来测定，如流动相：甲醇+甲酸-乙酸铵溶液=8+92。

4. 标准曲线的制作

将混合标准系列工作溶液分别注入液相色谱仪中，测定相应的峰面积，以混合标准系列工作溶液的质量浓度为横坐标，以峰面积为纵坐标，绘制标准曲线。

5. 试样溶液的测定

将试样溶液注入液相色谱仪中，得到峰面积，根据标准曲线得到待测液中苯甲酸、山梨酸的质量浓度。

五、结果分析

试样中苯甲酸、山梨酸的含量按下式计算：

$$X = \frac{\rho \times V}{m \times 1000}$$

式中　X——试样中待测组分含量，g/kg；

ρ——由标准曲线得到的试样液中待测物的质量浓度，mg/L；

V——试样定容体积，mL；

m——试样质量，g；

1000——由mg/kg转换为g/kg的换算系数。

结果保留3位有效数字。

六、精密度

在重复性条件下获得的两次独立测定结果的绝对差值不得超过算术平均值的10%。

任务单

一、任务要求

采用液相色谱法完成样品中防腐剂苯甲酸、山梨酸含量的测定，掌握样品制备、提取方法，会进行标准溶液、标准使用液的配制，能规范熟练操作高效液相色谱仪，能利用高效液相色谱仪对样品及标准溶液中苯甲酸、山梨酸进行检测，能准确计算样品中防腐剂苯甲酸、山梨酸的含量。

二、任务实施

（一）分组讨论，制定工作方案、确定人员分工

填写方案设计表（附表1）。

（二）试剂配制、仪器设备的准备

1. 试剂配制

填写试剂配制表（附表2）。

2. 仪器设备

填写所需仪器设备统计表（附表3）。

（三）实验操作

按照资料单中的分析步骤进行操作。

（四）填写原始数据

食品中防腐剂（苯甲酸、山梨酸）含量的检测原始数据记录单

<table>
<tr><td>样品名称</td><td></td><td colspan="2">样品编号</td><td colspan="3"></td><td colspan="2">检测项目</td><td colspan="3"></td></tr>
<tr><td>检测依据</td><td></td><td colspan="2">仪器名称</td><td colspan="3"></td><td colspan="2">检测器名称</td><td colspan="3"></td></tr>
<tr><td>检测地点</td><td></td><td colspan="2">室温（℃）</td><td colspan="3"></td><td colspan="2">相对湿度RH（%）</td><td colspan="3"></td></tr>
<tr><td>样品质量（g）</td><td colspan="3"></td><td colspan="3">定容体积（mL）</td><td colspan="5"></td></tr>
<tr><td rowspan="4">分析数据</td><td>序号</td><td>1</td><td>2</td><td>3</td><td>4</td><td>5</td><td>6</td><td>7</td><td>8</td><td>样1</td><td>样2</td></tr>
<tr><td>体积（mL）</td><td></td><td></td><td></td><td></td><td></td><td></td><td></td><td></td><td></td><td></td></tr>
<tr><td>浓度（mg/L）</td><td></td><td></td><td></td><td></td><td></td><td></td><td></td><td></td><td></td><td></td></tr>
<tr><td>峰面积</td><td></td><td></td><td></td><td></td><td></td><td></td><td></td><td></td><td></td><td></td></tr>
<tr><td>计算公式</td><td colspan="11"></td></tr>
<tr><td>样品中苯甲酸、山梨酸含量（g/kg）</td><td colspan="11">注意：结果保留3位有效数字</td></tr>
<tr><td>安全评价结果</td><td colspan="11"></td></tr>
<tr><td colspan="6">检验人：</td><td colspan="6">校核人：</td></tr>
</table>

三、考核评价

食品中防腐剂的测定（高效液相色谱法）考核评分标准

技能操作三　食品中合成着色剂的测定（高效液相色谱法）

资料单

一、原理

食品中合成着色剂采用高效液相色谱法测定。食品中的合成着色剂经聚酰胺吸附法或液-液分配法提取后，制成水溶液，注入高效液相色谱仪，经反相色谱分离，根据保留时间定性和与峰面积比较进行定量。

本操作参考GB 5009.35—2016《食品安全国家标准　食品中合成着色剂的测定》。

二、试剂和材料

除非另有规定，本方法所用试剂均为分析纯。水为GB/T 6682—2008规定的一级水。

（1）甲醇（CH_3OH）：色谱纯。

（2）正己烷（C_6H_{14}）。

（3）盐酸（HCl）。

（4）冰醋酸（CH_3COOH）。

（5）甲酸（HCOOH）。

（6）乙酸铵（CH_3COONH_4）。

（7）柠檬酸（$C_6H_8O_7 \cdot H_2O$）。

（8）硫酸钠（Na_2SO_4）。

（9）正丁醇（$C_4H_{10}O$）。

（10）三正辛胺（$C_{24}H_{51}N$）。

（11）无水乙醇（CH_3CH_2OH）。

（12）氨水（$NH_3 \cdot H_2O$）：含量20%~25%。

（13）聚酰胺粉（尼龙6）：过200μm（目）筛。

（14）标准品：柠檬黄、新红、苋菜红、胭脂红、日落黄、亮蓝、赤藓红。

（15）乙酸铵溶液（0.02mol/L）：称取1.54g乙酸铵，加水至1000mL，溶解，经微孔滤膜（0.45μm）过滤。

（16）氨水溶液：量取氨水2mL，加水至100mL，混匀。

（17）甲醇-甲酸（6+4）溶液：量取甲醇60mL，甲酸40mL，混匀。

（18）柠檬酸溶液：称取20g柠檬酸，加水至100mL，溶解混匀。

（19）无水乙醇-氨水-水（7+2+1）：量取无水乙醇70mL、氨水溶液20mL、水

10mL，混匀。

（20）三正辛胺-正丁醇溶液（5%）：量取三正辛胺5mL，加正丁醇至100mL，混匀。

（21）饱和硫酸钠溶液。

（22）pH6的水：水加柠檬酸溶液调pH到6。

（23）pH4的水：水加柠檬酸溶液调pH到4。

（24）合成着色剂标准储备溶液：准确称取按其纯度折算为100%质量的柠檬黄、日落黄、苋菜红、胭脂红、新红、赤藓红、亮蓝标准品各0.1g（精确至0.0001g），置100mL容量瓶中，加pH6水到刻度。配成浓度为1.00mg/mL的水溶液。

（25）合成着色剂标准使用液（50μg/mL）：临用时合成着色剂标准储备液用水稀释20倍，经微孔滤膜（0.45μm）过滤。

三、仪器和设备

（1）高效液相色谱仪：带二极管阵列检测器或紫外检测器。

（2）分析天平：感量为0.001g和0.0001g。

（3）恒温水浴锅。

（4）G3垂熔漏斗。

四、分析步骤

1. 试样制备

（1）果汁饮料及果汁、果味碳酸饮料等　称取20~40g（精确至0.001g），放入100mL烧杯中。含二氧化碳样品需要加热以驱除二氧化碳。

（2）配制酒类　称取20~40g（精确至0.001g），放入100mL烧杯中，加小碎瓷片数片，加热驱除乙醇。

（3）硬糖、蜜饯类、淀粉软糖等　称取5~10g（精确至0.001g）粉碎样品，放入100mL小烧杯中，加水30mL，温热溶解，若样品溶液pH较高，用柠檬酸溶液调pH到6左右。

（4）巧克力豆及着色糖衣制品　称取5~10g（精确至0.001g），放入100mL小烧杯中，用水反复洗涤色素，到巧克力豆无色素为止，合并色素漂洗液为样品溶液。

2. 色素提取

根据样品类型、实验室条件任选下列一种方法。

（1）聚酰胺吸附法　样品溶液加柠檬酸溶液调pH至6，加热至60℃，将1g聚酰胺粉加少许水调成粥状，倒入样品溶液中，搅拌片刻，以G3垂熔漏斗抽滤，用60℃ pH为4的水洗涤3~5次，然后用甲醇-甲酸混合溶液洗涤3~5次（含赤藓红的样品用液-液分配法处理），再用水洗至中性，用乙醇-氨水-水混合溶液解吸3~5次，直至色素完全解吸，收集解吸液，加乙酸中和，蒸发至近干，加水溶解，定容至5mL。经滤膜

（0.45μm）过滤，进高效液相色谱仪分析。

（2）液-液分配法（适用于含赤藓红的样品） 将制备好的样品溶液放入分液漏斗中，加2mL盐酸、三正辛胺正丁醇溶液（5%）10~20mL，振摇提取，分取有机相，重复提取直至有机相无色，合并有机相，用饱和硫酸钠溶液洗2次，每次10mL，分取有机相，放于蒸发皿中，水浴加热浓缩至10mL，转移至分液漏斗中，加10mL正己烷，混匀，加氨水溶液提取2~3次，每次5mL，合并氨水溶液层（含水溶性酸性色素），用正己烷洗2次，氨水层加乙酸调成中性，水浴加热蒸发至近干，加水定容至5mL。经滤膜（0.45μm）过滤，进高效液相色谱仪分析。

3. 仪器参考条件

色谱柱：C_{18}柱（柱长250mm，内径4.6mm，粒径5μm）。

进样量：10μL。

柱温：35℃。

二极管阵列检测器波长范围：400~800nm，或紫外检测器检测波长：254nm。

梯度洗脱见表1。

表1 梯度洗脱表

时间（min）	流速（mL/min）	0.02mol/L乙酸铵溶液（%）	甲醇（%）
0	1.0	95	5
3	1.0	65	35
7	1.0	0	100
10	1.0	0	100
10.1	1.0	95	5
21	1.0	95	5

4. 测定

将样品提取液和合成着色剂标准使用液分别注入高效液相色谱仪，根据保留时间定性，外标峰面积法定量。

五、结果分析

试样中合成着色剂的含量按下式计算：

$$X = \frac{c \times V \times 1000}{m \times 1000 \times 1000}$$

式中　X——试样中合成着色剂的含量，g/kg；

c——进样液中着色剂的浓度，μg/mL；

V——试样处理液总体积，mL；

m——试样质量，g；

1000——换算系数。

计算结果从重复性条件下获得的两次独立测定结果的算术平均值表示，结果保留2位有效数字。

六、精密度

在重复性条件下获得的两次独立测定结果的绝对差值不得超过算术平均值的10%。

任务单

一、任务要求

采用高效液相色谱法完成样品中合成着色剂含量的测定，掌握样品制备、色素提取方法，会进行标准溶液、标准使用液的配制，能规范熟练操作高效液相色谱仪，能利用高效液相色谱仪对样品及标准溶液中合成着色剂进行检测，能准确计算样品合成着色剂的含量。

二、任务实施

（一）分组讨论，制定工作方案、确定人员分工

填写方案设计表（附表1）。

（二）试剂配制、仪器设备的准备

1. 试剂配制

填写试剂配制表（附表2）。

2. 仪器设备

填写所需仪器设备统计表（附表3）。

（三）实验操作

按照资料单中的分析步骤进行操作。

（四）填写原始数据

食品中合成着色剂含量的检测原始数据记录单

样品名称		样品编号		检测项目	
检测依据		仪器名称		检测器名称	
检测地点		室温（℃）		相对湿度RH（%）	
样品质量（g）		定容体积（mL）		标准溶液浓度（μg/mL）	
分析数据	序号		1		2
	样品峰面积A				
	标样峰面积A_0				
计算公式					
样品中合成着色剂含量（g/kg）	注意：结果保留2位有效数字				
安全评价结果					
检验人：			校核人：		

三、考核评价

食品中合成着色剂的测定（高效液相色谱法）考核评分标准

技能操作四　食品中抗氧化剂的测定（高效液相色谱法）

资料单

一、原理

食品中抗氧化剂采用高效液相色谱法测定。油脂样品经有机溶剂溶解后，使用凝胶渗透色谱（GPC）净化；固体类食品样品用正已烷溶解，用乙腈提取，固相萃取柱净化。高效液相色谱法测定，外标法定量。

本操作参考GB 5009.32—2016《食品安全国家标准　食品中9种抗氧化剂的测定》。

二、试剂和材料

除非另有规定，本方法所用试剂均为色谱纯。水为GB/T 6682—2008规定的一级水。

（1）甲酸（HCOOH）。

（2）乙腈（CH_3CN）。

（3）甲醇（CH_3OH）。

（4）正已烷（C_6H_{14}）：分析纯，重蒸。

（5）乙酸乙酯（$CH_3COOCH_2CH_3$）。

（6）环已烷（C_6H_{12}）。

（7）氯化钠（NaCl）。

（8）无水硫酸钠（Na_2SO_4）：650℃灼烧4 h，贮存于干燥器中，冷却后备用。

（9）标准品叔丁基对苯二酚（TBHQ）、叔丁基对羟基茴香醚（BHA）、2，6-二叔丁基对甲基苯酚（BHT）等：纯度≥98%。

（10）乙腈饱和的正已烷溶液：正已烷中加入乙腈至饱和。

（11）正已烷饱和的乙腈溶液：乙腈中加入正已烷至饱和。

（12）乙酸乙酯和环已烷混合溶液（1+1）：取50mL乙酸乙酯和50mL环已烷混匀。

（13）乙腈和甲醇混合溶液（2+1）：取100mL乙腈和50mL甲醇混合。

（14）饱和氯化钠溶液：水中加入氯化钠至饱和。

（15）甲酸溶液（0.1+99.9）：取0.1mL甲酸移入100mL容量瓶，定容至刻度。

（16）抗氧化剂标准物质混合储备液：准确称取0.1g（精确至0.1mg）固体抗氧化剂标准物质，用乙腈溶于100mL棕色容量瓶中，定容至刻度，配制成质量浓度为1000mg/L的标准混合储备液，0~4℃避光保存。

（17）抗氧化剂混合标准使用液：移取适量体积的质量浓度为1000mg/L的抗氧化剂标准物质混合储备液分别稀释至质量浓度为20，50，100，200，400mg/L的混合标准使用液。

（18）C_{18}固相萃取柱：2000mg/12mL。

（19）有机系滤膜：孔径0.22μm。

三、仪器和设备

（1）离心机：转速≥3000r/min。

（2）旋转蒸发仪。

（3）高效液相色谱仪，配紫外检测器。

（4）凝胶渗透色谱仪。

（5）分析天平：感量为0.01g和0.1mg。

（6）涡旋混合器。

四、分析步骤

1. 试样制备

固体或半固体样品粉碎混匀，然后用对角线法取2/4或2/6，或根据试样情况取有代表性试样，密封保存；液体样品混合均匀，取有代表性试样，密封保存。

2. 试样提取

（1）固体类样品　称取1g（精确至0.01g）试样于50mL离心管中，加入5mL乙腈饱和的正己烷溶液，涡旋振荡1min充分混匀，浸泡10min。加入5mL饱和氯化钠溶液，用5mL正己烷饱和的乙腈溶液涡旋振荡2min，3000r/min离心5min，收集乙腈层于试管中，再重复使用5mL正己烷饱和的乙腈溶液提取2次，合并3次提取液，加0.1%甲酸溶液调节pH为4，待净化。同时做空白试验。

（2）油类　称取1g（精确至0.01g）试样于50mL离心管中，加入5mL乙腈饱和的正己烷溶液溶解样品，涡旋振荡1min，静置10min，用5mL正己烷饱和的乙腈溶液涡旋提取2min，3000r/min离心5min，收集乙腈层于试管中，再重复使用5mL正己烷饱和的乙腈溶液提取2次，合并3次提取液，待净化。同时做空白试验。

3. 净化

（1）固相萃取法　在C_{18}固相萃取柱中装入约2g的无水硫酸钠，用5mL甲醇活化萃取柱，再以5mL乙腈平衡萃取柱，弃去流出液。将所有提取液倾入柱中，弃去流出液，再以5mL乙腈和甲醇的混合溶液洗脱，收集所有洗脱液于试管中，40℃下旋转蒸发至干，加2mL乙腈定容，过0.22μm有机系滤膜，供液相色谱测定。

（2）凝胶渗透色谱法（纯油类样品可选）　称取10g（精确至0.01g）样品于100mL容量瓶中，以乙酸乙酯和环己烷混合溶液定容至刻度，作为母液；取5mL母液于10mL容量瓶中，以乙酸乙酯和环己烷混合溶液定容至刻度，待净化。取10mL待测液加入凝胶渗透色谱（GPC）进样管中，使用GPC净化，收集流出液，40℃下旋转蒸发至干，加2mL乙腈定容，过0.22μm有机系滤膜，供液相色谱测定。同时做空白试验。

凝胶渗透色谱净化参考条件如下：

①凝胶渗透色谱柱：300mm×20mm玻璃柱，BioBeads（S-X3）40μm~75μm。

②柱分离度：玉米油与抗氧化剂（PG、THBP、TBHQ、OG、BHA、Ionox-100、BHT、DG、NDGA）的分离度＞85%。

③流动相：乙酸乙酯+环己烷=1+1（体积比）。

④流速：5mL/min。

⑤进样量：2mL。

⑥流出液收集时间：7~17.5min。

4. 液相色谱条件

（1）色谱柱：C_{18}柱（柱长250mm，内径4.6mm，粒径5μm），或等效色谱柱。

（2）流动相A为0.5%甲酸水溶液，流动相B为甲醇。

（3）洗脱梯度：0~5min，流动相A 50%；5~15min，流动相A从50%降至20%；15~20min，流动相A 20%；20~25min，流动相A从20%降至10%；25~27min，流动相A从10%增至50%；27~30min，流动相A 50%。

（4）柱温：35℃。

（5）进样量：5μL。

（6）检测波长：280nm。

5. 标准曲线的制作

将系列浓度的标准工作液分别注入液相色谱仪中，测定相应的抗氧化剂，以标准工作液的质量浓度为横坐标，以响应值（如峰面积、峰高、吸收值等）为纵坐标，绘制标准曲线。

6. 试样溶液的测定

将试样溶液注入高效液相色谱仪中，得到相应色谱峰的响应值，根据标准曲线得到待测液中抗氧化剂的质量浓度。

五、结果分析

试样中抗氧化剂的含量按下式计算：

$$X_i = \rho_i \frac{V}{m}$$

式中　X_i——试样中抗氧化剂的含量，mg/kg；

ρ_i——从标准曲线上得到的抗氧化剂的质量浓度，mg/L；

V——样液最终定容体积，mL；

m——称取的试样质量，g。

结果保留3位有效数字（或保留到小数点后2位）。

六、精密度

在重复性条件下获得的两次独立测定结果的绝对差值不得超过算术平均值的10%。

任务单

一、任务要求

采用高效液相色谱法完成样品中抗氧化剂含量的测定，掌握样品制备、提取、净化方法，会进行标准溶液、标准使用液的配制，能规范熟练操作高效液相色谱仪，能利用高效液相色谱仪对样品及标准溶液中TBHQ等抗氧化剂进行检测，能准确计算样品中TBHQ等抗氧化剂的含量。

二、任务实施

（一）分组讨论，制定工作方案、确定人员分工

填写方案设计表（附表1）。

（二）试剂配制、仪器设备的准备

1. 试剂配制

填写试剂配制表（附表2）。

2. 仪器设备

填写所需仪器设备统计表（附表3）。

（三）实验操作

按照资料单中的分析步骤进行操作。

（四）填写原始数据

食品中抗氧化剂含量的检测原始数据记录单

<table>
<tr><td>样品名称</td><td></td><td colspan="2">样品编号</td><td colspan="2"></td><td colspan="2">检测项目</td><td colspan="2"></td></tr>
<tr><td>检测依据</td><td></td><td colspan="2">仪器名称</td><td colspan="2"></td><td colspan="2">检测器名称</td><td colspan="2"></td></tr>
<tr><td>检测地点</td><td></td><td colspan="2">室温（℃）</td><td colspan="2"></td><td colspan="2">相对湿度RH（%）</td><td colspan="2"></td></tr>
<tr><td>样品质量（g）</td><td colspan="3"></td><td colspan="2">定容体积（mL）</td><td colspan="4"></td></tr>
<tr><td rowspan="3">分析数据</td><td>序号</td><td>1</td><td>2</td><td>3</td><td>4</td><td>5</td><td>6</td><td>样1</td><td>样2</td></tr>
<tr><td>浓度（mg/L）</td><td></td><td></td><td></td><td></td><td></td><td></td><td></td><td></td></tr>
<tr><td>峰面积</td><td></td><td></td><td></td><td></td><td></td><td></td><td></td><td></td></tr>
</table>

续表

计算公式	
样品中抗氧化剂含量（mg/kg）	注意：结果保留3位有效数字（或保留到小数点后2位）
安全评价结果	
检验人：	校核人：

三、考核评价

食品中抗氧化剂的测定（高效液相色谱法）考核评分标准

食品添加剂检测安全评价知识点在线测试

考核项目五
非法添加物检测安全评价

技能操作一 食品中邻苯二甲酸酯的测定（气相色谱-质谱法）

资料单

一、原理

食品中邻苯二甲酸酯采用气相色谱-质谱法测定。各类食品提取、净化后采用气相色谱-质谱法测定。采用特征选择离子监测扫描模式（SIM），以保留时间和定性离子碎片丰度比定性，外标法定量。

本操作参考GB 5009.271—2016《食品安全国家标准　食品中邻苯二甲酸酯的测定》。

二、试剂和材料

除非另有说明，本方法所用试剂均为色谱纯，水为GB/T 6682—2008规定的二级水。

（1）正己烷（C_6H_{14}）。

（2）乙腈（C_2H_3N）。

（3）丙酮（CH_3COCH_3）。

（4）二氯甲烷（CH_2Cl_2）。

（5）16种邻苯二甲酸酯类标准品：邻苯二甲酸二甲酯（DMP）、邻苯二甲酸二乙酯（DEP）、邻苯二甲酸二异丁酯（DIBP）、邻苯二甲酸二正丁酯（DBP）、邻苯二甲酸二（2-甲氧基）乙酯（DMEP）、邻苯二甲酸二（4-甲基-2-戊基）酯（BMPP）、邻苯二甲酸二（2-乙氧基）乙酯（DEEP）、邻苯二甲酸二戊酯（DPP）、邻苯二甲酸二己酯（DHXP）、邻苯二甲酸丁基苄基酯（BBP）、邻苯二甲酸二（2-丁氧基）乙酯（DBEP）、邻苯二甲酸二环己酯（DCHP）、邻苯二甲酸二（2-乙基）己酯（DEHP）、邻苯二甲酸二正辛酯（DNOP）、邻苯二甲酸二壬酯（DNP）、邻苯二甲酸二苯酯（DPhP），混合液体标准品，浓度为1000μg/mL。

（6）邻苯二甲酸二烯丙酯（DAP，$C_{14}H_{14}O_4$）：纯度97%。

（7）邻苯二甲酸二异壬酯（DINP，$C_{26}H_{42}O_4$）：纯度98.5%。

（8）邻苯二甲酸二烯丙酯标准储备液（1000μg/mL）：准确称取邻苯二甲酸二烯丙

酯0.025g（精确到0.0001g）于25mL容量瓶中，用正己烷溶解并准确配制成质量浓度为1000μg/mL的标准储备液。

（9）邻苯二甲酸二异壬酯标准储备液（1000μg/mL）：准确称取邻苯二甲酸二异壬酯0.025g（精确到0.0001g）于25mL容量瓶中，用正己烷溶解并准确配制成质量浓度为1000μg/mL的标准储备液。

（10）17种邻苯二甲酸酯标准中间液（10μg/mL）：分别准确移取16种邻苯二甲酸酯标准品（1000μg/mL）和邻苯二甲酸二烯丙酯标准储备液（1000μg/mL）各1mL至100mL容量瓶中加入正己烷并准确定容至刻度。

（11）17种邻苯二甲酸酯标准系列工作液：准确吸取17种邻苯二甲酸酯标准中间溶液（10μg/mL），用正己烷逐级稀释，配制成浓度为0.0，0.02，0.05，0.10，0.20，0.50，1.00μg/mL的标准系列溶液，临用时配制。

（12）邻苯二甲酸二异壬酯标准系列工作液：准确吸取邻苯二甲酸二异壬酯标准储备液（1000μg/mL），用正己烷逐级稀释，配制成浓度为0.0，0.5，1.0，2.5，5.0，10.0，20.0μg/mL的标准系列溶液，临用时配制。

三、仪器和设备

所用玻璃器皿洗净后，用重蒸水淋洗3次，丙酮浸泡1h，在200℃下烘烤2h，冷却至室温备用。

（1）气相色谱-质谱联用仪（GC-MS）。

（2）分析天平：精度0.0001g。

（3）氮吹仪。

（4）涡旋振荡器。

（5）超声波发生器。

（6）离心机：转速≥4000r/min。

（7）粉碎机。

（8）固相萃取（SPE）装置。

（9）固相萃取柱：PSA/Silica复合填料玻璃柱（1000mg，6mL）。

四、分析步骤

1. 试样制备

（1）液态样品　取约200mL样品混匀后放置磨口玻璃瓶内待用。

（2）半固态和固态样品　分别取约200g样品经粉碎后放置磨口玻璃瓶内待用。

2. 试样处理

（1）液体乳、饮料、酱油、食醋、白酒、蜂蜜等　准确称取制备好的试样1.0g(精确至0.0001g)于25mL具塞磨口离心管中，加入2~5mL蒸馏水，涡旋混匀，再准确加入10mL正己烷，涡旋1min，剧烈振摇1min，超声提取30min，1000r/min离心5min，取上清液，供GC-MS分析。

（2）植物油等　液态油脂混匀后准确称取0.5g（精确至0. 0001g）于10mL具塞磨口离心管中，依次加入100μL正己烷和2mL乙腈，涡旋1min，超声提取20min，4000r/min离心5min，收集上清液。残渣中加入2mL乙腈，涡旋1min，4000r/min离心5min。再加入2mL乙腈重复提取1次，合并3次上清液，待SPE净化。

（3）果冻、甜面酱、乳粉、米粉、鸡精、味精、干酪、糖果、花粉、肉制品、糕点、方便面、果蔬及其制品等　准确称取混匀试样0. 5g（精确至0. 0001g）于25mL具塞磨口离心管中，加入2~5mL蒸馏水，涡旋混匀，再准确加入10mL正己烷，涡旋1min，剧烈振摇1min，超声提取30min，1000r/min离心5min，取上清液，供GC-MS分析。

（4）芝麻酱、含油调味酱、黄油等　将样品充分粉碎混匀后准确称取0.5g（精确至0.0001g）于10mL具塞磨口离心管中，加入1mL正己烷，涡旋2min，再加入5mL乙腈，涡旋1min，超声提取20min，4000r/min离心5min，收集上清液。加入5mL乙腈，重复提取1次，合并上清液。40℃氮气吹干，加入6mL乙腈，涡旋混匀，待SPE净化。黄油应融化为液态油脂混匀后称取，并在提取过程中保持液态。

3. SPE净化

依次加入5mL二氯甲烷、5mL乙腈活化，弃去流出液；将待净化液加入SPE小柱，收集流出液；再加入5mL乙腈，收集流出液，合并两次收集的流出液，加入1mL丙酮，40℃氮吹至近干，正己烷准确定容至2mL，涡旋混匀，供GC-MS分析。

4. 空白试验

除不加试样外，均按2、3测定步骤进行。整个操作过程应避免接触塑料制品。

5. 仪器参考条件

（1）气相色谱参考条件

色谱柱：5%苯基-甲基聚硅氧烷石英毛细管色谱柱，柱长：30m，内径：0.2mm，膜厚：0.25μm，或性能相当者。

进样口温度：260℃。

程序升温：初始柱温60℃，保持1min；以20℃/min升温至220℃，保持1min；再以60℃/min升温至250℃，保持1min；再以20℃/min升温至290℃，保持7.5min。

载气：高纯氦（纯度>99.999%），流速：1.0mL/min。

进样方式：不分流进样。

进样量：1μL。

（2）质谱参考条件

电离方式：电子轰击电离源（EI）。

电离能量：70eV。

传输线温度：280℃。
离子源温度：230℃。
溶剂延迟：7min。
扫描方式：选择离子扫描（SIM），监测离子参见表1。

表1　邻苯二甲酸酯的保留时间、定性和定量离子

序号	化合物名称	保留时间（min）	定性离子（m/z）	定量离子（m/z）
1	邻苯二甲酸二甲酯（DMP）	7.66	163,77,194,133	163
2	邻苯二甲酸二乙酯（DEP）	8.51	149,177,105,222	149
3	邻苯二甲酸二烯丙酯（DAP）	9.73	41,132,149,189	149
4	邻苯二甲酸二异丁酯（DIBP）	10.21	149,223,104,167	149
5	邻苯二甲酸二正丁酯（DBP）	10.93	149,223,205,104	149
6	邻苯二甲酸二（2-甲氧基）乙酯（DMEP）	11.25	59,149,104,176	149
7	邻苯二甲酸二（4-甲基-2-戊基）酯（BMPP）	11.97	149,167,85,251	149
8	邻苯二甲酸二（2-乙氧基）乙酯（DEEP）	12.29	72,149,104,193	149
9	邻苯二甲酸二戊酯（DPP）	12.65	149,237,219,104	149
10	邻苯二甲酸二己酯（DHXP）	14.73	149,251,104,233	149
11	邻苯二甲酸丁基苄基酯（BBP）	14.88	149,91,206,104	149
12	邻苯二甲酸二（2-丁氧基）乙酯（DBEP）	16.30	149,101,85,193	149
13	邻苯二甲酸二环己酯（DCHP）	16.95	149,167,249,104	149
14	邻苯二甲酸二（2-乙基）己酯（DEHP）	17.19	149,167,279,113	149
15	邻苯二甲酸二苯酯（DPhP）	17.31	225,77,104,153	225
16	邻苯二甲酸二异壬酯（DINP）	18.5~21.5	127,149,167,293	149
17	邻苯二甲酸二正辛酯（DNOP）	19.55	149,279,104,261	149
18	邻苯二甲酸二壬酯（DNP）	22.03	149,293,167,275	149

6. 标准曲线的制作

将标准系列工作液分别注入气相色谱-质谱联用仪中，测定相应的邻苯二甲酸酯的色谱峰面积，以标准工作液的质量浓度为横坐标，以相应的峰面积为纵坐标，绘制标准曲线。邻苯二甲酸二异壬酯的标准系列工作液单独进样测定。

7. 试样溶液的测定

将试样溶液注入气相色谱-质谱联用仪中，得到相应的邻苯二甲酸酯的峰面积，根据标准曲线得到待测液中邻苯二甲酸酯的浓度。

8. 定性确认

在设置仪器条件下，试样待测液和邻苯二甲酸酯标准品的目标化合物在相同保留时间处（±0.5%）出现，并且对应质谱碎片离子的质荷比与标准品的质谱图一致，可定性目标化合物。

五、结果分析

试样中邻苯二甲酸酯的含量按下式计算：

$$X = \rho \times \frac{V}{m} \times \frac{1000}{1000}$$

式中　X——试样中邻苯二甲酸酯的含量，mg/kg；

ρ——从标准工作曲线上查出的试样溶液中邻苯二甲酸酯的质量浓度，μg/mL；

V——试样定容体积，mL；

m——试样的质量，g；

1000——换算系数。

计算结果应扣除空白值。结果大于等于1.0mg/kg时，保留3位有效数字；结果小于1.0mg/kg时，保留2位有效数字。

六、精密度

在重复性条件下获得的两次独立测定结果的绝对差值不得超过算术平均值的10%。

任务单

一、任务要求

采用气相色谱-质谱法（外标法）完成样品中18种邻苯二甲酸酯含量的测定，掌握样品制备、提取、净化的方法，会进行标准溶液、标准使用液的配制，能规范熟练操作气相色谱-质谱联用仪，能利用气相色谱-质谱联用仪对样品及标准溶液中邻苯二甲酸酯进行检测，能准确计算样品中邻苯二甲酸酯的含量。

二、任务实施

（一）分组讨论，制定工作方案、确定人员分工

填写方案设计表（附表1）。

（二）试剂配制、仪器设备的准备

1. 试剂配制

填写试剂配制表（附表2）。

2. 仪器设备

填写所需仪器设备统计表（附表3）。

（三）实验操作

按照资料单中的分析步骤进行操作。

（四）填写原始数据

食品中邻苯二甲酸酯含量的测定原始数据记录单

样品名称		样品编号				检测项目				
检测依据		仪器名称				检测器名称				
检测地点		室温（℃）				相对湿度RH（%）				
样液质量（g）				定容体积（mL）						
分析数据-17种邻苯二甲酸酯	序号	1	2	3	4	5	6	7	样1	样2
	浓度（μg/mL）									
	峰面积									
分析数据-邻苯二甲酸二异壬酯	浓度（μg/mL）									
	峰面积									
计算公式										
样品中邻苯二甲酸酯含量（mg/kg）	注意：结果大于等于1.0mg/kg时，保留三位有效数字；结果小于1.0mg/kg时，保留2位有效数字									
安全评价结果										

检验人：　　　　　　　　　　　　校核人：

三、考核评价

食品中邻苯二甲酸酯的测定（气相色谱－质谱法）考核评分标准

技能操作二　食品中苏丹红的测定（高效液相色谱法）

资料单

一、原理

食品中苏丹红采用高效液相色谱法测定。样品经溶剂提取、固相萃取净化后，用反相高效液相色谱-紫外可见光检测器进行色谱分析，采用外标法定量。

本操作参考GB/T 19681—2005《食品中苏丹红染料的检测方法　高效液相色谱法》。

二、试剂和材料

除非另有说明，本方法所用试剂均为分析纯，水为GB/T 6682—2008规定的二级水。

（1）乙腈（C_2H_3N）：色谱纯。

（2）丙酮（C_3H_6O）色谱纯。

（3）甲酸（HCOOH）。

（4）乙醚（$C_4H_{10}O$）。

（5）正己烷（C_6H_{14}）。

（6）无水硫酸钠（Na_2SO_4）。

（7）层析柱管：1cm（内径）×5cm（高）的注射器管。

（8）层析用氧化铝（中性100~200目）：105℃干燥2h，于干燥器中冷至室温，每100g中加入2mL水降活，混匀后密封，放置12h后使用。

不同厂家和不同批号氧化铝的活度有差异，须根据具体购置的氧化铝产品略作调整，活度的调整采用标准溶液过柱，将1μg/mL的苏丹红的混合标准溶液1mL加到柱中，用5%丙酮正己烷溶液60mL完全洗脱为准，4种苏丹红在层析柱上的流出顺序为苏丹红Ⅱ、苏丹红Ⅳ、苏丹红Ⅰ、苏丹红Ⅲ，可根据每种苏丹红的回收率做出判断，苏丹红Ⅱ、苏丹红Ⅳ的回收率较低表明氧化铝活性偏低，苏丹红Ⅲ的回收率偏低时表明活性偏高。

（9）氧化铝层析柱：在层析柱管底部塞入一薄层脱脂棉，干法装入处理过的氧化铝至3 cm高，轻敲实后加一薄层脱脂棉，用10mL正己烷预淋洗，洗净柱中杂质后，备用。

（10）5%丙酮的正己烷液：吸取50mL丙酮用正己烷定容至1L。

（11）标准物质：苏丹红Ⅰ、苏丹红Ⅱ、苏丹红Ⅲ、苏丹红Ⅳ，纯度≥95%。

（12）标准储备液：分别称取苏丹红Ⅰ、苏丹红Ⅱ、苏丹红Ⅲ、苏丹红Ⅳ各10.0mg（按实际含量折算），用乙醚溶解后用正己烷定容至250mL。

三、仪器和设备

（1）高效液相色谱仪：配有紫外可见光检测器。

（2）分析天平：感量0.1mg。

（3）旋转蒸发仪。

（4）均质机。

（5）离心机。

（6）0.45μm有机滤膜。

四、分析步骤

1. 样品制备

将液体、浆状样品混合均匀，固体样品需磨细。

2. 样品处理

（1）红辣椒粉等粉状样品　称取1~5g（准确至0.001g）样品于三角瓶中，加入10~30mL正己烷，超声5min，过滤，用10mL正己烷洗涤残渣数次，至洗出液无色，合并正己烷液，用旋转蒸发仪浓缩至5mL以下，慢慢加入氧化铝层析柱中，为保证层析效果，在柱中保持正己烷液面为2mm左右时上样，在全程的层析过程中不应使柱干涸，用正己烷少量多次淋洗浓缩瓶，一并注入层析柱。控制氧化铝表层吸附的色素带宽宜小于0.5cm，待样液完全流出后，视样品中含油类杂质的多少用10~30mL正己烷洗柱，直至流出液无色，弃去全部正己烷淋洗液，用含5%丙酮的正己烷液60mL 洗脱，收集、浓缩后，用丙酮转移并定容至5mL，经0.45μm有机滤膜过滤后待测。

（2）红辣椒油、火锅料、奶油等油状样品　称取0.5~2g（准确至0.001g）样品于小烧杯中，加入适量正己烷溶解（约1~10mL），难溶解的样品可于正己烷中加温溶解。按（1）中“慢慢加入氧化铝层析柱……过滤后待测”操作。

（3）辣椒酱、番茄沙司等含水量较大的样品　称取10~20g（准确至0.01g）样品于离心管中，加10~20mL水将其分散成糊状，含增稠剂的样品多加水，加入30mL正己烷：丙酮=3：1，匀浆5min，30000r/min离心10min，吸出正己烷层，于下层再加入20mL×2次正己烷匀浆，离心，合并3次正己烷，加入无水硫酸钠5g脱水，过滤后于旋转蒸发仪上蒸干并保持5min，用5mL正己烷溶解残渣后，按（1）中“慢慢加入氧化铝层析柱……过滤后待测”操作。

（4）香肠等肉制品　称取粉碎样品10~20g（准确至0.01g）于三角瓶中，加入60mL正己烷充分匀浆5min滤出清液，再以20mL×2次正己烷匀浆，过滤。合并3次滤液，加入5g无水硫酸钠脱水，过滤后于旋转蒸发仪上蒸至5mL以下，按（1）中“慢慢加入氧化铝层析柱……过滤后待测”操作。

3. 仪器参考条件

（1）色谱柱　Zorbax SB-C_{18} 3.5μm 4.6mm ×130mm（或相当型号色谱柱）。

（2）流动相

溶剂A：0.1%甲酸的水溶液：乙腈=85：15；

溶剂B：0.1%甲酸的乙腈溶液：丙酮=80：20。

（3）梯度洗脱　流速：1mL/min；柱温：30℃；检测波长：苏丹红Ⅰ：478nm；苏丹红Ⅱ、苏丹红Ⅲ、苏丹红Ⅳ：520nm；于苏丹红Ⅰ出峰后切换；进样量10μL。梯度条件见表1。

表1　梯度条件

时间（min）	流动相		曲线
	A（%）	B（%）	
0	25	75	线性
10.0	25	75	线性
25.0	0	100	线性
32.0	0	100	线性
35.0	25	75	线性
40.0	25	75	线性

4. 标准曲线的制作

吸取标准储备液0，0.1，0.2，0.4，0.8，1.6mL，用正己烷定容至25mL，此标准系列浓度为0，0.16，0.32，0.64，1.28，2.56μg/mL，绘制标准曲线。

五、结果分析

试样中苏丹红含量按下式进行计算：

$$R = \frac{c \times V}{m}$$

式中　R——样品中苏丹红含量，mg/kg；

c——由标准曲线得出的样液中苏丹红的浓度，μg/mL；

V——样液定容体积，mL；

m——样品质量，g。

计算结果保留三位有效数字。

六、精密度

在重复性测定条件下获得的两次独立测定结果的绝对差值不超过其算术平均值的10%。

任务单

一、任务要求

采用高效液相色谱法完成样品中苏丹红含量的测定，掌握样品制备、样品处理方法，会进行标准溶液、标准使用液的配制，能规范熟练操作高效液相色谱仪，能利用高效液相色谱仪对样品及标准溶液中苏丹红进行检测，能准确计算样品中苏丹红的含量。

二、任务实施

（一）分组讨论，制定工作方案、确定人员分工

填写方案设计表（附表1）。

（二）试剂配制、仪器设备的准备

1. 试剂配制

填写试剂配制表（附表2）。

2. 仪器设备

填写所需仪器设备统计表（附表3）。

（三）实验操作

按照资料单中的分析步骤进行操作。

（四）填写原始数据

食品中苏丹红含量的测定原始数据记录单

<table>
<tr><td>样品名称</td><td colspan="2"></td><td colspan="2">样品编号</td><td colspan="2"></td><td colspan="2">检测项目</td><td></td></tr>
<tr><td>检测依据</td><td colspan="2"></td><td colspan="2">仪器名称</td><td colspan="2"></td><td colspan="2">检测器名称</td><td></td></tr>
<tr><td>检测地点</td><td colspan="2"></td><td colspan="2">室温（℃）</td><td colspan="2"></td><td colspan="2">相对湿度RH（%）</td><td></td></tr>
<tr><td>样品质量（g）</td><td colspan="3"></td><td colspan="3">定容体积（mL）</td><td colspan="3"></td></tr>
<tr><td rowspan="4">分析数据</td><td>序号</td><td>1</td><td>2</td><td>3</td><td>4</td><td>5</td><td>6</td><td>样1</td><td>样2</td></tr>
<tr><td>体积（mL）</td><td></td><td></td><td></td><td></td><td></td><td></td><td></td><td></td></tr>
<tr><td>浓度（μg/mL）</td><td></td><td></td><td></td><td></td><td></td><td></td><td></td><td></td></tr>
<tr><td>峰面积</td><td></td><td></td><td></td><td></td><td></td><td></td><td></td><td></td></tr>
<tr><td>计算公式</td><td colspan="9"></td></tr>
<tr><td>样品中苏丹红含量（mg/kg）</td><td colspan="9"></td></tr>
<tr><td>安全评价结果</td><td colspan="9"></td></tr>
<tr><td colspan="4">检验人：</td><td colspan="6">校核人：</td></tr>
</table>

三、考核评价

食品中苏丹红的测定（高效液相色谱法）考核评分标准

技能操作三 食品中吊白块的测定（高效液相色谱法）

资料单

一、原理

食品中吊白块采用高效液相色谱法测定。在酸性溶液中，样品中残留的甲醛次硫酸氢钠（吊白块）分解释放出的甲醛被水提取，提取后的甲醛与2, 4-二硝基苯肼发生加成反应，生成黄色的2, 4-二硝基苯腙，用正己烷萃取后，经高效液相色谱仪分离，与标准甲醛衍生物的保留时间对照定性，用标准曲线法定量。

本操作参考GB/T 21126—2007《小麦粉与大米粉及其制品中甲醛次硫酸氢钠含量的测定》。

二、试剂和材料

所用化学试剂中，正己烷为色谱纯，其余均为分析纯。酸溶液所用水均为经高锰酸钾处理后的重蒸水。

（1）盐酸-氯化钠溶液：称取20g氯化钠于1000mL容量瓶中，用少量水溶解。加60mL37%盐酸，加水至刻度。

（2）甲醛标准储备液：取1mL36%~38%甲醛溶液，用水定容至500mL，使用前按GB/T 2912.1—1998中的亚硫酸钠法标定甲醛浓度。或者用甲醛标准溶液配制成40μg/mL的标准储备液，此溶液放置4℃冰箱中保存1个月。

（3）甲醛标准使用液：准确量取一定量经标定的甲醛标准储备液，配制成2μg/mL的甲醛标准使用液，此标准使用液必须使用当天配制。

（4）磷酸氢二钠溶液：称取18g $Na_2HPO_4 \cdot 12H_2O$，加水溶解并定容至100mL。

（5）2, 4-二硝基苯肼（DNPH）纯化：称取约20g 2, 4-二硝基苯肼（DNPH）于烧杯中，加167mL乙腈和500mL水，搅拌至完全溶解，放置过夜。用定性滤纸过滤结晶，分别用水和乙醇反复洗涤5~6次后置于干燥器中备用。

（6）衍生剂：称取经过纯化处理的2, 4-二硝基苯肼（DNPH）200mg，用乙腈溶解并定容至100mL。

（7）流动相：乙腈+水混合溶液［V（乙腈）+V（水）］=70+30］，用0.45μm孔径的滤膜过滤，备用。

（8）正己烷（C_6H_{14}）。

三、仪器和设备

（1）具塞三角瓶：150mL、250mL。
（2）容量瓶：1000mL、500mL、250mL、100mL。
（3）比色管：25mL。
（4）移液管：50mL、5mL、2mL、1mL。
（5）振荡机。
（6）高速组织捣碎机。
（7）高速离心机：最大转速10000r/min。
（8）恒温水浴锅：50℃。
（9）高效液相色谱仪：带紫外-可见波长检测器。

四、分析步骤

1. 样品前处理

准确称取小麦粉、大米粉样品约5g于150mL具塞三角瓶中，加入50mL盐酸-氯化钠溶液，置于振荡机上振荡提取40min。对于小麦粉或大米粉制品，称取20g于组织捣碎机中，加200mL盐酸-氯化钠溶液，2000r/min捣碎5min，转入250mL，具塞三角瓶中，置于振荡机上振荡提取40min。将提取液倒入20mL离心管中，于10000r/min离心15min（或4000r/min离心30min），上清液备用。

2. 仪器参考条件

色谱柱：化学键合C_{18}柱，4.6mm×250mm；流动相：乙腈+水=70+30；流速：0.8mL/min；紫外检测器：检测器波长355nm。

3. 标准工作曲线绘制

分别量取0.00，0.25，0.50，1.00，2.00，4.00mL甲醛标准使用液于25mL比色管中（相当于0.0，0.5，1.0，2.0，4.0，8.0μg甲醛），分别加入2mL盐酸-氯化钠溶液、1mL磷酸氢二钠溶液、0.5mL衍生剂，然后补加水至10mL，盖上塞子，摇匀。置于50℃水浴中加热40min后，取出用流水冷却至室温。准确加入5.0mL正己烷，将比色管横置，水平方向轻轻振摇3~5次后，将比色管倾斜放置，增加正己烷与水溶液的接触面积。在1h内，每隔5min轻轻振摇3~5次，然后再静置30min，取10μL正己烷萃取液进样。以所取甲醛标准使用液中甲醛的质量（以μg为单位）为横坐标，甲醛衍生物苯腙的峰面积为纵坐标，绘制标准工作曲线。

4. 样品测定

取2.0mL样品处理所得上清液于25mL比色管中，加入1mL磷酸氢二钠溶液、0.5mL衍生剂，补加水至10mL，盖上塞子，摇匀。以下按3自“置于50℃水浴中加热40min后”起依法操作，并与标准曲线比较定量。注意振摇时不宜剧烈，以免发生乳化。如果出现乳化现象，滴加1~2滴无水乙醇。

五、结果分析

试样中甲醛次硫酸氢钠含量（以甲醛计）按下式进行计算：

$$c = \frac{m_1 \times 50}{m \times 2}$$

式中　c——样品中甲醛含量，μg/g；

m_1——按甲醛衍生物苯腙峰面积，从标准工作曲线查得甲醛的质量，μg；

50——样品加提取液体积，mL；

2——测定用样品提取液体积，mL；

m——样品质量，g。

甲醛含量计算结果不超过10μg/g时，报告结果为未检出。

六、精密度

以双试验测定结果的算术平均值作为样品的甲醛含量，保留小数点后1位。在重复条件下获得的两次独立测定结果的绝对差值不得超过算术平均值的15%。

任务单

一、任务要求

采用高效液相色谱法完成样品中吊白块含量的测定，掌握样品前处理方法，会进行标准溶液、标准使用液的配制，能规范熟练操作高效液相色谱仪，能利用高效液相色谱仪对样品及标准溶液中吊白块进行检测，能准确计算样品中吊白块的含量。

二、任务实施

（一）分组讨论，制定工作方案、确定人员分工

填写方案设计表（附表1）。

（二）试剂配制、仪器设备的准备

1. 试剂配制

填写试剂配制表（附表2）。

2. 仪器设备

填写所需仪器设备统计表（附表3）。

（三）实验操作

按照资料单中的分析步骤进行操作。

（四）填写原始数据

食品中吊白块含量的测定原始数据记录单

<table>
<tr><td>样品名称</td><td colspan="2"></td><td colspan="2">样品编号</td><td colspan="2"></td><td>检测项目</td><td colspan="2"></td></tr>
<tr><td>检测依据</td><td colspan="2"></td><td colspan="2">仪器名称</td><td colspan="2"></td><td>检测器名称</td><td colspan="2"></td></tr>
<tr><td>检测地点</td><td colspan="2"></td><td colspan="2">室温
（℃）</td><td colspan="2"></td><td>相对湿度
RH（%）</td><td colspan="2"></td></tr>
<tr><td>样品质量（g）</td><td colspan="4"></td><td colspan="2">定容体积（mL）</td><td colspan="3"></td></tr>
<tr><td rowspan="4">分析数据</td><td>序号</td><td>1</td><td>2</td><td>3</td><td>4</td><td>5</td><td>6</td><td>样1</td><td>样2</td></tr>
<tr><td>体积（mL）</td><td></td><td></td><td></td><td></td><td></td><td></td><td></td><td></td></tr>
<tr><td>质量（μg）</td><td></td><td></td><td></td><td></td><td></td><td></td><td></td><td></td></tr>
<tr><td>峰面积</td><td></td><td></td><td></td><td></td><td></td><td></td><td></td><td></td></tr>
<tr><td>计算公式</td><td colspan="9"></td></tr>
<tr><td>样品中吊白块
含量（μg/g）</td><td colspan="9">注意：结果保留小数点后1位</td></tr>
<tr><td>安全评价结果</td><td colspan="9"></td></tr>
<tr><td colspan="5">检验人：</td><td colspan="5">校核人：</td></tr>
</table>

三、考核评价

食品中吊白块的测定（高效液相色谱法）考核评分标准

非法添加物检测安全评价知识点在线测试

气－质联用仿真

液－质联用仿真

模块四

粮农食品安全管理

通过对粮农食品安全标准及法规、粮农食品安全管理体系建立和食品贮藏、加工与流通过程安全管理与控制三个项目的知识资料单的学习和任务单的操作实践，了解和掌握食品标准的制定、HACCP体系建立 和食品加工过程HACCP计划表的制订等知识和技能点对粮农食品安全评价的重要性，提高学生技术技能水平、分析和解决方案的创新能力、精益求精的科学态度和工匠精神，培养高度的社会责任感和爱国情怀。

考核项目一 粮农食品安全标准及法规

技能操作 食品标准的编写

资料单

食品标准核心内容(规范性技术要素)的编写包括以下内容。

1. 术语和定义

（1）术语与定义在食品标准中是可选要素

①仅仅标准中界定的术语和定义适用时，使用："下列术语和定义适用于本文件"。

②其他文件界定的术语和定义也适用时，使用："……界定的以及下列术语和定义适用于本文件"。

③仅仅其他文件界定的术语和定义适用时，使用："……界定的术语和定义适用于本文件"。

（2）编写术语和定义应掌握的原则

①当不对术语进行定义，其含义易引起误解或产生歧义时，才有必要对术语进行定义。

②对于通用词典中的通用技术术语，只有用于特定含义时，才应对它下定义。

③应避免给商品名、俗称、品牌下定义。

④在标准中应在其范围限定的领域内给术语下定义。

⑤在对某术语进行定义前，应查明其他标准中是否已给出定义，避免重复或对同一概念给出不同的解释。

⑥当有必要重复某定义时，应在定义之下列出该定义所出自的标准。

⑦符号、图形符号及标志标准的起草和编写见GB/T 20001.2—2015《标准编写规则 第2部分：符号标准》。

2. 符号和缩略语

符号和缩略语在食品标准中是可选要素。一般应列在"术语和定义"一章之后。

3. 要求

（1）选择要求要素的原则有目的性原则、性能特性原则、可证实性原则、要求量化原则。

（2）对食品产品标准要求。

①原材料要求：对原材料的要求一般不列入产品标准中。

②感官要求：主要针对食品的描述性特征，文字表述，不易量化。

③理化要求：对食品的物理量化指标，营养成分指标，功能成分指标和安全成分指标做出明确的规定。

④微生物要求。

4. 抽样

抽样是标准的可选要素，一般应排在试验方法之前，但也可将抽样一章合并到检验规则或试验方法中，只要保证抽取的样品与成品之间的一致性就可以了。

5. 试验方法

试验方法是标准中的可选要素。对成品技术要求进行试验、测定、检查的方法统称为试验方法。

试验方法的内容包括方法原理概要、试剂材料的要求、试验仪器设备及其具体要求、试验装置、试样及其制备方法、试验程序、试验结果的计算和评定、测量不明确度或允许误差等。

6. 检验规则

检验规则也称合格评定程序，是对成品试样和正式生产中的成品进行各种试验的规则。检验规则编写的主要内容有以下几点。

（1）检验分类　包括出厂检验和型式检验。型式检验可用于新产品或老产品转厂生产的试制定型鉴定时；正式生产后，如原材料、工艺有较大改变可能影响产品质量时；产品生产中定期、定量的周期性考核时；产品长期停产后，恢复生产时；出厂检验结果与上次型式检验有较大差异时；国家质量技术监督部门提出型式检验的要求时。

（2）组批规则　组批规则是依据产品的特点和供需双方的约定确定的。需要规定的内容有：组批条件、批量、组批方法。一般规定同一班次、同一生产线、同一规格或品种的产品为一批，或同一时段、同一原料、同一生产线、同一规格或品种的产品为一批。批量可根据抽样方案决定。

（3）判定规则　判定规则是判定一批产品是否合格的条件。每一类检验均应规定判定规则。

（4）复验规则　复检规则是根据产品特点对第一次检验不合格的项目再次提出检验，并规定复验规则，根据复验结果再进行综合判定。

7. 标志、标签与包装

编写时的注意事项：

（1）在产品标准一章“标志标签和包装”条中所列的内容，一般应直接引用已发布的有关专业的标志标签和包装标准。

（2）标志或标签所使用的符号应符合相关的国家标准或行业标准，尤其是强制性标准。

（3）可以按需要通过铭牌、标签、商标、色彩、螺旋条纹（在电线、电缆上）等方法对产品加以标志，在标准条款中应明确采用哪一种。

（4）对包装件的要求和试验方法一般列入该章，不列入“要求”章和“试验方法”章。

8. 运输与贮存

（1）运输

①运输方式：应指明何种运输方式。

②运输条件：主要规定运输时的要求，如车厢的温度、遮盖、密封等，以及运输过程中可能造成影响的其他因素。

③运输过程注意事项：主要是对装、卸、运方面的特殊要求等。

（2）贮存　包括对食品等产品的贮存方面做出的规定，如贮存场所、贮存条件、贮存方式、贮存期限等。

9. 规范性附录

规范性附录是标准正文的附加条款，附录的内容是构成标准整体内容不可分割的一部分，在标准中的作用和标准正文相同，不能因为是附录就不遵守。在规范性附录中对标准中的条款可进一步细化和补充。规范性附录为了突出标准的主要内容，使标准的整体结构更为合理，层次更清楚。

10. 图与表

图的编号是由“图”和从1开始的阿拉伯数字组成，如“图1”、“图2”等，一直延续到附录之前，图的编号与章、条、段和表的编号无关。附录中图的编号在阿拉伯数字之前加上标识该附录的字母，如“图A.1”。图的名称（图题），有无标题均可，但一项标准中应统一图的编号和图题，应置于图的下方居中位置。图注位于图题之上及图的脚注之前。如“注1”、“注2”。图的脚注位于图题之上，并紧跟图注，应从“a”开始的小写字母上标来区分，即a、b、c等。

表的编号同图的编号，“图”改变“表”即可，如“表1”，附录中的“表A.1”等。表的编排同图的编排，唯一不同的是，表的编号和标题应位于表上方的居中位置。表中栏目使用的单位一般应标在该栏表头中物理量名称之下；不允许表中有表，也不允许将表再分为次级表。表注和表的脚注同图注和图的脚注。

任务单

一、任务要求

熟悉标准的分类；理解标准制定的原则和程序；掌握食品企业标准制定的程序和企业标准的编写方法；能够编写食品企业相关标准。

二、任务实施

（一）按照标准制定的一般程序完善下列框架图

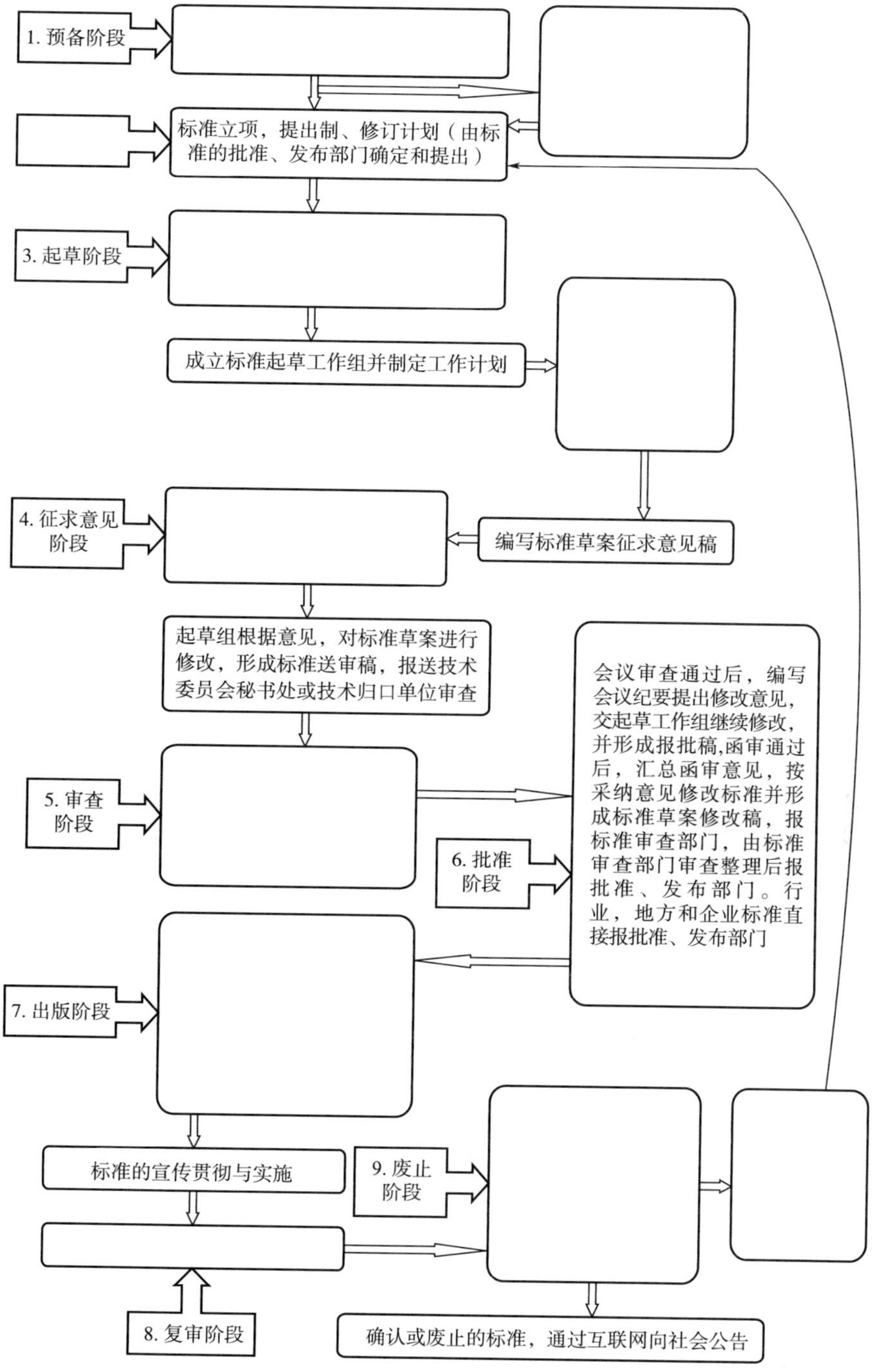

我国标准制定的一般程序框架图

（二）完成食品安全国家标准体系框架图

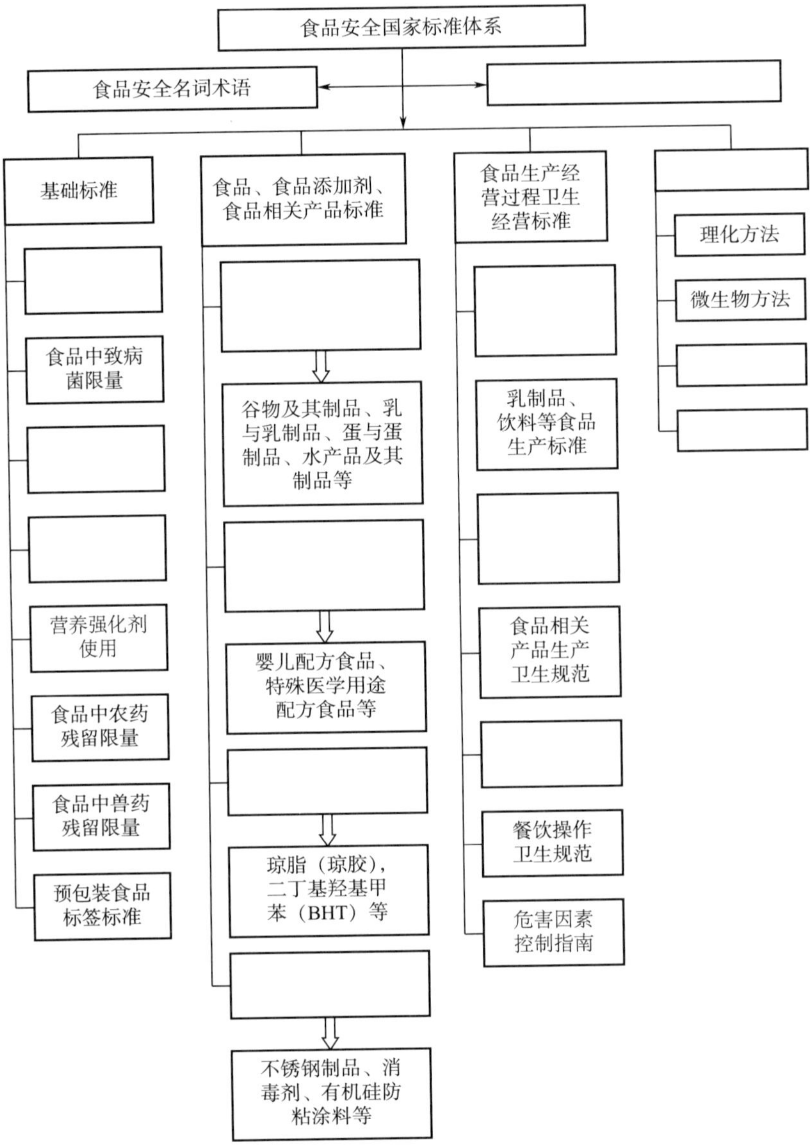

食品安全国家标准体系框架图

（三）食品标准核心内容(规范性技术要素)

分析食品标准核心内容(规范性技术要素)的编写，包括要素和可选要素。

（四）材料分析

材料1.《标准化法》第六条规定："……已有国家标准或行业标准的，国家鼓励企业制定严于国家标准或行业标准的企业标准，在企业内部适用。"

材料2.《标准化法》第十四条规定："强制性标准，必须执行。不符合强制性标准的产品，禁止生产、销售和进口。推荐性标准，国家鼓励企业自愿采用。"

材料3.《标准化法条文解释》第9项对《标准化法》第六条条文中“严于”的说明：“此处所指的国家标准或行业标准，是指国家标准或行业标准中的强制性标准。”

根据以上材料，请问如何理解“国家鼓励企业制定严于国家标准或行业标准的企业标准”的规定？

三、考核评价

食品标准的编写考核评分标准

粮农食品安全标准及法规知识点在线测试

参考文献

王世平．食品标准与法规［M］．北京：科学出版社，2017.

考核项目二 粮农食品安全管理体系建立

技能操作 粮食安全控制过程中关键控制点的建立

资料单

一、实施HACCP计划的必备程序和条件

1. 必备程序

实施HACCP体系的目的是预防和控制所有与食品相关的安全危害，因此，HACCP不是一个独立的程序，而是全面质量控制体系的一部分。

一个完整的食品安全预防控制体系即HACCP体系，它包括HACCP计划、良好操作规范（GMP）和卫生标准操作程序（SSOP）三个方面。GMP和SSOP是企业建立以及有效实施HACCP计划的基础条件。

2. 管理层的支持

制订和实施HACCP体系必须得到管理层的理解和支持，特别是公司（或企业）最高管理层的重视。只有管理层的大力支持HACCP小组才能得到必要的资源，HACCP体系才能发挥作用。

管理层承诺的内容包括：批准开支，批准实施公司的HACCP计划，批准有关业务并确保该项工作的持续进行和有效性，任命项目经理和组建HACCP小组，确保HACCP小组所需的必要资源，建立一个报告程序，确保工作计划的现实性和可行性。

3. 人员的素质要求和培训

人员是HACCP体系成功实施的重要条件。HACCP体系对人员在食品安全控制过程中的地位和要求十分明确。主要体现在以下几个方面：人是生产要素，产品安全与卫生取决于全体人员的共同努力。各级人员必须经过良好的培训，以胜任各自的工作；所有人员必须严格“照章办事”，不得擅自更改HACCP规定的操作规程；如实报告工作中的差错，不得隐瞒，对HACCP小组成员进行重点培训。

不同工作岗位要求具备不同素质的人员，所以，胜任其工作对不同岗位的不同人员就应有不同的要求。并且，所有人员至少都应能够阅读并理解HACCP所要求的书面指令和规程。

凡是对食品质量和产品安全有影响的人员，不管是直接生产人员、质量管理人员，还是工程维修或清洁人员均应根据其工作性质和要求接受相关培训。

企业的所有人员均应有一份培训档案，一般可包括下列内容：①姓名、所在部门

和进厂日期；②培训日期、课题和方案种类；③培训时间、地点；④考核成绩；⑤职务变动日期。同时，培训档案的记录内容应包括所有正式的教育与培训，如参加食品工业协会或食品学会的讨论会等。

二、制订和实施HACCP计划的步骤

根据食品法典委员会《HACCP体系及其应用准则》详细阐述的HACCP计划的研究过程，此过程由12个步骤组成，涵盖了HACCP体系七项基本原理（图1）。

组建HACCP小组
↓
产品描述
↓
确定预期用途
↓
建立工艺流程图及工厂人流物流示意图
↓
现场验证工艺流程图及工厂人流物流示意图
↓
列出每一步的危害(原理一)
↓
运用HACCP判断树确定CCP(原理二)
↓
建立关键限值(原理三)
↓
建立监控程序(原理四)
↓
建立纠偏措施(原理五)
↓
建立验证程序(原理六)
↓
建立记录保持文件程序(原理七)

图1　制订 HACCP 计划的逻辑顺序

以速冻全虾生产为例进行危害分析，见表1。

表1　危害分析表

企业名称：××水产品冷冻加工厂　　产品名称：速冻全虾

企业地址：××省××市××路××号　　贮藏和销售方法：－18℃以下冷冻

计划用途和消费者：公众，即食

加工工序	可能存在的潜在危害	潜在危害是否显著	危害显著的理由	控制危害的措施	是否为CCP
原料验收	生物的致病菌	是	原料虾生长环境中可能存在致病菌	蒸煮工序可杀灭致病菌	否

续表

加工工序	可能存在的潜在危害	潜在危害是否显著	危害显著的理由	控制危害的措施	是否为CCP
原料验收	化学的 农药残留/重金属	是	原料虾生长环境中可能存在	凭原料虾安全区域产地证明书收货	是
	物理的 无				
蒸煮	生物的 致病菌残留	是	温度/时间控制不当造成致病菌残留	控制蒸煮温度和时间	是
	化学的 消毒剂残留	否		SSOP控制	
	物理的 无				

企业负责人签名：× ×　　　　日期：× ×年× ×月× ×日

任务单

一、任务要求

假设你是某粮食贮存企业一位HACCP工作组成员。请对贵企业稻谷的存贮过程产品进行危害分析，并确定产品生产过程的关键控制点（CCP），制订完成该稻谷存贮的HACCP计划表。

二、任务实施

（一）分组讨论，制定工作方案、确定人员分工

填写方案设计表1（附表1）。

（二）完成下列HACCP计划表格的填写

稻谷存贮的 HACCP 计划表

关键控制点CCP	显著危害	预防措施的关键限值	监控				纠偏行动	记录	验证
			对象	方法	频率	人员			

三、考核评价

粮食安全控制过程中关键控制点的建立考核评分标准

粮农食品安全管理体系建立知识点在线测试

食品安全管理仿真

考核项目三 食品贮藏、加工与流通过程安全管理与控制

技能操作 食品加工过程HACCP计划表的制订

资料单

一、巧克力蛋糕的生产工艺流程图

某款巧克力蛋糕的加工流程如图1所示。

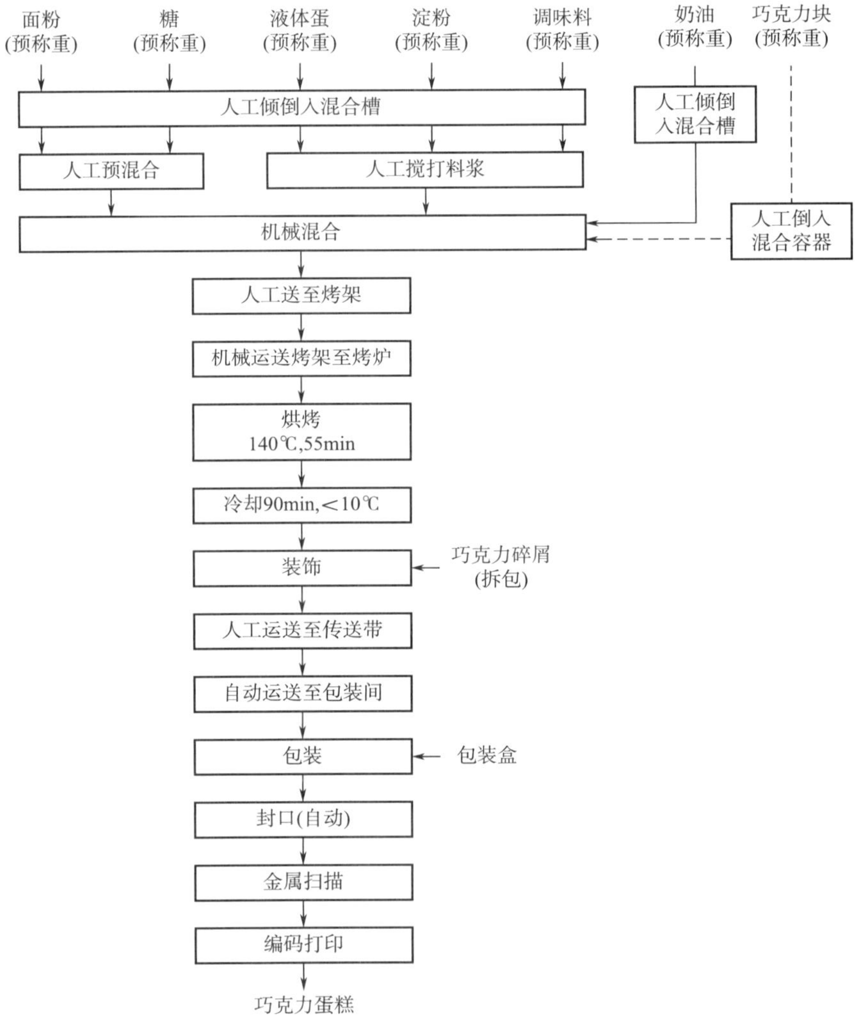

图1 蛋糕加工流程

二、巧克力蛋糕生产的关键控制点分析

根据加工流程进行分析，见表 1 。

表 1　分析表

关键控制点CCP	显著性危害
CCP1：原辅料及包装材料的验收	致病菌、农药残留、重金属/添加剂超标
CCP2：烘烤	未杀死的致病菌
CCP3：金属扫描	金属异物

任务单

一、任务要求

假设你是某食品企业一位HACCP工作组成员。前期通过对企业生产的一款巧克力蛋糕产品进行危害分析，确定了产品生产过程的关键控制点（CCP），请根据资料单提供的信息和相关专业知识，制订完成该巧克力蛋糕产品的HACCP计划表。

二、任务实施

（一）分组讨论，制定工作方案、确定人员分工

填写方案设计表（附表1）。

（二）完成下列HACCP计划表格的填写

巧克力蛋糕的 HACCP 计划表

关键控制点CCP	显著危害	预防措施的关键限值	监控				纠偏行动	记录	验证
			对象	方法	频率	人员			

三、考核评价

食品加工过程HACCP计划表的制订考核评分标准

食品贮藏、加工与流通过程安全管理与控制知识点在线测试

模块五

粮农食品质量追溯

通过对粮食作物追溯信息的采集与记录、畜产品追溯信息的采集与记录两个项目的知识资料单的学习和任务单的操作实践，了解和掌握追溯系统的使用、溯源信息的收集、溯源信息的录入等知识和技能点对粮农食品安全评价的重要性，提高学生溯源信息收集、分析与录入的能力，培养学生精益求精的科学态度和工匠精神，培养高度的社会责任感和爱国情怀。

考核项目一 粮食作物追溯信息的采集与记录

技能操作 玉米种植追溯信息的录入

资料单

一、基本概念

1. 追溯系统

基于追溯码、文件记录、相关软硬件设备和通信网络，实现现代化信息化管理，并可获取产品追溯过程中相关数据的集成。

2. 追溯参与方

在追溯系统中，从事与生产、加工、包装、仓储、运输、配送、商贸等活动相关业务的企业。

本操作参考GB/T 37029—2018《食品追溯　信息记录要求》。

二、实训条件

（1）玉米种植溯源系统。

（2）计算机，可联网。

三、实训步骤

1. 开启玉米种植溯源演示系统平台

（1）输入网址www.szzhgk.com，进入登录界面，见图1。

图 1　玉米种植溯源系统登录界面

（2）输入指定的演示账号、密码、验证码，进入演示系统后台，见图2。

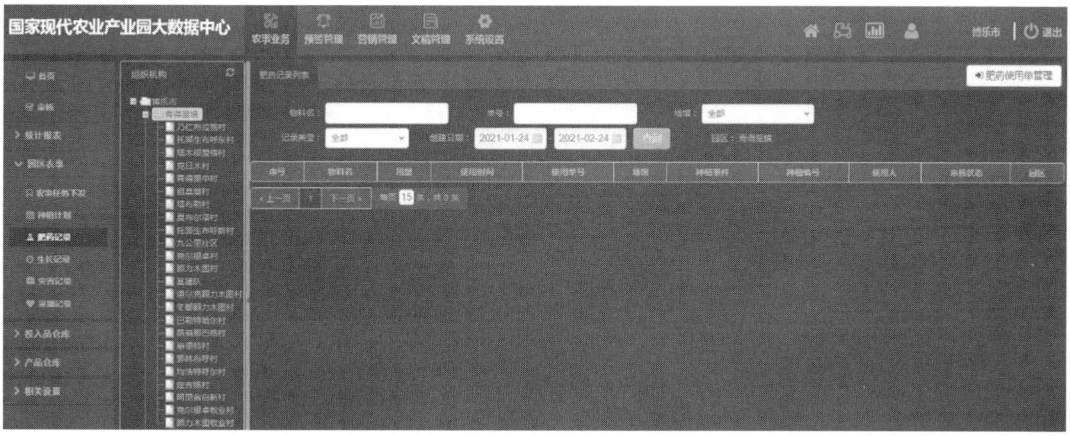

图2　玉米种植溯源系统后台界面

2. 录入信息列表

请根据表1录入玉米种植溯源信息。

表1　玉米种植溯源信息录入一栏表

项目	录入内容
种植管理	种植信息：基地名称、基地位置、基地面积、种植品种、种植年份、种植者姓名及联系方式等
	种源信息：购买时间、购买人及联系方式、验货时间、验货人及联系方式 、库房地址、库房编号及入库时间等
	出入库信息：品牌、批次、品种、库房名称、库房编号及库房管理员、出入库申请人、出入库数量及总质量、出入库编号、出入库时间等
	种源处理：出库编号、品种、等级、批次、数量、药剂名称及有效成分、药剂用量、处理时间、播种地块名称、地块编号、处理人等
施药管理	农药采购信息：药剂名称、有效成分、生产厂家、批次、供应商名称及联系方式、采购人、采购数量、购买时间、验货人、存放库房名称及库房编号等
	农药出入库信息：库房名称及库房编号、药剂名称、有效成分、生产厂家、批次、出入库时间、出入库数量、入库管理人、出库申请人等
	农药使用信息：病害名称、药剂名称、生产厂家、批次、有效成分、施用时间、施用量、施用方式、配药人、施药人、基地名称及编号等
施肥管理	肥料采购信息：肥料名称、有效成分、生产厂家、批次、供应商名称及联系方式、采购人、采购数量、购买时间、验货人、存放库房名称及库房编号等
	肥料出入库信息：库房名称及库房编号、肥料名称、有效成分、生产厂家、批次、出入库时间、出入库数量、入库管理人、出库申请人等
	肥料使用信息：施用时间、肥料名称、生产厂家、批次、有效成分、施用量、施用方式、基地名称、基地编号及责任人等

续表

项目	录入内容
采收管理	基地名称及编号、品种、收获日期、收获面积、收获批次、收获数量、责任人等
出入库管理	交易信息：品种、等级、数量、包装规格、收购单位名称、收购单位地址、联系方式及交易时间、销售人、联系方式、交易地点等
	运输信息：品种、数量、包装规格、供应商名称、联系方式、发货编号、收获单位地址、发货时间、接收商名称、联系方式、接收地点、接收时间、司机姓名、车牌号及联系方式等
	出入库信息：运货方名称及联系方式、运输车牌号、地址、仓库地址、仓库编号、品种、批次、包装规格、数量、出入库负责人、存放位置等

任务单

一、任务要求

利用玉米种植溯源系统完成玉米种植环节生产基地、种植、灌溉和施肥、病虫草害和用药、采收和运输等追溯数据的录入。

二、任务实施

（一）追溯信息录入的准备

（1）玉米种植溯源系统。

（2）计算机，可联网。

（二）信息录入

1. 登录玉米种植溯源系统

输入网址www.szzhgk.com，登录玉米种植溯源演示系统平台。

2. 溯源信息录入

根据表2~表16内容逐项完成信息的录入。

表2　玉米种植综合信息记录表

种植年份	2020年	种植者姓名	陈志伟	联系方式	18809378008
住址	甘肃省酒泉市金塔县解放路鑫盛花园11栋332				
基地名称	酒泉绿象农业服务有限责任公司	基地编号	01	面积	3000亩
基地位置	甘肃省酒泉市金塔县绿象基地				
种植品种	玉米	上茬作物	玉米		

表 3　玉米来源信息记录表

购买时间	2020年3月1日	购买人	王颖	联系方式	13563352332
验货时间	2020年3月1日	验货人	张科	联系方式	18354321200
入库时间	2020年3月1日	库房编号	05		
库房地点	甘肃省酒泉市绿象仓储房				
品牌	奇山	批次	2020030101	品种	甜玉米
等级	A级	包装规格	5kg/包	数量	100
产地	山东				
供应商	山东登海种业股份有限公司	联系方式	13024080097		
备注	无				

表 4　玉米出入库信息记录表

库房名称	甘肃省酒泉市绿象仓储房	库房编号	12	库房管理员	李伟
入库登记					
入库申请人	蔡丽	入库时间	20200301	入库编号	2020030301
品牌	绿象	批次	2020030101	品种	甜玉米
包装规格	5kg/包	数量	100包	总质量	500kg
出库登记					
出库申请人	李晓	出库时间	20200310	出库编号	2020031001
品牌	绿象	批次	20200310	品种	甜玉米
包装规格	5kg/包	数量	100包	总质量	500kg

表 5　玉米处理信息记录表

出库编号	2020031001	品种	甜玉米	批次	20200310
等级	A级	处理日期	20200310	用量	5kg
药剂名称	除草剂	有效成分	阿合剂	药剂用量	1kg
播种地块名称	绿象-A基地	地块编号	A01	处理人	王五

表 6　农药采购信息记录表

序号	药剂名称	有效成分	生产厂家	生产日期	批次	供应商名称	联系方式	采购人	包装规格	采购数量	购买时间	验货人	存放库房名称	库房编号
1	百虫毒王	30%	青岛瀚正益农生物科技有限公司	2020年1月5日	2020010502	青岛瀚正益农生物科技有限公司	13543208700	李维康	12粒/盒	50盒	2020年4月5日	夏晓珊	绿象库房-2	02

表 7　农药出入库信息记录表

序号	库房名称	库房编号	药剂名称	有效成分	生产厂家	批次	包装规格	入库			出库		
								时间	数量	管理人	时间	数量	出库申请人
1	绿象库房-2	02	百虫毒王	30%	青岛瀚正益农生物科技有限公司	2020010502	12粒/盒	20200405	50	夏晓珊	20200410	50	李强

表 8　农药使用信息记录表

序号	病害名称	药剂名称	生产厂家	批次	有效成分	施用时间	施用量	施用方式	配药人	施药人	基地名称	基地编号
1	小菜蛾	百虫毒王	青岛瀚正益农生物科技有限公司	2020010502	30%	20200410	100mL	喷洒	张达	李克勤	绿象基地	05

表 9　肥料采购信息记录表

序号	肥料名称	有效成分	生产厂家	生产日期	批次	供应商名称	联系方式	采购人	包装规格	采购数量	购买时间	验货人	存放库房名称	库房编号
1	植物生长调节剂	30%	植物生长调节剂	2020年1月5日	2020010502	山西广大化工有限公司	13543208700	李维康	12粒/盒	50盒	2020年4月5日	夏晓珊	绿象库房-3	03

表 10　肥料出入库信息记录表

序号	库房名称	库房编号	肥料名称	有效成分	生产厂家	批次	包装规格	入库			出库		
								时间	数量	管理人	时间	数量	出库申请人
1	绿象库房-3	03	植物生长调节剂	30%	山西广大化工有限公司	2020010502	12粒/盒	20200405	50	夏晓珊	20200410	50	李强

表 11　肥料使用信息记录表

序号	施用时间	肥料名称	生产厂家	批次	有效成分	施用量	施用方式	基地名称	基地编号	责任人
1	20200410	植物生长调节剂	山西广大化工有限公司	2020010502	30%	50	喷洒	绿象基地	05	夏晓珊

表 12　灌溉信息记录表

灌溉次数	灌溉日期	灌溉方式	灌溉水流速	浇灌时间/h	灌水量	操作人	水肥药耦合情况	
							水肥耦合	水药耦合
1	2020年7月11日	喷灌	5m/s	2	100L	张三	√	

表 13　收获信息记录表

收获日期	基地名称	基地编号	品种	收获面积	收获批次	包装规格	数量	总质量	责任人
2020	绿象基地	05	甜玉米	100亩	2020090101	5kg/袋	100	500kg	张立伟

表14　交易信息记录表

收购单位名称	甘肃万德福食品科技有限公司	联系方式	13642007699	交易时间	20200909
收获单位地址	甘肃省张掖市民乐县生态工业园区				
销售人	张乐	联系方式	13843204322	品种	甜玉米
交易地点	甘肃省张掖市民乐县生态工业园区				
批次	20200901	等级	A级	包装规格	5kg/袋
数量	100	总质量	500kg		

表15　运输信息记录表

供应商名称	酒泉绿象农业服务有限责任公司	联系方式	18809378008	发货编号	A0213
收获单位地址	甘肃省张掖市民乐县生态工业园区			发货时间	
接收商名称	甘肃万德福食品科技有限公司	联系方式	13642007699	品种	甜玉米
接收地点	甘肃省张掖市民乐县生态工业园区			接收时间	20200901
包装规格	5kg/袋	数量	100	总质量	500kg
司机姓名	张师傅	联系方式	15200780505	车牌号	甘A35210
备注					

表16　出入库信息记录表

运货方名称	扎师傅	联系方式	15456009870	运输车牌号	甘A35210	
地址	甘肃省酒泉市金塔县绿象基地					
仓库地址	甘肃省酒泉市金塔县绿象基地			仓库编号	A1	
品种	批次	包装规格	数量	总质量	出（入）库负责人	存放位置
甜玉米	20200901	5kg/袋	100	500kg	王晓	A基地
备注	无					

三、考核评价

玉米种植追溯信息的录入考核评分标准

粮食作物追溯信息的采集与记录知识点在线测试

粮农食品质量追溯仿真

考核项目二 畜产品追溯信息的采集与记录

技能操作 肉牛养殖追溯信息的录入

资料单

一、基本概念

1. 追溯精度

质量追溯中可追溯到产业链源头的最小追溯单元。

2. 追溯深度

质量追溯过程中可追溯到的产业链的最终环节。

二、实训条件

（1）肉牛养殖追溯演示系统。

（2）计算机、可联网。

三、实训步骤

1. 开启肉牛养殖追溯演示系统平台

（1）输入网址：http：//8hyk4jq. nat. ipyingshe.com，进入登录界面，见图1。

图 1 肉牛养殖追溯演示系统登录界面

（2）输入指定的演示账号、密码、验证码，进入演示系统后台，见图2。

图 2　肉牛养殖追溯演示系统后台界面

2. 录入信息列表

请根据表1录入肉牛养殖溯源信息。

表 1　肉牛养殖溯源信息录入一栏表

项目	录入信息
圈舍管理	圈舍信息、圈舍名称、栏信息、栏名称、归属圈舍信息
牛群管理	牛只档案：牛号、进场批次编号、进场日期、进场原因、离场批次编号、离场日期、离场原因、圈舍编号、圈舍名称、栏编号、栏名称、性别、月龄、品种、花色、体重、养殖种类、出生日期、来源耳标号、来源地、死亡日期、照片、在场（与否）
	进场离场批次记录：进场离场批次、进场离场模板下载，批量进场离场、进场离场审核
	进场登记明细：批次号、业务类型、进场日期、牛号、圈舍编号、圈舍名称、栏编号、栏名称、性别、年龄、品种、花色、体重、养殖种类、出生日期、来源耳标号、来源地、状态
	离场登记明细：批次号、业务类型、离场日期、牛号、圈舍编号、圈舍名称、栏编号、栏名称、性别、年龄、品种、花色、体重、养殖种类、死亡日期、处理方式、处理单位
饲喂管理	饲料名称、生产厂家、批次、用量、成分、开始使用日期、停止使用日期
繁育管理	发情信息：牛号、圈舍编号、发情日期、发情症状、揭发方式、允许配种（与否）、未配原因、操作员
	配种信息：牛号、圈舍编号、配种日期、配种方式、冻精、配种次数、操作员

续表

项目	录入信息
疾病健康	消毒信息：消毒记录、消毒时间、消毒场所、药品名称、剂量、使用方法
	免疫信息：免疫记录、免疫牛号、疫苗名称、疫苗生产厂、疫苗批号、有效期、免疫方法、使用剂量
	诊疗信息：诊疗日期、诊疗牛号、病因、用药名称、用药方法、诊疗结果、操作人
	防疫监测记录：采样日期、圈舍编号、采样数量、监测项目、监测单位、监测结果、处理情况
	病死畜禽无害化处理：处理日期、牛号、处理或死亡原因、处理方式、处理方法、处理单位
物流运输	牛号、发货人、发货人联系电话、发货地址、收货人、收货人联系电话、收货详细地址、物流单号、物流路径、车牌号、司机信息
屠宰加工	屠宰场名称、法人、联系电话、地址、营业执照、营业执照照片、屠宰场照片
动物检疫	牛只基本信息、检疫证照片、检疫时间、检疫单位、检疫人、检疫人电话

任务单

一、任务要求

利用肉牛养殖追溯系统完成圈舍记录、进场离场记录、饲养、治疗、屠宰运输、防疫检疫等追溯数据的录入。

二、任务实施

（一）追溯信息录入的准备

（1）肉牛养殖追演示系统。

（2）计算机，可联网。

（二）信息录入

将以下信息录入肉牛养殖追溯系统。

圈舍信息记录表

圈舍编号	01	圈舍名称	贵州朵纽养殖场

栏信息记录表

栏编号	05	栏名称	01-05
归属圈舍编号	01	归属圈舍名称	贵州朵纽养殖场

牛只档案信息记录表

动物编号	11001250	牛号	11001250	溯源二维码	拍照上传
进场登记					
进场批次编号	自动生成	进场日期	2020年9月1日	进场原因	购买
离场登记					
离场批次编号	自动生成	离场日期	2021年3月3日	离场原因	屠宰
基本信息					
圈舍编号	01	圈舍名称	贵州朵纽养殖场	栏编号	05
栏名称	01-05	性别	公	月龄	12
体重	745kg	金额	12000元	品种	西门塔尔
花色	黄白	养殖种类	育肥牛	出生日期	2020年3月1日
来源耳标号	001	来源地	贵州	死亡日期	/
照片	手动上传	是否在场	在场	创建时间	自动生成
备注	无				

进场离场批次记录表

批次	自动生成	业务类型	离场	总数量	3
审核发起人	王姐	审核状态	通过	审核人	陈叔
待审信息	审批通过	审核备注	审批通过	登记日期	2021年3月3日
审核日期	2021年3月3日	创建时间	2021年3月3日		

进场登记明细记录表

流水号	批次	业务类型	进场日期	记账日期	编号	牛号	简称	圈舍编号	圈舍名称	栏编号	栏名称	登记日期	性别	品种	花色	体重	金额	养殖种类	出生日期	来源耳标号	来源地	状态
自动生成	自动生成	进场	2020年9月1日	2020年9月1日	11001250	11001250	朵纽	01	朵纽牧场	05	01-05	2020年3月1日	母	西门塔尔	黄白	745kg	12000	育肥牛	2020年3月1日	0021	贵州	-

离场登记明细记录表

流水号	批次号	业务类型	离场类型	记账日期	编号	牛号	简称	圈舍编号	圈舍名称	栏编号	栏名称	登记日期	性别	品种	花色	体重	金额	养殖种类	死亡日期	处理方式	处理单位	状态	备注
自动生成	自动生成	出售	屠宰	2021年3月3日	11001250	11001250	朵纽	01	朵纽牧场	05	01-05	2020年3月1日	母	西门塔尔	黄白	745kg	12000	育肥牛	2021年3月3日	屠宰	牡蓉毕节屠宰场	-	-

饲料使用记录表

流水号	投入产品名称	生产厂家	批次	加工日期	用量	开始使用日期	停止使用日期	备注（成分）	创建时间
自动生成	青刍	新希望	自动生成	2020年10月1日	29kg	2020年10月1日	2020年10月1日	无	自动生成

发情登记记录表

圈舍	发情日期	牛号	牛舍	发情症状	揭发方式	允许配种	未配原因	操作员
朵纽牧场	2020年10月1日	11001250	01	有爬跨现象	人工	允许	无	张三

配种登记记录表

圈舍	配种日期	牛号	牛舍	配种方式	冻精	配种员
朵纽牧场	2020年10月10日	11001250	01	人工	1支	张三

产犊登记记录表

圈舍	产犊日期	牛号（母）	产犊类型	产犊描述	产犊难易度	难产原因	操作员
朵纽牧场	2020年12月12日	11001250	顺产	10kg，公	容易	无	张三

消毒记录表

流水号	操作日期	消毒场所	消毒药名称	剂量（mL）	浓度	消毒方法	备注	操作人	创建时间
自动生成	2020年12月15日	朵纽牧场	氢氧化钠	100	40%	喷洒	无	李四	自动生成

免疫记录表

流水号	动物编号	牛号	圈舍编号	圈舍名称	疫苗名称	疫苗生产厂	疫苗批号	疫苗有效期	疫苗方法	疫苗剂量	备注	操作人	创建时间
自动生成	11001250	11001250	01	贵州朵纽养殖场	口蹄疫灭活疫苗	吉林省五星动物保健药厂	20110507-2	1年	注射	25mL	无	张三	自动生成

诊疗记录表

流水号	诊疗日期	编号	牛号	圈舍编号	圈舍名称	月龄	病因	用药名称	用药方法	治疗结果	操作人	创建时间
自动生成	2020年10月25日	11001250	11001250	01-05	朵纽牧场	26	咳嗽	安乃近	注射	治愈	张三	自动生成

防疫监测记录表

流水号	采样日期	圈舍编号	圈舍名称	采样数量	监测项目	监测单位	监测结果	处理情况	操作人	创建时间
自动生成	2020年12月月20日	01-05	朵纽牧场	2	布病	毕节疫病预防控制中心	正常	正常	张三	自动生成

病死畜禽无害化处理记录表

流水号	处理日期	牛号	数量	处理或死亡原因	处理方式	处理方法	处理单位	创建时间
自动生成	2020年12月20日	12340505	1	打架	屠宰	-	朵纽养殖场	自动生成

兽药使用记录表

流水号	兽药名称	生产厂家	批号	用量	开始使用日期	停止使用日期	创建时间
自动生成	安乃近	华北制药	20130405-01	5mL	2020年12月21日	2020年12月31日	自动生成

物流信息记录表

物流批次编号	牛号	发货人	发货人联系电话	发货地址	收货人	收货人联系电话	省	市	区	详细地址	物流单号	物流路径	车牌号	司机姓名	司机电话	创建时间
自动生成	11001250	王姐	13545003700	贵州省毕节市纳雍牧蓉养殖场	张先生	18500243055	贵州省	贵阳市	白云区	三桥屠宰场	SF25843884487	-	贵A25548	李师傅	15955004700	自动生成

屠宰场信息记录表

企业编号	屠宰企业名称	法人	联系电话	地址	营业执照号	营业执照照片	屠宰场照片	是否生效	操作员	创建时间
自动生成	三桥屠宰场	李红伟	13555807866	贵阳市三桥屠宰场	18878857854757	照片上传	照片上传	是	王五	自动生成

动物检疫信息记录表

流水号	业务类型	编号	牛号	进场日期	圈舍编号	圈舍名称	性别	月龄	品种	花色	养殖种类	出生日期	来源耳标号	来源地	检疫证照片	检疫证编号	检疫时间	检疫单位	检疫人	检疫人电话	操作员	创建时间
自动生成	免疫	11001250	11001250	2020年3月1日	01-05	朵纽牧场	母	6月龄	西门塔尔	黄白	育肥牛	2020年3月1日	2548	贵阳	照片上传	/	2020年10月1日	毕节动物卫生监督所	黄立维	15800420704	张三	自动生成

三、考核评价

肉牛养殖追溯信息的录入考核评分标准

畜产品追溯信息的采集与记录知识点在线测试

附 录

附表 1　方案设计表

<table>
<tr><td>组长</td><td></td><td>组员</td><td colspan="3"></td></tr>
<tr><td>学习项目</td><td colspan="5"></td></tr>
<tr><td>学习时间</td><td></td><td>地点</td><td></td><td>指导教师</td><td></td></tr>
<tr><td rowspan="3">准备内容</td><td>仪器设备</td><td colspan="4"></td></tr>
<tr><td>试剂耗材</td><td colspan="4"></td></tr>
<tr><td>样品</td><td colspan="4"></td></tr>
<tr><td>具体步骤</td><td colspan="5"></td></tr>
<tr><td rowspan="7">任务分工</td><td>姓名</td><td colspan="3">工作分工</td><td>完成效果</td></tr>
<tr><td></td><td colspan="3"></td><td></td></tr>
<tr><td></td><td colspan="3"></td><td></td></tr>
<tr><td></td><td colspan="3"></td><td></td></tr>
<tr><td></td><td colspan="3"></td><td></td></tr>
<tr><td></td><td colspan="3"></td><td></td></tr>
<tr><td></td><td colspan="3"></td><td></td></tr>
</table>

附表 2　试剂配制表

组号	所需试剂名称	浓度	用量	配制方法

附表 3　所需仪器设备统计表

仪器设备名称	型号/规格	数量（个）	使用前情况	使用后情况

附表 4　场地材料表

组号	所需原料名称	型号/规格	数量	备注